含章 JJ➕
新实用

阅读图文之美 / 优享健康生活

# 常见花草轻图鉴

付彦荣　主编
含章新实用编辑部　编著

江苏凤凰科学技术出版社 · 南京

**图书在版编目（CIP）数据**

常见花草轻图鉴 / 付彦荣主编；含章新实用编辑部
编著 . — 南京：江苏凤凰科学技术出版社，2023.2
ISBN 978-7-5713-3296-9

Ⅰ . ①常… Ⅱ . ①付… ②含… Ⅲ . ①花卉—图解
Ⅳ . ① S68-64

中国版本图书馆 CIP 数据核字（2022）第 210909 号

**常见花草轻图鉴**

| | | |
|---|---|---|
| 主　　　　编 | 付彦荣 | |
| 编　　　著 | 含章新实用编辑部 | |
| 责 任 编 辑 | 洪　勇 | |
| 责 任 校 对 | 仲　敏 | |
| 责 任 监 制 | 方　晨 | |

| | |
|---|---|
| 出 版 发 行 | 江苏凤凰科学技术出版社 |
| 出版社地址 | 南京市湖南路 1 号 A 楼，邮编：210009 |
| 出版社网址 | http：//www.pspress.cn |
| 印　　　刷 | 天津丰富彩艺印刷有限公司 |

| | |
|---|---|
| 开　　　本 | 718 mm×1 000 mm　1/16 |
| 印　　　张 | 14.5 |
| 插　　　页 | 1 |
| 字　　　数 | 450 000 |
| 版　　　次 | 2023 年 2 月第 1 版 |
| 印　　　次 | 2023 年 2 月第 1 次印刷 |

| | |
|---|---|
| 标 准 书 号 | ISBN 978-7-5713-3296-9 |
| 定　　　价 | 52.00 元 |

　　一年四季，花开花落，随着季节的交替，形形色色的花花草草开始逐渐吐露芬芳。它们色彩丰富，风姿卓越，姿态万千，已成为丰富人们生活不可或缺的重要元素。

　　每一种花草都有其独特的生长习性，或喜光，或喜水，或耐寒，或耐旱，它们对环境的要求各不相同。因此，我们在种植花草前，应先了解它们的基本习性，才能种植出美丽的花草，享受其在四季中不断变化的乐趣。

　　本书收录了我国南北方地区常见的花草，每一种花草都搭配了精美的图片，清晰地呈现了花草的原生态之美，让人们在了解和辨识的同时，获得上佳的视觉体验。

　　我们将花草的盛花期分别归入1~12月，以春、夏、秋、冬四季为导线划分章节，便于人们依据时节实时欣赏室内外的常见花草。从花草的名称、分类、科属、资源分布、常见花色、盛花期、文化内涵等开始介绍，方便人们快捷、准确地了解自然中的花花草草。另外，对花草的特征识别、生长环境、繁殖方式、日常养护及植株对比等要素进行了详细介绍，并配以精美的图片，尽可能地将每一种花草的特征和细节放大，图文搭配紧凑合理，文字描述简洁易懂，同时还尽量避免了一些晦涩难懂的专业术语，进一步提升了本书的可读性与趣味性。即使是普通读者，也能轻松掌握这些花草知识。

本书集花草鉴赏与花草知识普及于一体，力求让人们在种植花草的过程中，更透彻、更深刻地了解各种花草的园艺知识，在享受种植乐趣的同时，满足探索自然的好奇心。

希望本书能够成为人们购买或培植园艺植物的有益参考。

目 录
Contents

第一章 五彩斑斓的春季花草

# 第二章 争奇斗艳的夏季花草

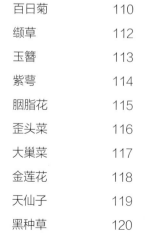

# 第三章 浓墨重彩的秋季花草

# 第四章　神秘浪漫的冬季花草

# 第五章　常开不败的四季之花

## 叶子的基本结构

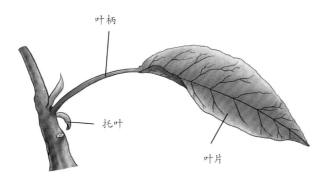

叶柄

托叶

叶片

## 叶子的种类

　　叶子种类的区分主要是根据叶柄上长有叶片的数目,可分为单叶、复叶两种。单叶是指每个叶柄上只长有一个叶片;复叶是指每个叶柄上长有两个或两个以上叶片。

## 复叶的各种形态

三回羽状复叶　　　　　二回羽状复叶　　　　　掌状复叶　　　　　单身复叶

掌状三出复叶　　　羽状三出复叶　　　偶数羽状复叶　　　奇数羽状复叶

1

## 叶序的常见类型

叶序就是叶在茎上排列的方式，主要类型包括簇生、互生、对生、轮生、基生。

| 簇生 | 互生 | 对生 | 轮生 | 基生 |

## 叶子的形状

叶子的形状是植物最显著的特征，常见的叶子形状大致有三角形、倒卵形、匙形、琵琶形、倒披针形、长椭圆形、心形、倒心形、线形、镰形、圆形、箭头形、椭圆形、卵圆形、针形、卵形、披针形、倒向羽裂形、戟形、肾形等。

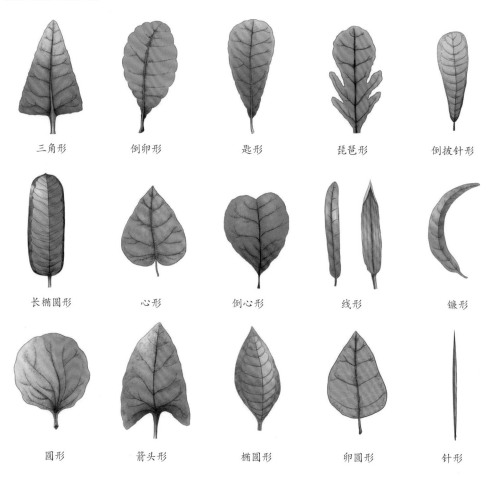

| 三角形 | 倒卵形 | 匙形 | 琵琶形 | 倒披针形 |

| 长椭圆形 | 心形 | 倒心形 | 线形 | 镰形 |

| 圆形 | 箭头形 | 椭圆形 | 卵圆形 | 针形 |

| 卵形 | 披针形 | 倒向羽裂形 | 戟形 | 肾形 |

## 花的基本构造

花由四个主要部分组成，从外到内依次是花萼、花冠、雄蕊群、雌蕊群。各部分轮生于花托之上。

**花萼**：位于最外层的一轮萼片，通常为绿色，有些植物的花萼呈花瓣状。

**花冠**：位于花萼的内轮，由花瓣组成，较为薄软，用颜色吸引昆虫帮助授粉。

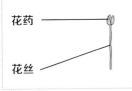

花药

花丝

花托

**花被**：花萼和花冠的总称。花萼和花冠两者都有的为重被花；只有花萼、无花冠的为单被花；两者都没有的为无被花。

**雄蕊群**：一朵花内雄蕊的总称。花药着生于花丝顶部，是形成花粉的地方。花粉中含有雄配子。

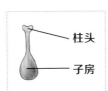

柱头

子房

**雌蕊群**：一朵花内雌蕊的总称，可由一个或多个雌蕊组成。组成雌蕊的繁殖器官称为心皮，包含子房，而子房室内有胚珠（内含雌配子）。

## 花的常见形状

| 高脚碟状 | 辐状 | 舌状 | 漏斗状 |

| 唇状 | 钟状 | 坛状 | 蝶状 |

3

# 我国十大名花

## 梅

*蔷薇科，李属 / 小乔木，少数为灌木植物*

梅原产于我国南方，在长江流域以南各地区栽培甚广，为我国十大名花之首，迄今已有3000多年的栽培历史。在我国传统文化中，梅象征高洁、坚强、谦虚的品格。梅不仅可露地栽培，还可以作为盆栽观赏。常见的梅品种有宫粉梅、红梅、朱砂梅、绿萼梅、素心梅、紫梅、玉蝶等。

梅花苞

小枝条光滑无毛

花朵直径 2~2.5 厘米，花瓣倒卵形，花朵先于叶开放

果实近球形，可生食、盐渍或干制，也可熏制成乌梅入药，有止咳、生津、止渴之效

叶片为卵形或椭圆形，边缘有小锐锯齿

**花卉贴士**

梅喜温暖、湿润的气候，也耐寒，喜光照充足、通风良好的环境。家庭种植盆栽梅，可选择疏松、肥沃，排水性良好、底土稍黏的湿润土壤；浇水则以干浇湿停、见干见湿、不干不浇、浇则浇透为原则。

## 牡丹

*芍药科，芍药属 / 落叶灌木植物*

牡丹素有"花中之王"的美誉，是我国特有的名贵花卉，栽培历史长达1600多年。牡丹品种繁多，花色亦多，其中以黄、绿、肉红、深红、银红为上品，尤以黄、绿为贵。常见的牡丹品种有首案红、洛阳红、迎日红、白雪塔、姚黄等。

花大而艳丽，花朵直径为 10~17 厘米

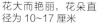

叶互生，表面为绿色，背面则为淡绿色

成熟的种子为黑褐色

花瓣顶端呈不规则的波状

**花卉贴士**

牡丹喜温暖、凉爽、干燥、阳光充足的生长环境；适宜种植在疏松、深厚、肥沃、排水性良好的中性沙壤土中，忌酸性或黏重的土壤，忌强光直射。

# 月季

蔷薇科，蔷薇属 / 直立灌木植物

月季广泛分布于世界各地，被称为"花中皇后"，它花型多样，有单瓣和重瓣之分，还有高心卷边等花型。月季花色彩艳丽且丰富，有红、粉、黄、白等单色，还有混色、银边等品种。月季的自然花期为4~9月，地栽或盆栽均可，适用于美化庭院、装点园林，也可用作切花装饰室内。

花单生或丛生

花瓣为倒卵形，先端有凹缺

花朵直径 4~5 厘米，有单瓣和重瓣之分

叶互生，有小叶 3~5 枚，卵形或长圆形，叶缘有锯齿

## 花卉贴士

月季喜温暖、日照充足、空气流通的环境；适宜种植在疏松、肥沃、富含有机质、微酸性、排水性良好的土壤中。水分供应以见干见湿、不干不浇、浇则浇透为原则；冬季休眠期要减少浇水，保持半湿状态即可。

# 兰花

兰科、兰属 / 多年生草本植物

兰花花色淡雅，以嫩绿、黄绿居多；气味芳香四溢，清而不浊；叶片终年鲜绿，姿态优美而富于变化，代表文静、淡雅、高洁的气质，素有"君子之花"的美誉。我国常见的兰花品种有春兰、惠兰、建兰、墨兰、寒兰和雪兰等。

总状花序，有数花或多花，向上逐渐减退为单花

花葶侧生，直立、外弯或下垂

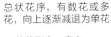

带状叶片，略呈下垂状

蜡质花瓣，单色或复色

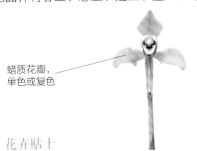

## 花卉贴士

栽培兰花的基质被称为植料，有软、硬之分。软植料以腐叶土、珍珠岩、泥炭土为主，其营养成分含量高，保水力强，适合高温、多雨地区种植选用；硬植料以松树皮、椰壳、花生壳等为主，排水力好，适合干冷地区种植选用。

# 杜鹃

杜鹃花科，杜鹃花属 / 落叶灌木植物

花数朵，簇生于枝顶

杜鹃又名映山红、山石榴，在我国广泛分布于湖南、江西、贵州、湖北、江苏、安徽、浙江等地。杜鹃枝繁叶茂，绮丽多姿，园林应用中适宜在林缘、溪边、池畔及石旁成丛或成片栽植，也可于疏林下散植，还可作为盆栽置于室内观赏。杜鹃的花型为阔漏斗状，花色繁多，有红、淡红、杏红、雪青、白色等。常见的杜鹃品种有大叶杜鹃、皋月杜鹃、高山杜鹃、黄杜鹃、云锦杜鹃、丁香杜鹃、钝叶杜鹃、百合花杜鹃等。

叶革质，卵形、椭圆状卵形、倒卵形或倒卵形至倒披针形

幼叶为黄绿色

花冠为阔漏斗形，颜色有玫瑰色、鲜红色或暗红色

## 花卉贴士

杜鹃花喜欢凉爽、湿润、通风的生长环境，适宜生长温度为15~25℃。家庭种植杜鹃花可隔2~3天浇1次透水，夏季可每天浇1次水，并及时修剪过密的花枝并摘除残花。

---

# 桂花

木樨科，木樨属 / 常绿乔木或灌木植物

桂花广泛栽种于我国淮河流域及其以南地区，终年常绿，枝繁叶茂，花开于秋，故有"独占三秋压群芳"的美赞。桂花的园艺品种繁多，以花色而言，有金桂、银桂、丹桂之分；以叶型而言，有柳叶桂、金扇桂、滴水黄、葵花叶、柴柄黄之分；以花期而言，有八月桂、四季桂之分等。在园林应用中，桂花常作为园景树，可孤植、对植，也可成丛、成林栽种。

叶对生，长椭圆形，常绿不凋

聚伞状花序簇生于叶腋，有黄白色、淡黄色、黄色或橘红色等

小枝黄褐色，无毛

花朵极小，花冠合瓣，呈四裂

叶片革质，长7~14厘米，宽2~5厘米

## 花卉贴士

桂花喜温暖，也较耐寒，喜阳光，也略能耐阴，在全光照下枝叶生长茂盛，开花繁密；在阴处生长则枝叶稀疏，花稀少。适宜种植在肥沃、排水性好的微酸性土壤中，可以用腐殖土，也可用泥炭、园土、沙土或河沙混合调制壤土。

# 水仙

石蒜科、水仙属 / 多年生草本植物

伞形花序，花瓣多为6片，近椭圆形

副冠为杯形，鹅黄或鲜黄色

水仙花芬芳清新、素洁幽雅，适合作为"岁朝清供"的年花，用于庆贺新年。水仙在我国主要分布于浙江、福建沿海岛屿等地，其中以漳州最为集中，栽培历史已有上千年之久。常见品种有金盏银台、玉玲珑等，花型则有单瓣和重瓣之分。

花卉贴士

水仙花喜水、喜肥、喜光，适宜生长在温暖、湿润及排水性良好的生长环境。家庭种植水仙花，可放置在阳光充足的向阳处，这样能使水仙花的叶片宽厚、挺拔，叶色鲜绿，花香扑鼻。土壤以疏松肥沃、土层深厚的冲积沙壤土为宜。水培水仙在刚上盆时要每天换1次水，之后则2~3天换1次，形成花苞后每周补1次水。

叶为扁平带状，苍绿色，叶面有霜粉，叶脉平行

小花呈扇形，着生于花序轴顶端，外有膜质佛焰苞包裹

球茎为圆锥形或卵圆形，球茎外被黄褐色纸质薄膜

# 山茶

山茶科、山茶属 / 乔木植物

花单朵，顶生，外轮花瓣为碗形，花色丰富

山茶株形优美，叶片浓绿而富有光泽，花艳丽缤纷，素有"花中娇客"之美誉。山茶原产于我国东部，在长江流域、珠江流域和云南等地种植广泛，在朝鲜、日本和印度等地亦有种植。山茶花色丰富，有红、紫、白、黄等各色，有的还有带有彩色斑纹。山茶花型有单瓣、半重瓣、重瓣、曲瓣、五星瓣、六角形、松壳型等多种。常见品种有大玛瑙、鹤顶红、宝珠茶、杨妃茶、正宫粉、石榴茶、一捻红、照殿红、晚山茶、南山茶等。

叶片椭圆形，革质，边缘有细小的锯齿

小枝为黄褐色

蒴果为圆球形，直径2~3厘米，2~3室，每室有1~2个种子

复色茶花繁复美丽

花苞生于叶腋，叶柄极短，长8~15毫米，无毛

花卉贴士

山茶喜温暖、湿润的气候，喜半阴，忌强光，适宜种植在疏松、排水性良好的土壤中。盆栽山茶适宜在11月或2~3月上盆，可在盆土内适量添加一些断松针，上盆后要浇足水。日常浇水可根据季节变化进行调整，如清明时节前后水量可逐渐增加；夏季高温时可于清晨或傍晚对叶面进行喷水；冬季则要减少浇水次数。

# 荷花

莲科，莲属 / 多年生水生草本植物

　　荷花分布广泛，在我国除西藏、青海外，大部分地区都有栽种。荷花花色丰富，有红色、粉色、白色、黄色及混色等；花型有单瓣和重瓣之分；园艺品种繁多，常见的有红台、玉碗、玉蝶、黄舞飞、青毛节、小舞妃等。荷花全身是宝，藕和莲子能食用，莲子、根茎、藕节、荷叶、花及种子的胚芽等都可入药。

花单生于花梗顶端，花大而艳丽，花朵直径 10~20 厘米

莲蓬

花梗与叶柄等长或稍长，散生小刺

叶柄粗壮，为圆柱形，长 1~2 米，中空，散生小刺

逐渐开放的荷花

叶圆形，呈盾状，直径 25~90 厘米，表面深绿色，有蜡质白粉

## 花卉贴士

　　荷花是水生植物，适宜生长于静水或水流缓慢的水体中，喜光，不耐阴。荷花在生长前期，水深应控制在 3 厘米左右；生长高峰期可适当提高水位；休眠期只需保持湿润，以防藕块缺水即可。

莲子与莲蓬

莲藕，即荷花的根状茎

# 菊花

菊科，菊属 / 多年生草本植物

　　菊花在我国有着非常悠久的栽培历史，观赏性与实用性极高。菊花的种类繁多，可根据花期、花径大小、花朵颜色、花瓣形态及栽培方式等进行分类。按花期可分为夏菊、秋菊、寒菊等；按花径可分为大菊、中菊、小菊等；按花朵颜色可分为单色与复色；按花瓣形态可分为单瓣、平瓣、匙瓣、管瓣、桂瓣、畸瓣等；按栽培方式可分为独本菊、多本菊、案头菊、大立菊、悬崖菊等。

花色丰富艳丽，花瓣层次丰富

叶互生，有短柄，密生茸毛

茎直立，有分枝或不分枝，密生柔毛

头状花序单生或数个集生于枝顶端，直径 2~20 厘米，差异较大

叶为卵形至长圆形，边缘有缺刻及锯齿，长 5~15 厘米，羽状浅裂或半裂

花卉贴士

　　菊花喜温暖气候和阳光充足的生长环境，耐寒但不耐旱，适宜生长温度为18~21℃。家庭种植菊花宜选用疏松肥沃、排水性良好、略带腐叶的腐殖质壤土。

萼片深裂，为披针形

花瓣因品种不同而分单瓣、平瓣、匙瓣等多种类型

9

# 蔷薇、月季与玫瑰

| 名称 | 花 | 叶 | 果实 |
|---|---|---|---|
| 蔷薇 | 花朵较小，6~7朵花簇生于顶端 | 叶互生，有小叶7~9片，叶片平整，背后有柔毛，边缘有齿 | 椭圆形，成熟后为橙色 |
| 月季 | 花簇生，花朵大、直径4~5厘米，花瓣倒卵形，先端有凹缺，花柄较长 | 叶互生，有小叶3~5片，颜色深绿，有光泽，边缘有锐锯齿 | 卵圆形或梨形，成熟后为橙红色 |
| 玫瑰 | 花多为单生，花瓣倒卵形，花为单瓣或重瓣，花瓣薄，花柄较短，有香味 | 叶互生，有小叶5~9片，较厚，黄绿色，背面有白色小柔毛，边缘有锯齿 | 扁圆形，成熟后为砖红色 |

**蔷薇**

叶互生，有小叶7~9片，边缘有锯齿

花数朵簇生，花朵较小

蔷薇的果实为椭圆形

**月季**

花瓣为倒卵形，呈碗状排列，前端有一个明显的缺口

叶互生，有小叶3~5片，颜色较深

月季的果实为圆卵形

**玫瑰**

花瓣倒卵形，呈杯状排列，花香四溢

叶为黄绿色，边缘略有细齿

玫瑰的果实为扁圆形

# 樱花与海棠

| 名称 | 花 | 叶 |
|---|---|---|
| 樱花 | 先花后叶，伞状花序，有3~5朵花簇生，花瓣为椭圆卵形，先端有一个凹形缺口，花梗短挺、绿色 | 叶为椭圆卵形或倒卵形，边缘有尖锐重锯齿，叶片有毛，叶脉明显 |
| 海棠 | 花叶共生，近伞形花序，有簇生花4~6朵，花瓣完整，呈卵形，花梗细长、紫红色 | 叶片为椭圆形至长椭圆形，边缘有细微的锯齿，近于全缘 |

**樱花**

幼叶为黄绿色

小枝为灰褐色

樱花的花瓣前端有一个明显的缺口

樱花的花梗极短，略带绿色

单瓣樱花

重瓣樱花

**海棠**

花梗为淡淡的紫红色，略长

花叶同放，叶片为长椭圆形，边缘有细微的锯齿

小枝为浅灰色

近伞形花序，有4~6朵花簇生，花瓣完整，呈卵形

# 迎春花与连翘

| 名称 | 花 | 叶 |
|------|-----|-----|
| 迎春花 | 落叶灌木,先花后叶,盛花期无叶,花黄色,花瓣5~6瓣 | 叶对生,有小叶3片,叶上有白色小茸毛,为长圆形或卵圆形 |
| 连翘 | 花单生或2朵至数朵着生于叶腋,先花后叶,花萼与花冠管近等长,花冠黄色,裂片为卵状长圆形或长圆形,有4瓣花瓣 | 3片小叶片片对生或单叶片对生,叶片为卵形、宽卵形或椭圆状卵形至椭圆形,叶边缘有粗锯齿 |

## 迎春花

小枝为绿色,呈四棱形

先花后叶,盛花期无叶,黄色花,有5~6瓣花瓣

长圆形或卵圆形的叶对生,有小叶3片,上有白色小柔毛

## 连翘

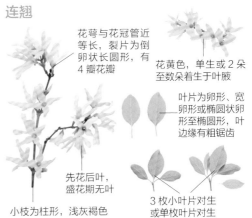

花萼与花冠管近等长,裂片为倒卵状长圆形,有4瓣花瓣

花黄色,单生或2朵至数朵着生于叶腋

叶片为卵形、宽卵形或椭圆状卵形至椭圆形,叶边缘有粗锯齿

先花后叶,盛花期无叶

小枝为柱形,浅灰褐色

3枚小叶片对生或单枚叶片对生

# 木槿与扶桑

| 名称 | 花 | 叶 |
|------|-----|-----|
| 木槿 | 花单生,花瓣倒卵形,花呈钟状;花色多,有单瓣、重瓣之分 | 叶片为深绿色,卵形或菱状卵形,先端尖,叶片不裂或尖部呈3裂 |
| 扶桑 | 花朵直径6~10厘米,花瓣为倒卵形,花冠为漏斗状,花蕊伸出于花冠之外,花多为红色 | 叶片基部为圆形,边缘有粗锯齿或缺刻 |

## 木槿

木槿有单瓣和重瓣之分,花瓣为倒卵形

叶片颜色比扶桑深,为卵形或菱状卵形

## 扶桑

单花生于枝顶,花冠呈漏斗状,花色比木槿少,多为红色

小枝为淡淡的黄绿色,光滑无毛

扶桑叶片基部为圆形,边缘有粗锯齿或缺刻

# 常见花草病害及处理方法

| 灰霉病 | 锈病 |
|---|---|
| 发病症状：初期花蕾会出现水渍状的小斑点，后期花蕾极易腐烂变软，并出现大量的灰黑色霉层<br><br>发病条件：低温潮湿，连雨天或寒流大风天气容易诱发灰霉病；植株生长过密，幼苗徒长或分苗移栽时易伤根、伤叶；草本植物在花期最易染此病<br><br>发病时间：4月下旬至5月上旬，7~8月多雨季节<br><br>防治方法：移栽前用敌磺钠、恶霉灵、甲霜灵等处理土壤；栽植时注意间距，开花前期喷施多菌灵、代森锰锌等可有效预防 | 发病症状：叶片出现橘黄色或深褐色的粉状、疱状物或毛状物等<br><br>发病条件：高温高湿、丛枝过密、通风不良、偏施氮肥等都会诱发锈病<br><br>发病时间：春、秋两季<br><br>防治方法：控制植株栽种距离，减少氮肥施用量，加强修剪，增加透气性；3月后，定期喷施多菌灵可预防发病；对发病植株喷施甲基托布津、粉锈宁、烯唑醇、三唑酮、戊唑醇等杀菌剂 |
| **叶斑病** | **叶畸形病** |
| 发病症状：叶片组织受侵染，出现各种形状的斑点，常见类型有黑斑病、褐斑病、圆斑病、角斑病、斑枯病、轮纹病等<br><br>发病条件：多雨、多湿的环境<br><br>发病时间：5~11月，多发于6~8月<br><br>防治方法：修剪病枝病叶，对叶面施磷酸二氢钾，对植株喷施三唑酮、戊唑醇等杀菌剂 | 发病症状：叶片肿大、皱缩、变厚，果实肿大、中空呈囊状<br><br>发病条件：早春低温、湿度大、蚜虫等危害<br><br>发病时间：春季<br><br>防治方法：修剪病叶，喷施戊唑醇、三唑酮等杀菌剂 |
| **煤污病** | **霜霉病** |
| 发病症状：发病初期在叶面、枝梢表面上形成圆形黑色小霉斑，后期整个叶面、枝梢会布满黑色霉层或黑色粉层<br><br>发病条件：高温高湿、通风不良，蚜虫、蚧壳虫等虫害会引发煤污病<br><br>发病时间：湿度越大，发病越严重，每年春、秋两季，3~6月和9~11月<br><br>防治方法：加强修枝，促进通风，先治虫再治病；可用螺虫乙酯、噻嗪酮等配合甲基托布津、三唑酮、戊唑醇等杀菌剂进行喷施 | 发病症状：叶面会生出多角形或不规则的坏死斑，叶子背面会生出灰白色或其他颜色的疏松状霜霉<br><br>发病条件：低温潮湿情况下发病严重，植株过密、浇水过多、土壤排水不良等也会诱发植株发病<br><br>发病时间：春末夏初及秋季连雨天容易发病，夏季高温时会有所缓解<br><br>防治方法：进入3月之后，对植株喷施杀菌剂可有效预防；发病后可喷施甲霜灵、代森锰锌、戊唑醇等杀菌剂 |
| **白粉病** | **炭疽病** |
| 发病症状：初期叶片有淡黄色斑点，病斑逐渐扩大，然后出现白粉，后期叶片会着生一些小黑点<br><br>发病条件：植株过密、光照不良、通风不好；闷热、多雨的环境会诱发及加重白粉病<br><br>发病时间：4~6月、9~10月<br><br>防治方法：减少氮肥的施用量，加强枝叶修剪，增加透气性，雨后天晴时对植株喷施多菌灵能有效预防；发病后喷施粉锈宁、三唑酮等杀菌剂进行防治 | 发病症状：初期病叶上出现暗黄色的凹陷，后期为黄褐色或者黑褐色不规则的圆形，严重会导致叶片干枯<br><br>发病条件：土壤湿度大可诱发炭疽病，偏施氮肥或少施磷钾肥也容易引发炭疽病<br><br>发病时间：老叶于4月开始发病，5~6月较为严重；新叶易于8月发病<br><br>防治方法：剪除病枝病叶，对叶面施磷酸二氢钾，对植株喷施三唑酮、戊唑醇等杀菌剂 |
| **枯叶病** | **黄化病** |
| 发病症状：初期叶片出现淡褐色小斑点，后扩大为不规则的大型斑块，严重会使全叶一半以上干枯<br><br>发病条件：高温高湿、通风不良，植株长势弱<br><br>发病时间：夏季高温高湿时期<br><br>防治方法：修剪枯枝枯叶，喷施多菌灵或代森锰锌、咪鲜胺、戊唑醇等杀菌剂 | 发病症状：叶片失绿、泛黄、变薄<br><br>发病条件：多发生在喜酸性的植物上<br><br>发病时间：整个生长期都会发生，以夏季高温时期最易发病<br><br>防治方法：生长期3~9月进行补铁，可在叶面喷施螯合铁，在根部埋施硫酸亚铁 |

# 第 一 章

五彩斑斓的春季花草

春季，气温回升，冰雪消融。在春季开花的花草通常有一定的耐寒、耐旱性，它们对光照和湿度的要求通常不高，如延胡索、酢浆草、白花泡桐、迎春花、金合欢、紫玉兰、紫丁香、栀子等。

# 迎春花 *Jasminum nudiflorum*

又称小黄花、金腰带、黄梅、清明花 / 落叶灌木丛生植物 /
木樨科，素馨属

迎春花冬末初开到次年早春时形态最美，花单生，黄色，有清香，先花后叶；株高30~100厘米，小枝细长直立或拱形下垂，呈纷披状；叶子为卵形、长卵形或椭圆形、狭椭圆形，三出复叶对生。叶子具有活血解毒和消肿止痛的功效。花为黄色，味苦，有发汗、解热、利尿的功效。迎春花虽然花朵不大，却能满载整个枝条，青枝黄花，簇拥而生，是早春时节最理想的观花型植物。

绿色花萼，窄披针形

四棱形的小枝

灰褐色的老枝

黄色花冠，单生花呈6花瓣

三出复叶对生

**特征识别：**老枝为灰褐色，小枝为绿色、四棱状、细长、呈拱形生长；三出复叶，"十"字形对称生长；花黄色，呈高脚碟状，共6瓣花瓣，着生于头年生枝条的叶腋间。

**生长环境：**比较喜光，略有耐阴性与耐寒性，怕涝，比较适合生长在疏松肥沃和排水性良好的沙壤土中，在酸性土中生长旺盛，不适合生长在碱性土中。

**繁殖方式：**分扦插、压条、分株三种方法。扦插在春、夏、秋三季都可进行，而分株移栽必须在春季进行。

**鲜切花养护：**冬末将迎春花的干枝插入盛水的花瓶中，室内温度控制在20℃左右，每天向枝条喷水1~2次，10天左右即可开花。

**植株对比：**迎春花与连翘，二者同为先花后叶的落叶灌木植物，花期相近，花色相同，但是迎春花的花每朵有6瓣瓣片，连翘只有4瓣。连翘的叶子为单叶或3叶对生，顶叶较大，为长椭圆形，两侧叶小，小枝为浅褐色。

**资源分布：**世界各地普遍栽培 | **常见花色：**黄色 | **盛花期：**2~4月
**植物文化：**河南省鹤壁市市花；迎春花与梅、水仙和山茶统称为"雪中四友"

# 雏菊
*Bellis perennis*

又称马兰头花、延命菊、春菊、太阳菊 /
多年生草本植物 / 菊科、雏菊属

花单生，花瓣多，
整体排成半球形

茎部略粗　　　基生叶，呈匙形或倒卵形

雏菊与菊花都是线条花瓣，区别在于菊花花瓣纤长且卷曲、油亮，雏菊花瓣则短小笔直，就像是未成形的菊花，故名雏菊。雏菊在早春开花，花朵细小玲珑，外观质朴，色彩雅致；生长势强，易栽培，花期长，耐寒能力强，是早春地被花卉与切花的首选。意大利人十分喜爱清丽的雏菊，认为它具有君子的风度和天真烂漫的风采，因此将雏菊定为国花。

**特征识别：** 叶基生，草质，匙形或倒卵形，顶端圆钝，基部渐狭成柄，上半部边缘有疏钝齿或波状齿。花单生，头状花序，花葶被毛；总苞半球形或宽钟形；总苞片近2层，稍不等长，长椭圆形，顶端钝，外面被柔毛。

**生长环境：** 雏菊喜冷凉气候，喜光，又耐半阴，对栽培地土壤要求不高，忌炎热。

**繁殖方式：** 可采用分株、扦插、嫁接、播种等多种方法繁殖。家庭种植雏菊，一般多采用分株法和扦插法来进行繁殖。

**鲜切花养护：** 先修剪花枝并去除多余叶片，尤其是泡在水里的部分不可有叶片；水位高度不超过容器的三分之二；勤换水；摆放在通风良好且温暖处为宜。

**室内栽培：** ①光照。保持全天接受光照，夏季需适当遮光。②温度。温度在18~22℃为宜。③水分。土壤干透后浇灌即可。④施肥。生长阶段每2周施肥1次，施加肥料时要先稀释，避免高浓度带来肥害。⑤修剪。花后1~2周进行修剪。

**植株对比：** 雏菊与玛格丽特相似，但雏菊的茎短；花瓣管状，花瓣多，整体排成半球形；叶子是完整的匙形或倒卵形。玛格丽特茎直立、细长；花瓣扁平片状，花心大，花朵圆盘形；叶子裂片很多，羽状。

**资源分布：** 原产自欧洲，现我国各地均有栽培 | **常见花色：** 白色、粉色、紫色、绿色 | **盛花期：** 3~6月
**植物文化：** 意大利国花；花语为天真、和平、希望、纯洁的美及深藏在心底的爱

# 金合欢 *Vachellia farnesiana*

又称鸭皂树、刺球花、消息树、牛角花 /
灌木或小乔木植物 / 豆科，金合欢属

金合欢植株高2~4米，树干十分坚硬，生长在背风、向阳的环境中，多枝、多刺，比较适合植作绿篱。金合欢的根及荚果含有单宁，可入药，有收敛、清热的功效，还能作为黑色染料。金合欢的花很香，可提取香精。

花瓣呈连合管状，香气浓郁

叶腋间簇生花，有头状花序

粗糙的灰褐色树皮

**特征识别：** 树皮呈灰褐色，粗糙且多分枝，有刺，小枝常呈"之"字形弯曲生长；二回羽状复叶，小叶为线状长椭圆形；花黄色，簇生，有头状花序，呈连合管状；总花梗上有柔毛，香气浓郁。

**生长环境：** 喜光，耐干旱、喜欢湿润环境，不耐寒、不耐水涝，喜欢湿润、肥沃的酸性土壤。

**繁殖方式：** 主要以播种、扦插、压条、嫁接、分株等方法进行繁殖。金合欢种子坚实，在播种前要将种子用60~80℃热水浸种处理。

**室内栽培：** 冬季在室内栽培金合欢，要保证室内温度不低于4℃，适当减少浇水，避免水涝。

二回羽状复叶，小叶片为线状长椭圆形

成熟的种子为褐色，卵形，果期在 7~11 月

**资源分布：** 我国浙江、福建、广东、广西、云南和四川等地多见 | **常见花色：** 黄色 | **盛花期：** 3~6月
**植物文化：** 花语为稍纵即逝的快乐

# 延胡索
*Corydalis yanhusuo*

又称玄胡索、元胡、延胡 / 多年生草本植物 / 罂粟科，紫堇属

延胡索主要分布在我国安徽、江苏、浙江、湖北及河南省南阳市唐河县、信阳市等地，春初上苗，3~4月开花，淡紫色的小花极具观赏性。延胡索以块茎入药，有活血散瘀、利气止痛的功效，可调治心腹腰膝疼痛，还能辅助调治跌打损伤、瘀血作痛、月经不调等症，是一味传统的止痛药。

花朵颜色为紫红色，花瓣宽展，瓣片上弯，呈矩圆筒形

茎直立、有分枝

叶二回三出或近三回三出

**特征识别**：块茎略黄，呈圆球形，直径0.5~2.5厘米。茎直立，有分枝，茎生叶，下部茎生叶经常有腋生块茎，有长叶柄，叶柄基部有鞘。叶为二回三出或近三回三出，三裂或三深裂小叶有全缘的披针形裂片，裂片长2~2.5厘米、宽5~8毫米。总状花序有花5~15朵，披针形或狭卵圆形的苞片为全缘，有时下部的苞片稍分裂，长约8毫米；花梗在花期长约1厘米，在果期长约2厘米；花瓣为紫红色，萼片小，早落；外花瓣宽展，有齿，顶端微凹，有短尖；内花瓣长8~9毫米，爪比瓣片长；近圆形柱头有较长的8个乳突。圆柱形蒴果长2~2.8厘米，两端渐狭，有1列种子。

**生长环境**：延胡索生长于丘陵草地，性喜温暖、湿润气候，但稍能耐寒，怕干旱，雨水要均匀。延胡索系浅根作物，多集中分布于土表3~7厘米处，以含腐殖质丰富、土层疏松、肥沃、排水性良好的中性或微酸性沙质壤土为宜。

**繁殖方式**：延胡索用块茎繁殖，收获时选当年新生的、直径1.5厘米左右、无病虫害和伤疤的块茎为种茎。栽植期宜早不宜迟，这样更有利于植物生长发育。一般在9月下旬至10月上旬栽植为佳。

**植物养护**：①中耕除草。延胡索根系分布浅，中耕除草宜浅。②水分。延胡索生长期需水较多，如遇到干旱少雨，宜每周浇灌1次，以清晨或者傍晚为宜，水不要没过畦面，浇灌时间不宜过长。③施肥。施肥的原则是重施基肥、巧施冬肥、少施苗肥。

**植株对比**：全叶延胡索和延胡索的区别在于全叶延胡索的叶为二回三出，小叶片呈披针形后至倒卵形；延胡索的叶为二回三出或近三回三出，小叶片三裂或者三深裂，裂片为披针形。全叶延胡索的花色多样，有浅蓝色、紫红色或者蓝紫色；延胡索的花为紫红色。

小叶片常有三裂或者三深裂，全缘

苞片为披针形或者狭卵圆形

**资源分布**：我国安徽、浙江、江苏、湖北等地 | **常见花色**：淡紫色 | **盛花期**：3~4月
**植物文化**：花语为幻想

# 酢浆草 *Oxalis corniculata*

又称幸运草、酸味草、鸠酸、酸醋酱、三叶草 /
多年生草本植物 / 酢浆草科、酢浆草属

茎节能生根

茎比较细弱，
多分枝

酢浆草生长于路边或树下，植株低矮，生长快；花期长，从春天一直开到秋天，三季不间断，其中以春、秋凉爽时节花开最盛。酢浆草也叫三叶草，偶尔会出现4片小叶，因难得一见，有着4片小叶的酢浆草被人们称为"幸运草"，认为找到它便会被幸运眷顾。酢浆草可全草入药，有解热利尿、消肿散瘀的功效。

**特征识别：**丛生，全株有柔毛；茎细弱，多分枝，直立或匍匐生长；叶为基生或茎上互生，掌状复叶3小片，呈倒心形；花单生或数朵集为伞形花序，腋生，5瓣花瓣，以黄色最为常见。

**生长环境：**喜向阳、温暖、湿润的环境，抗旱能力较强，但不耐寒。对土壤适应性很强，一般园土均可生长，夏季有短期的休眠。

**繁殖方式：**栽培酢浆草以春初、秋末为宜，不要在盛花期移栽，栽后要浇透水。

**植物养护：**①水分。日常浇水以喷灌、滴灌为宜，最好不要漫灌。②土壤。土壤潮而不湿，更有利于酢浆草的生长。③光照。夏季时节要进行遮阴，避免日灼。

**植物小妙招：**酢浆草的茎叶含丰富的草酸，用来擦拭镜面或铜器，能使其更具光泽。

总花梗为淡红色

无柄小叶呈倒心形

**资源分布：**亚洲、欧洲、地中海、北美洲常见 | **常见花色：**黄色、粉红色、白色 | **盛花期：**2~9月
**植物文化：**酢浆草也被美誉为"幸运草"

## 鉴别

### 白花酢浆草

花白色，生长缓慢，大约每10000株当中会有1株长出4片叶子；不仅是爱尔兰的国花，当地女童军也以它作为徽章。

### 紫色酢浆草

叶片自根际直接长出，有又长又细的叶柄，叶片由3片倒心形的小叶组合而成，花为优雅的淡紫色，较耐寒，花、叶对光较为敏感。

### 红花酢浆草

植株低矮、整齐，花多叶繁，花期长，花色为鲜艳的红色，能迅速覆盖地面，又能抑制杂草生长，很适合在花坛、花径、疏林地和林缘大片种植。

### 小轮黄花品种

花为黄色，与紫花酢浆草同科又同属，有又长又细的匍匐茎，叶在茎上对生，叶片亦由3片小叶组成，小叶比紫花酢浆草的叶片要小一些。

# 白花泡桐 *Paulownia fortunei*

又称白花桐、泡桐、大果泡桐 / 乔木植物 /
泡桐科，泡桐属

花冠大，为白色的
管状漏斗形，内部
密布紫色细斑块

白花泡桐是一种喜光的速生植物。主干端直，冠大荫浓，春天繁花似锦，夏天绿树成荫。叶能吸附尘烟，抗有毒气体，净化空气，是庭园、公园、广场、街道绿化的理想树种。白花泡桐的木质轻软，具有很好的声学性能，共鸣性强，是制作乐器的优良材料之一；树干纹理通直，结构均匀，易于加工，也是家具、人造板的理想选材。此外，白花泡桐入药，还具有祛风止痛、化痰止咳、消肿解毒等功效。

大叶对生，带有长柄，
呈心形至长卵状心形

**特征识别**：树冠圆锥形、伞形或近圆柱形，幼时树皮平滑而有明显皮孔，老时有纵向裂纹，为灰褐色。叶大而有长柄，呈对生的心形至长卵状心形。花为小聚伞花序，花序呈圆锥形、金字塔形或圆柱形；花冠大，为白色的管状漏斗形，背面稍带紫色或浅紫色，外面有星状毛，内部密布紫色细斑块。

**生长环境**：生长于低海拔的山坡、树林、山谷及荒地，越向西南则分布越高，可于海拔2000米处生长。喜光，喜温暖气候，稍耐荫蔽，耐寒性稍差。对土壤的适应性强，以土质疏松、深厚、排水性良好的土壤为佳。对黏重、瘠薄的土壤适应性比其他树种强。

蒴果长圆形或长圆状椭圆形，
木质果皮

**资源分布**：我国南方诸地区，河北、河南、山东、陕西等地有种植，越南、老挝 | **常见花色**：白色
**盛花期**：3~4月 | **植物文化**：花语为永恒的守候和期待你的爱

繁殖方式：白花泡桐苗木繁育比较容易，其中埋根育苗的技术最简便，因其出苗整齐、成活率高、苗木质量好、育苗成本低，是繁殖方式中使用较多的方法。

植株对比：白花泡桐与梧桐相似，但白花泡桐的树皮为灰色、灰褐色，有纵向裂纹；梧桐的树皮为青绿色，表面比较光滑。白花泡桐的叶片为卵形，整个边缘有一些浅浅的裂口，叶柄较长，覆盖着小茸毛；梧桐的叶片为心形，表面上有3~5个裂口，裂口呈三角形，叶片较大。白花泡桐花颜色为白色略带一点淡紫色；梧桐花颜色为淡黄绿色，为圆锥花序。

## 鉴别

### 兰考泡桐

分布于山东省西南部及河南省东部。兰考泡桐的树干通直，树冠宽阔，多为圆卵形或扁球形；树皮颜色为灰褐色；叶片形状为卵形或宽卵形；花序为狭圆锥形，花大，花萼为钟状倒圆锥形，花冠为钟状漏斗形，颜色为浅紫色；蒴果形状多为卵形，外有细毛。

### 毛泡桐

分布于黄河流域至长江流域各地。毛泡桐的树干多低矮、弯曲，树冠呈伞形；小枝、叶、花、果多长毛；叶卵形或广卵形；花序为广圆锥形，花蕾近球形，萼深裂，花冠钟状，鲜紫色或蓝紫色；蒴果卵圆形。

### 川泡桐

分布于四川、云南、贵州、湖北西部和湖南西南部。整体密被星状茸毛，枝条及叶表无毛；叶片呈心形或广卵形；花冠钟状，多为白色或紫色，钟状花萼，裂片呈卵形深裂，不反卷；蒴果长约4厘米，呈卵形，果皮革质。

# 木棉 *Bombax ceiba*

*又称攀枝花、红棉树、英雄树 / 落叶大乔木植物 / 锦葵科、木棉属*

作为优良的行道树、庭荫树和风景树的木棉，树形高大雄伟。春天，木棉花开一树，美丽鲜艳；夏天，绿叶成荫，凉爽舒心；秋天，枝叶萧瑟，引人沉思；冬天，秃枝寒树。一年四季，木棉以独特的风姿展现着不同的风情。

木棉纤维短而细软，是目前天然纤维中较细、较轻、中空度较高、较保暖的纤维材料，由于耐压性强，天然抗菌，不易被水浸湿，被人们誉为"植物软黄金"。

杯状花萼，外表呈棕黑色，有 3~5 个半圆形的萼齿

倒卵状长圆形的肉质花瓣，以红色或橙红色多见

长圆形蒴果，带有灰白色长柔毛和星状柔毛

**特征识别：** 树皮为灰白色，幼树的树干通常有圆锥状的粗刺；分枝平展。掌状复叶，小叶5~7片，长圆形至长圆状披针形，顶端渐尖，基部阔或渐狭，全缘，两面均无毛；有羽状侧脉；叶柄长10~20厘米；小叶柄长1.5~4厘米。花单生于枝顶或叶腋，花萼杯状，顶端3~5裂，厚革质，较脆，外表棕黑色，有纵皱纹，内面密被淡黄色短绢毛，萼齿3~5个、半圆形；倒卵状长圆形的肉质花瓣，通常为红色，有时为橙红色，直径约10厘米，两面均有星状柔毛，内面较疏。长圆形蒴果密被灰白色长柔毛和星状柔毛。

**生长环境：** 木棉喜生于干热河谷、稀树草原及沟谷季雨林内，喜阳光充足的环境，好排水性良好、土层深厚肥沃的中性或稍偏碱性的土壤，干旱瘠薄、土壤黏重的地方易致木棉生长不良。

**繁殖方式：** 常采用播种育苗、扦插及嫁接的方式繁殖。其中扦插繁殖的成活率最高，可在早春未开花抽芽之前，选取1~2年生冬芽饱满、直径2厘米、长20厘米的树枝进行插条。

**植物养护：** ①水分。定植当天全面浇灌1次定根水，之后在旱季每月浇水2~3次，雨季需注

意排水。②修剪。入秋前要把1~1.2米以下的侧枝、枯枝全部修剪掉，以促使木棉苗长得粗壮且主干明显。

**植株对比：** 木棉与异木棉同为木棉科。木棉树型高大，可长到25米左右；异木棉只有10~15米的高度。木棉的树干无刺，呈灰白色；异木棉树干上有锥形尖刺，呈绿色或绿褐色。木棉花呈红色，偶有橙色；而异木棉花呈淡紫色。木棉复叶上有5~7片圆形或长圆形的小叶；异木棉叶为椭圆形，复叶上长有5~9片小叶。

红色或橙红色的花朵，单生在枝顶或叶腋

掌状复叶，长圆形至长圆状披针形，有很明显的羽状侧脉

叶柄长 10~20 厘米

**资源分布：** 我国西南及台湾等地，越南、印度、缅甸 | **常见花色：** 红色、橙红色 | **盛花期：** 3~4月
**植物文化：** 花语为英雄、珍惜眼前的幸福；攀枝花市、广州市、潮州市、高雄市的市花

# 连翘 *Forsythia suspensa*

又称毛连翘 / 落叶灌木植物 / 木樨科、连翘属

连翘早春先叶开花，花开香气淡雅，满枝金黄，艳丽可爱，是早春优良的观花型灌木；适宜于宅旁、亭阶、墙隅、篱下或路边配置，也宜于溪边、池畔、岩石、假山下栽种。因根系发达，连翘还常作花篱或护堤树栽植。此外，连翘的茎、叶、果实、根均可入药；花及未成熟的果实有养颜护肤的功效。

金黄色的小花开在叶子与枝条的连接处，通常为 3 朵一起

相对生长的叶片

叶子无毛，但边缘有粗锯齿

**特征识别：** 株高可达3米，枝干丛生，小枝为土黄色或灰褐色，拱形下垂，中空。叶对生，单叶或三小叶，呈卵形或卵状椭圆形，缘有齿。花冠黄色，1~3朵生于叶腋，先于叶开放；花梗长5~6毫米；花萼绿色，裂片长圆形或长圆状椭圆形，边缘具睫毛，与花冠管近等长；果卵球形、卵状椭圆形或长椭圆形，表面有疏生皮孔。

的幼枝、叶柄及叶片上面均被短柔毛，而叶片下面被柔毛或短柔毛，尤以叶脉为密；花期比连翘晚。

**生长环境：** 连翘生山坡灌丛、林下或草丛中，或生山谷、山沟疏林中；喜光，有一定程度的耐阴性；喜温暖、湿润气候，也很耐寒；耐干旱瘠薄，怕涝；不择土壤，在中性、微酸或碱性土壤中均能正常生长。

**繁殖方式：** 连翘可用播种、扦插、压条、分株等方法进行繁殖，生产上以播种、扦插繁殖为主。

**植物变株：** 毛连翘与连翘的区别在于毛连翘

**植株对比：** 连翘与金钟花相似，但连翘的枝干丛生，小枝土黄褐色；金钟花花枝笔直，小枝呈黄绿色。连翘花朵为金黄色，叶子的边缘有粗锯齿；金钟花的颜色为黄绿色，叶子上半部分有粗锯齿。

花萼绿色，裂片是长圆形或长圆状椭圆形

**资源分布：** 除华南地区外，我国各地多有栽培，韩国和日本也有栽培 | **常见花色：** 黄色

**盛花期：** 3~4月 | **植物文化：** 花语为魔法、通灵般的第六感；韩国首尔市市花

# 风信子 *Hyacinthus orientalis*

又称洋水仙、西洋水仙、五色水仙、时样锦 /
多年草本植物 / 天门冬科，风信子属

小花生长密集，整体呈漏斗形状

风信子的园艺品种约有2000种以上，主要分为"荷兰种"和"罗马种"两类。作为早春开花的著名球根花卉之一，风信子植株低矮、整齐，花序端庄，花色丰富，花姿美丽，比较适用于布置花坛、花境和花槽，也可作切花、盆栽或水养观赏。风信子有滤尘作用，花香能稳定情绪、消除疲劳。风信子的花除供观赏外，还可提取芳香精油。

**特征识别：** 球根植物，鳞茎球形或扁球形，生有紫蓝或白色的膜质外皮，通常与花的颜色相仿。叶基生，肉质，较肥厚，呈带状披针形，绿色、有光泽。花茎肉质，花葶高15~45厘米，中空，端着生总状花序；10~20朵小花密生于上部，多横向生长，少有下垂，与花冠的形状同为漏斗状；花被筒形，上部四裂；花冠基部花筒较长，裂片5片，向外侧下方反卷。

鳞茎球形或扁球形，有紫蓝色或白色的膜质外皮

叶子肉质，看起来很肥厚

**生长环境：** 风信子性喜阳，喜冬季温暖湿润、夏季凉爽稍干燥、阳光充足或半阴的环境。植株喜疏松、肥沃、排水性良好而又

不太干燥、有机质含量高、中性至微碱性的沙质土壤，忌积水。

**繁殖方式：** 风信子地植、盆栽均可，家庭种植推荐分球繁殖法，播种繁殖多在培育新品种时使用。选择种球时，要注意选择表皮无损伤、肉质鳞片较坚硬且沉重、饱满的种球。

**水培方式：** 水培风信子时水位离球茎的底盘应有1~2厘米的距离，水量仅浸至球底即可，保证根系可以透气呼吸，还可以往水中加入少许木炭，能起到防腐作用。

**储存种球：** ①修剪。花谢后及时将花茎剪掉，避免养分消耗。②养球。剪去花茎，追施1次磷钾肥，并在土壤内施用一点缓释肥，以供种球生长。

③收球。夏天将种球挖出，在阴凉处晾1~2天，用报纸裹好并放入冰箱冷藏。

**植株对比：** 风信子和葡萄风信子相似，但风信子的叶子大多4~9片，呈狭窄的带状披针形，叶子呈肉质，叶片肥厚，绿色；葡萄风信子的叶子基生，呈线性，叶片肉质，暗绿色。风信子有10~20朵小花，呈漏斗状，花葶中空，不会下垂；葡萄风信子小花密生，花朵为蓝色，顶端为白色，花梗下垂。

花葶中空，高15~45厘米

叶面有光泽，呈狭窄的带状披针形，具有浅纵沟

**资源分布：** 原产自欧洲南部，现世界各地均有栽培 | **常见花色：** 粉红色、蓝色、白色、黄色、紫色
**盛花期：** 3~4月 | **植物文化：** 花语为胜利、幸福、倾慕、永远的怀念

# 紫罗兰 *Matthiola incana*

又称草桂花、四桃克、草紫罗兰 / 二年生或多年生草本植物 / 十字花科、紫罗兰属

原产于地中海沿岸，是欧洲名花之一。花朵繁密，花色鲜艳，香气浓郁，花期长，适宜于盆栽观赏，常用于布置花坛、花径。在春、冬两季，整株花朵可作为切花。紫罗兰具有清热解毒、美白祛斑、滋润皮肤等功效。紫罗兰对呼吸道的帮助很大，对支气管炎也有一定的调理之效，入药可以润喉，改善因蛀牙引起的口腔异味等。

叶片呈长圆形至倒披针形或匙形

全株有浓密的灰白色柔毛

花朵顶生或腋生，花梗粗壮

**特征识别：** 茎直立，多分枝，基部稍木质化，全株密被灰白色柔毛。叶片呈长圆形至倒披针形或匙形，全缘或呈微波状，顶端钝圆或罕具短尖头，基部渐狭成柄。花为顶生或腋生，总状花序，花序轴于果期伸长；花梗粗壮，斜上开展；萼片直立，长椭圆形，内轮萼片基部呈囊状，边缘膜质；花瓣紫色、淡红色或白色，近卵形，顶端略有浅2裂或微凹，边缘呈波状。

**生长环境：** 喜通风良好的环境及冷凉的气候，耐寒、不耐阴，忌燥热，冬季喜温和气候，能耐短暂低温。对土壤要求不高，但在排水良好、中性偏碱的土壤中生长较好。

**繁殖方式：** 紫罗兰的繁殖以播种为主。一般于8月中旬至10月上旬播种，时间不能太晚，否则将影响植株的生长、越冬，也会影响开花的数量及质量。

**植物养护：** ①温度。温度宜控制在15~20℃。②光照。每天应保证6个小时以上的散射光照，同时避免强光直射。③水分。保持土壤微湿或者微干的状态即可。④施肥。生长期要补充充足的氮元素，花芽分化时改用磷钾肥，为避免伤根，每次施肥的浓度要更低。

**植株对比：** 紫罗兰与三色堇相似，但紫罗兰的茎直立，多分枝，有灰白色茸毛。三色堇地上茎较粗，直立或稍倾斜，有棱，单一或多分枝，全株光滑。紫罗兰花多数，较大，花梗粗壮；萼片直立，白色透明；花瓣紫色、淡红色或白色。三色堇每个茎上有3~10朵花，花梗稍粗，萼片长圆状披针形，边缘不整齐，绿色；上方花瓣深紫堇色，侧方及下方花瓣均为三色，有紫色条纹。

花瓣近卵形，顶端略有浅2裂或微凹，边缘呈波状

**资源分布：** 原产于地中海沿岸，现我国南部地区广泛栽培 | **常见花色：** 紫色、白色、淡红色
**盛花期：** 4~5月 | **植物文化：** 花语为永恒的美与爱、质朴、美德

# 桑树
*Morus alba*

又称家桑、蚕桑 / 落叶灌木或小乔木植物 /
桑科，桑属

　　桑树原产于我国中部和北部，是一种营养价值、药用价值及经济价值都很高的树种。因有天然生长、无污染的特点，桑果被称为"民间圣果"，其营养丰富，是药食两用的食材，有提高人体免疫力、延缓衰老、美容养颜等功效。桑叶是蚕的主要食物，可加工成桑蚕饲料，枝条可用于箩筐编制。桑皮是很好的造纸原料。桑树全株皆可入药。可以说，桑树全身都是宝。

叶柄有短柔毛

树皮呈灰白色，有条状浅纵裂

叶子呈卵形或宽卵形，边缘有粗锯齿或圆齿

**特征识别：**树皮呈灰色，有条状浅纵裂。单叶互生，卵形或广卵形，先端急尖、渐尖或圆钝，基部圆形至浅心形，边缘有粗锯齿或圆齿，偶呈各种分裂状；有叶柄；叶托为披针形，早落。花单性，腋生或生于芽鳞腋内，与叶同时生出；花序下垂，密被白色柔毛；花被片宽椭圆形，淡绿色；聚花果卵状椭圆形，初时为绿，成熟后则变为红色或黑紫色。

**生长环境：**喜温暖湿润气候，稍耐阴，耐旱，不耐涝，耐瘠薄，对土壤的适应性强。气温12℃以上开始萌芽，生长适宜温度为25~30℃。

**繁殖方式：**桑树常以播种、嫁接、压条的方式进行繁殖。播种繁殖比较常见，在春、夏、秋三季均可进行；嫁接繁殖在春、夏两季；压条繁殖需在早春进行。

**植物养护：**①温度。冬季不低于12℃，夏季则不要高于40℃。②光照。夏季要做遮阴保护，避免过于强烈的阳光直射。③水分。耐旱不耐涝，可3~4天浇1次水，避免积水。④施肥。推荐使用营养全面的复合肥。

果实成熟后为棕红色、黑紫色或红色

花序下垂，生有浓密的白色柔毛

| | |
|---|---|
| **资源分布：**现世界各地均有栽培 | **常见花色：**淡绿色　**盛花期：**4~5月 |
| **植物文化：**我国古人有栽种桑树和梓树的传统，常以"桑梓"代表故土 | |

# 金鱼草 *Antirrhinum majus*

又称龙头花、狮子花 / 一年生或二年生花卉植物 /
车前科、金鱼草属

金鱼草原产于地中海沿岸，因其花状似金鱼而得名。植株生长紧凑，花开整齐，花色多样且鲜艳，为我国常见的庭园花卉。其中矮性品种常用于花坛、花境或路边栽培观赏，盆栽观赏可置于阳台、窗台等处。金鱼草也是一味中药，全草皆可入药，有清热解毒、凉血消肿的功效。

总状花序顶生

花色丰富，排列整齐，紧凑密实

**特征识别：** 茎基部无毛，有时为木质化，中上部被有腺毛，有时有分枝。叶在上部常互生，下部对生，有短柄；叶片为无毛的披针形至矩圆状披针形，全缘。总状花序顶生，密被腺毛；花萼与花梗近等长，5深裂，裂片为卵形，钝或急尖；花冠颜色多种，从红色、紫色至白色，基部在前面下延成兜状；上唇直立而宽大，2半裂，下唇3浅裂，在中部向上唇隆起，封闭喉部，使花冠呈假面状。

**生长环境：** 喜阳光，也耐半阴，较耐寒，不耐热，适合生长在疏松肥沃、排水性良好的微酸性土壤中，在石灰质土壤中也能生长。

**繁殖方式：** 以播种较为常用，选择在春、夏、秋三季分期播种，能延长花期；扦插繁殖主要用于补苗或一些优良品种的繁殖，需在花凋谢后进行。

**室内栽培：** ①温度。最佳生长温度为20℃左右，冬季要保持在10℃以上；②光照。喜光，应长期保持光照充足。③水分。夏季炎热时可以每天浇水，冬季只需保持土壤稍微湿润即可。④修剪。花谢后将过高的

茎基部有时木质化，中上部有腺毛

叶片全缘，呈披针形至矩圆状披针形

枝条剪短，并将杂枝、乱枝、老枝、病弱枝、侧枝及开过花的枝条剪除。

**植株对比：** 金鱼草与随意草相似，但金鱼草的花长得非常紧凑、浓密；随意草的花就比较分散。金鱼草的叶片边缘光滑；随意草的叶片尖端有尖锐的锯齿。金鱼草的茎中上部有腺毛，基部木质化；随意草茎的形状有些接近四棱柱。

不同颜色的金鱼草

**资源分布：** 原产自地中海，后我国广西南宁有引种栽培 | **常见花色：** 红色、粉红色、白色、黄色等
**盛花期：** 3~6月 | **植物文化：** 花语为好运、吉祥

# 三角梅 *Bougainvillea spectabilis*

又称三叶梅、毛宝巾、簕杜鹃、叶子花 /
藤状灌木植物 / 紫茉莉科，叶子花属

三角梅作为具有较强观赏价值的花卉植物，园林应用非常广泛。三角梅枝干因其高可塑性，可以用作装饰花艺长廊、景观垂挂、道路中间的隔离带等，对城市绿化有较好的作用。三角梅的花可入药，有调和气血、调治白带、调经等功效。

纸质苞片，呈叶状

紫色或洋红色，长圆形或椭圆形，每个苞片上生 1 朵花

**生长环境：**喜湿，但怕积水、耐高温、干旱，忌寒冻，喜肥，抗贫瘠能力强，在稍偏酸性或稍偏碱性土壤中均可正常生长。

**特征识别：**藤状灌木，茎粗壮，枝下垂，无毛或疏生柔毛；叶互生，纸质，呈卵形或卵状披针形，顶端渐尖或者急尖，有微柔毛；花顶生于枝端的3枚苞片内，花梗与苞片中脉贴生，每个苞片上生1朵花，共3枚苞片，为洋红色或者紫色，呈椭圆形或者长圆形，花被管淡绿色，花柱呈线形，侧生，边缘扩展成薄片状，柱头略尖；花被为管狭筒形，长1.6~2.4厘米；花盘基部合生呈环状，上部呈撕裂状。

**繁殖方式：**以压条法进行繁殖，每年5月初至6月中旬是进行压条的最佳时期；在母株上选择筷子以上粗细的健壮枝条作为种条，这种枝条在压条后成活率高、生长快。

**植物养护：**①温度。适宜生长温度为18~30℃，最低温度不要低于3℃。②光照。每天光照不少于9小时。③修剪。可在春季萌芽前、霜降后及每次花谢后进行修剪，要剪去过密枝、弱枝、重叠枝、枯枝和病虫枝等。

叶柄长约 1 厘米

**植株对比：**三角梅与叶子花相似，但三角梅的叶片形状为卵形或者卵状披针形，顶端渐尖或者急尖，有微柔毛；叶子花的叶片为卵形或者椭圆形，顶部比较圆润，有厚茸毛。三角梅的花顶生于枝端的苞片内，苞片呈椭圆形或者长圆形；叶子花序顶生或者腋生，苞片为椭圆状卵形，基部为圆形至心形。

茎粗壮，枝呈下垂状，无毛或略带柔毛

纸质叶片上面无毛，下面略微有一些柔毛，呈卵形或卵状披针形

淡粉色的三角梅

**资源分布：**中国、巴西、秘鲁、阿根廷、日本、赞比亚 | **常见花色：**紫色、洋红色、黄色
**盛花期：**1~7月 | **植物文化：**花语为热情、坚韧不拔、顽强奋进；我国海南省省花、赞比亚共和国国花

# 栀子
*Gardenia jasminoides*

又称黄果子、山黄枝、小叶栀子 / 灌木植物 /
茜草科，栀子属

　　栀子，又名栀子花、黄栀子，原产于我
国。花、果实、叶和根均可入药，有泻火除
烦、清热利尿、凉血解毒之功效。因其果实像
酒器"卮"，故名栀子，黄色或橙色，是古代
绘画、纺织的天然黄色植物染料。

　　栀子花在唐代为文人雅士所抒怀，如唐代
王建《雨过山村》说："雨里鸡鸣一两家，竹
溪村路板桥斜。妇姑相唤浴蚕去，闲着中庭栀
子花。"

单朵花生于枝
顶，芳香怡人

**特征识别：**
灌木植物。叶对
生，极少数叶子为
3片轮生，一般为革
质，少数为纸质，叶
形多样。花味芳香，通
常单朵生于枝顶；萼管倒圆
锥形或卵形，有纵棱，通常6
裂，结果时增长；花冠白色或乳黄色，高脚碟状；
花丝极短，花药线形。

花冠白色或乳黄色，
呈高脚碟状

叶对生，革质或纸质，上
面亮绿，下面颜色较暗

**生长环境：**生于旷野、丘陵、山谷、山坡、溪
边的灌丛或林中。性喜温暖、湿润气候，喜光且不
耐强光，适宜生长在疏松、肥沃、排水性良好、轻
黏性酸性土壤中，是典型的酸性花卉。

**繁殖方式：**有种子繁殖、扦插繁殖、压条繁殖
及分株繁殖等多种繁殖方式，其中扦插繁殖中的水
插法最简便快捷，成活率可达90%以上。

**室内栽培：**①土壤。盆栽用土以40%园土、
15%粗砂、30%厩肥土、15%腐叶土配制为宜。
②水分。保证排水良好及土壤湿润，夏季早晚向叶
面喷1次水，增加湿度。③施肥。每隔10~15天浇
一次0.2%硫酸亚铁水或矾肥水，可为土壤补充铁
元素，防止栀子叶片发黄。

**植物变株：**①山栀子，果卵形或近球形，较
小。②水栀子，果椭圆形或长圆形，较大。山栀子
适于入药，水栀子适于用作染料。

**植物小妙招：**用栀子果做染色液。新鲜的栀子
果，捏碎泡水3小时，过滤，
即可获取染液。干栀子果，放
入热水浸泡一夜，再将果实剥
开或捏碎，加火煎煮，煮沸后
转小火续煮30分钟，熄火，
过滤获取第一次染液；可重复
煎煮，并取3~4次染液。

果为卵形、近球形、椭圆形
或长圆形，黄色或橙红色

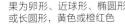
**资源分布：**我国山东、河南等地 | **常见花色：**白色 | **盛花期：**3~7月
**植物文化：**花语为坚强、永恒的爱，一生的守候

# 油菜 *Brassica rapa var. oleifera*

又称芸薹、寒菜、胡菜、油白菜 /
二年生草本植物 / 十字花科，芸薹属

　　油菜是一种经济价值与观赏价值极高的作物，生命力强，对土壤要求不高，种植与养护较为简便。每年早春时节，云南罗平坝子80万亩的油菜花竞相怒放、流金溢彩，绵延数十里，花香浓郁，令人陶醉，风景美丽，让人流连。油菜含有丰富的钙、铁和维生素C，胡萝卜素也很丰富。适量食用油菜，有促进血液循环、散血消肿的作用。

茎直立，
分枝较少

长角果条形，
有 2 片荚壳

叶子呈椭圆形，大头
羽状分裂，有叶柄

**特征识别：** 植株笔直丛生，直立茎的分枝较少，茎绿花黄，基生叶呈旋叠状生长，茎生叶，一般是互生，没有托叶。花两性，总状花序；花萼4片，黄绿色；花瓣4瓣，呈"十"字形排列，花片质如宣纸，嫩黄微薄。

**生长环境：** 油菜是向阳喜光的植物，适合在向阳处栽种，在阳光充足的环境中生长良好；喜温暖、凉爽的气候，耐寒性不强；对土壤的要求不高，但不适合栽种在低洼积水处。

**繁殖方式：** 用播种法进行繁殖，方法简单，出苗率高。

**植物养护：** ①土壤。疏松肥沃的园土即可。

②水分。花期需水量大。③施肥。冬季可施氮肥，开花之前施磷肥可促进开花和早熟，花季追施钾肥，提高植株的抗病能力，提高产量。

**植株对比：** 油菜与小油菜较相似，但油菜花叶互生，羽状分裂；小油菜叶少茎多，叶片呈椭圆形，叶柄肥厚。油菜花的颜色多为黄色；小油菜的颜色则为青绿色。油菜高度为80~100厘米；小油菜的生长高度一般在15厘米左右。

上部茎生叶抱茎，
呈提琴形或披针形

黄色花瓣 4 瓣，雄蕊 6 枚

**资源分布：** 印度、中国、加拿大等 | **常见花色：** 黄色 | **盛花期：** 3~4月 | **植物文化：** 花语为坚强

# 马蹄莲 *Zantedeschia aethiopica*

又称慈姑花、水芋 / 多年生粗壮草本植物 /
天南星科、马蹄莲属

　　马蹄莲挺秀雅致，因花苞洁白、宛如马蹄而得名。叶片翠绿，缀以白斑，可谓花叶两绝，是花卉市场上重要的切花种类之一。马蹄莲对土壤要求不高，在户外尤其适合丛植于水池或堆石旁。马蹄莲有清热解毒的功效，鲜马蹄莲块茎能治疗烫伤并预防破伤风，但马蹄莲有毒，忌内服。

花朵檐部略呈后仰状，有锥状尖头，亮白色，偶尔带一点绿色

叶片较厚，心状箭形或箭形

　　**特征识别**：多年生草本植物，块状根茎，叶基生，叶下部有叶鞘，叶片较厚，绿色，为心状箭形或者箭形，先端有锐尖、渐尖或尾状尖头，基部呈心形或戟形且全缘；花梗着生叶旁，高出叶丛，鲜黄色的圆柱形肉穗花序包藏于佛焰苞内，开张呈马蹄形；肉质果实包在佛焰包内；浆果为短卵圆形，颜色多为淡黄色，有宿存花柱，种子的形状多为倒卵状球形。

　　**生长环境**：马蹄莲常生于河流旁或沼泽地中，性喜温暖、湿润的气候，不耐寒，不耐高温，喜潮湿，喜疏松肥沃、腐殖质丰富的壤土。

　　**繁殖方式**：繁殖以分球繁殖为主。植株进入休眠期后，剥下块茎四周的小球，分级后上盆即可。也可播种繁殖，种子成熟后即行盆播。

　　**植物养护**：①温度。耐寒力不强，10月中旬要移入室内。白天温度要保持在15~25℃，夜间温度要保持在13℃以上。②光照。喜遮阴环境，花期则需要充足的阳光。③水分。生长期要多浇水。④施肥。每隔一个月对植株追施一次硫酸亚铁稀释液。

　　**植物变株**：马蹄莲在欧美国家是新娘捧花的常用花。花色有白、红、黄、银星、紫斑等，一般来说，白色的称为马蹄莲，彩色的叫海芋。

　　**植株对比**：马蹄莲与白掌同科不同属。马蹄莲具块茎，叶片比较厚且颜色为绿色；白掌为短根茎，有时候茎会变厚而呈木质化，叶片比较长，呈椭圆状披针形，叶片的两端比较尖，有很明显的叶脉，叶柄比较长。马蹄莲浆果呈短卵圆形，颜色为淡黄色，种子的形状是倒卵状球形。

黄色的佛焰苞管部较短，张开后呈马蹄形状

彩色马蹄莲

**资源分布**：我国江苏、福建、四川、云南等地 | **常见花色**：白色 | **盛花期**：2~3月
**植物文化**：花语为忠贞不渝、永结同心

# 美人蕉 *Canna indica*

又称蕉芋 / 多年生草本植物 /
美人蕉科，美人蕉属

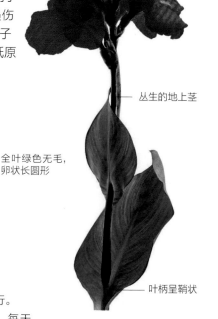

花朵单生或对生，总状花序略超出于叶片之上

原产于美洲、印度等热带地区，不仅有不凡的观赏价值，还有净化空气、保护环境的作用。

美人蕉的根茎有清热利湿、舒筋活络的功效，可用于辅助调理黄疸型肝炎、风湿麻痹、外伤出血、跌打损伤等症。它的茎叶纤维还可用于制人造棉、麻袋等，叶子不仅可以用于提取芳香油，剩余的残渣还可以作为造纸原料使用。

**特征识别：** 全株绿色无毛，被蜡质白粉；块状根茎；地上枝丛生。单叶互生，叶片卵状长圆形，有鞘状的叶柄。总状花序，花单生或对生；萼片3片，绿白色，先端带红色；花冠大多红色，外轮退化雄蕊2~3枚，鲜红色；唇瓣披针形，弯曲。蒴果长卵形，绿色。

丛生的地上茎

全叶绿色无毛，卵状长圆形

叶柄呈鞘状

**生长环境：** 喜温暖和充足的阳光，不耐寒；对土壤要求不高，在疏松肥沃、排水性良好的沙壤土中生长最佳，也可于肥沃黏质土壤中生长。

**繁殖方式：** 主要以播种繁殖和块茎繁殖为主。播种通常在4~5月进行，块茎繁殖要早于播

种繁殖，通常在3~4月进行。

**植物养护：** ①光照。每天要接受至少5小时的直射阳光。②温度。适宜生长温度为15~30℃。③水分。美人蕉喜肥耐湿，可每天向叶面喷水1~2次，浇水则要浇透。④施肥。生长旺季每月应追肥3~4次，花期前可在叶面喷施0.2%磷酸二氢钾水溶进行催花。⑤土壤。喜疏松、肥沃、排水性良好的沙壤土。⑥修剪。花凋谢后将茎枝从基部剪去。

**植株对比：** 美人蕉与芭蕉相似，但美人蕉的叶片为卵状长圆形，全叶绿色无毛；芭蕉叶片长

圆形，先端钝，叶面鲜绿色，有光泽，叶柄粗壮。美人蕉的花为总状花序，略超出叶片之上；芭蕉花序顶生，下垂，苞片红褐色或紫色，雄花生于花序上部，雌花生于花序下部。

花冠长不足1厘米，呈披针形的花冠裂片

**资源分布：** 原产自美洲、印度等热带地区，现世界各地均有栽培 | **常见花色：** 红色、黄色
**盛花期：** 3~12月 | **植物文化：** 花语为坚实的未来

## 鉴别

### 斑纹美人蕉

花大，花冠为鲜黄色或深红色，上有斑纹；性喜温暖、湿润的气候，喜阳光充足、深厚的土层和肥沃土质，耐瘠薄土壤，怕严寒。

### 白粉美人蕉

花较小，花冠为黄绿色或有红斑；根芽分生能力较强，繁殖比较快，花期较长，是良好的地被植物，也可作为花坛、花径、花境的材料。

### 黄花美人蕉

花大而柔软，向下反曲，下部呈筒状，淡黄色，唇瓣圆形；黄花美人蕉的适应性强，几乎不择土壤，有一定耐寒力；在原产地印度无休眠期，全年可生长开花。

### 红花美人蕉

花红色，花型小，单生，苞片卵状，花冠裂片披针形；花极美丽，色彩鲜艳；喜温暖环境和充足的阳光，不耐寒；原产自美洲、印度、马来半岛等热带地区。

# 虞美人 *Papaver rhoeas*

又称丽春花、赛牡丹 / 一年生草本植物 /
罂粟科，罂粟属

花单生于茎或分枝顶端，有长花梗

虞美人原产于欧洲，花瓣质薄如绫，摸起来光滑如绸，轻盈的花冠就像朵朵红云，无风时亦像在自摇，风动时更是飘然欲飞，十分美观；花期长，可保持相当长的观赏期，适宜用于花坛、花境栽植，也可作盆栽或作切花用。全株可入药，含多种生物碱，有镇咳、止泻、镇痛等功效。

**特征识别：**茎直立，有分枝，有淡黄色刚毛。叶互生，叶片为披针形或狭卵形，羽状分裂，下部全裂，叶两面有淡黄色刚毛，叶脉在背面突起，表面略凹；下部叶有叶柄，上部叶无叶柄。花单生于茎和分枝顶端，有长花梗；长圆状倒卵形的花蕾下垂；花萼呈宽椭圆形，2片，绿色，外面被刚毛；花瓣4瓣，单薄呈圆形、横向宽椭圆形或宽倒卵形，全缘，稀圆齿状或顶端缺刻状。蒴果呈宽倒卵形，无毛，种子多数，呈肾状长圆形。

**生长环境：**虞美人在高海拔山区生长良好，花色更为艳丽。耐寒，怕暑热，喜阳光充足的环境，喜排水性良好、肥沃的沙壤土。

**繁殖方式：**虞美人主要采用播种繁殖，在春、秋季均可播种。

**植物养护：**①温度。春、秋两季放置在20℃左右的地方即可。②光照。喜光，但在夏季要避免光照时间过长，最好放置在阴凉处养殖。③水分。夏季可增加浇水次数，保证土壤湿润；冬季减少浇水次数，保证土壤干爽。

**鲜切花养护：**在花枝底部斜剪2厘米左右，除掉2厘米左右，斜切面利于水养时吸水；最好选择细长、瓶口窄的容器，注入干净的清水，水位约为容器的三分之一；养护期间每隔2天更换一次清水，换水时剪掉部分花枝，滴入适量的保鲜剂。

茎看起来很纤细，直立向上生长

**植株对比：**虞美人与罂粟相似，但虞美人全株被有明显的糙毛，分枝多而纤细，叶质较薄，整体感觉纤弱；罂粟全株光滑并被白粉，茎粗壮，分枝少，叶厚实。虞美人花相对较小，一般直径为5~6厘米，花瓣极为单薄，质地柔嫩；罂粟花朵较大，花径可达10厘米，花瓣质地较厚实，多有光泽。

叶质略薄，呈披针形或狭卵形

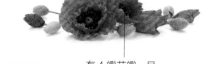

有4瓣花瓣，呈圆形、横向宽椭圆形或宽倒卵形

**资源分布：**原产自欧洲，现世界各地常见 | **常见花色：**红色、粉色、黄色 | **盛花期：**3~8月
**植物文化：**花语为生离死别、悲歌

# 香雪兰 *Freesia refracta klatt*

又称小苍兰 / 多年生球根草本植物 /
鸢尾科，香雪兰属

原产于非洲南部，我国南北方各地均有栽培，因其花香清幽似兰，故得名香雪兰。作为春季室内观赏花卉，可用盆栽或剪取花枝插瓶的方式来装点室内。香雪兰是无毒植物，可以吸收空气中的有害物质，有净化空气的作用。香雪兰球茎具有清热解毒、活血的功效，可用于蛇咬伤、疮痛；花朵则可以提炼出一种香精，用于制作沐浴乳、护肤乳液等。

花有香味，直立生长，白色或淡黄色

花茎直立，上部有2～3个弯曲的分枝

叶片形态略弯曲，呈剑形或条形，中脉明显

花被管呈喇叭形

**特征识别：** 球茎为狭卵形或卵圆形。叶为剑形或条形，略弯曲，黄绿色，中脉明显。花茎直立，上部有2～3个弯曲的分枝；花无梗，每朵花基部有2枚膜质苞片，苞片为宽卵形或卵圆形；花直立，淡黄色或黄绿色，有香味；花被管呈喇叭形，花被裂片为卵圆形或椭圆形，蒴果近卵圆形。4~5月开花，6~9月结果。

**生长环境：** 喜凉爽、湿润与光照充足的环境，耐寒性较差，生长适宜温度为15～20℃。喜疏松、排水性良好、富含腐殖质的土壤。

**繁殖方式：** 香雪兰繁殖方式以分球繁殖方式较为常用。夏季休眠期挖出种球，将子球与母球分离后贮藏，秋季播种。

**鲜切花养护：** 花瓶装入清水，滴入适量营养液；剪掉花枝底端，将下端叶子去除，将香雪兰花枝插到水中，调整好花枝顺序，置于散光处，避开直射的强光，保持适宜的温度，定期进行换水和修根。

**植株对比：** 香雪兰与鸢尾相似，但香雪兰花瓣轻薄细嫩，叶为剑形或条形，花茎直立，淡黄色或黄绿色，香味浓郁，苞片宽卵形或卵圆形；花被管呈喇叭形，花被裂片卵圆形或椭圆形，蒴果近卵圆形。鸢尾根茎粗壮，斜伸；叶子为黄绿色，基生，宽剑形，稍弯曲；花茎光滑，花被管细长，上端膨大成喇叭形。

**资源分布：** 原产自非洲南部，现中国南北地区均有栽培 | **常见花色：** 淡黄色、白色 | **盛花期：** 4~5月
**植物文化：** 花语为纯真、浓情、幸运

# 洋槐 *Robinia pseudoacacia*

又称刺槐 / 落叶乔木植物 / 豆科，刺槐属

洋槐枝叶茂密，绿荫如盖，适合用作庭荫树及行道树。培植于公园、建筑四周、住宅区及草坪上，极为相宜。春可观花，夏可乘凉，秋季的果实能入药，种子还能作为饲料。洋槐对二氧化硫、氯气等有毒气体有较强的耐受性，是防风固沙及经济林兼用的优良树种。

蝶形花冠，重叠悬垂

**特征识别：** 树皮呈灰棕色，有不规则纵裂。叶为奇数复叶，互生；小叶片为卵状长圆形，叶片的顶端渐尖，叶片上面绿色，有微亮光泽，背面有白色短毛。

顶生圆锥状花序；花瓣皱缩而卷曲，多散落；花萼为钟状，黄绿色，5浅裂；花冠蝶形，乳白色，盛开时呈簇状，重叠悬垂；花脉微紫色；花柱弯曲。荚果肉质，串珠状，黄绿色，没有柔毛，不开裂，内有肾形种子1~6颗，为深棕色。

肉质荚果呈串珠状，种子是肾形

叶片互生，奇数复叶

叶片有微亮的光泽，背面有白色短毛

**生长环境：** 洋槐是温带树种，喜阳光，喜干冷气候，但在我国高温高湿的华南地区也能生长。在土层深厚、排水性良好的碱性土壤、中性土壤、酸性土壤中均能很好地生长，而在干燥、贫瘠的低洼处则生长不良。

**繁殖方式：** 播种、埋根、扦插三种方式均可进行繁殖。播种一般采用春播；埋根需从落叶后开始引进种根；扦插时间与埋根育苗相同，也可稍早。

**整形修剪：** 选留3~4个生长健壮、角度适当的枝条做主枝，将主枝以下侧枝及萌芽及时除去，冬剪时应对主枝进行中短截，留50~60厘米，促生副梢，以形成小树冠。

**植株对比：** 洋槐与国槐相似，但洋槐的树皮灰褐色至黑褐色，浅裂至深纵裂，稀光滑；国槐树皮暗灰色，小枝绿色，皮孔明显。

**资源分布：** 我国各地普遍栽培，日本、朝鲜和越南有分布 | **常见花色：** 白色、淡紫色
**盛花期：** 4~5月 | **植物文化：** 象征着三公宰辅之位，有迁民怀祖的寄托，还有吉祥和祥瑞的文化含义

# 紫藤 *Wisteria sinensis*

又称朱藤、藤萝 / 一年生落叶藤本植物 /
豆科、紫藤属

每当4月来临，青紫色的蝶形花朵在枝上随风摇曳，十分美丽。紫藤是不可多得的绿化观赏植物，民间还常用紫藤的紫色花朵焯水凉拌，或裹面油炸，制作"紫萝饼""紫萝糕"等风味独特的面食。紫藤花还能提炼芳香油，有解毒、止吐、止泻等功效。紫藤的皮则有杀虫、止痛、祛风通络等作用。

**特征识别**：茎右旋，有比较粗壮的枝，嫩枝上有白色柔毛，后褪净。奇数羽状复叶；有线形叶托，早落；小叶为卵状椭圆形至卵状披针形，纸质，两面均有平伏毛，后褪净。总状花序；披针形苞片，早落；花芳香有细花梗，杯状花萼；淡紫色花冠呈旗瓣圆形，先端略凹陷，有细绢毛。倒披针形的荚果上密被茸毛，内有褐色圆形种子1~3粒。果期5~8月。

**生长环境**：分布于我国河北以南黄河及长江流域。常生于海拔500~1000米的山谷沟坡、山坡灌丛中。紫藤的适应性强，耐热，耐寒，耐水湿和瘠薄土壤，生长较快，生命力强。

**繁殖方式**：紫藤繁殖容易，可用播种、扦插、压条、分株、嫁接等方法进行，其中应用最多的是扦插。

花梗看起来很细小

杯状花萼，淡紫色花冠，香味浓郁

**植物养护**：①水分。紫藤喜欢湿润的土壤，浇水时要注意排水。②施肥。萌芽前可施氮肥，生长期追肥2~3次。③土壤。土层深厚、肥沃且排水良好的土壤环境更适合紫藤生长。④修剪。修剪宜在休眠期进行。

**植物变种**：白花紫藤，花为白色，与原型的紫色不同。我国南北各地常见栽培。

茎右旋状生长，枝很粗壮

叶片为奇数羽状复叶

花多而密集

---

**资源分布**：中国、朝鲜、日本 | **常见花色**：紫色 | **盛花期**：4~5月
**植物文化**：花语为沉迷、执着、缠绵的爱

# 紫花地丁 *Viola philippica*

又称野堇菜、光瓣堇菜、光萼堇菜 / 多年生草本植物 /
堇菜科、堇菜属

紫花地丁自繁能力强，多生于田间、荒地、山坡草丛、林缘或灌丛中。除人们最常见的紫色紫花地丁外，还有少数紫花地丁开洁白的花朵，花朵只在喉部有紫色条纹。紫花地丁的全草有苦味，在果实成熟时采收全草，洗净晒干，入药有清热解毒、燥湿凉血的功效。

直立的茎看起来较为柔弱

**特征识别：**淡褐色的根状茎比较短，垂直，节密生，有数条淡褐色或近白色的细根。基生叶多数，呈莲座状；下部叶片通常比较小，呈三角状卵形或狭卵形，上部叶片呈长圆形、狭卵状披针形或长圆状卵形，也有少数心形，边缘有较平的圆齿，两面均无毛或有短细毛。花为紫堇色或淡紫色，也有少数白色，喉部色较淡并带有紫色条纹；萼片为

白花地丁

先端渐尖的卵状披针形或披针形，边缘有膜质白边；花瓣为倒卵形或长圆状倒卵形，侧方花瓣比较长。长圆形蒴果，种子为淡黄色的卵球形。

**生长环境：**紫花地丁性喜光，喜湿润的环境，耐阴也耐寒，对土壤的要求不高，适应性极强，繁殖容易。

**繁殖方式：**紫花地丁可自然繁殖，种子成熟后不用采撷，自然繁殖能力强。

**植物养护：**①温度。适宜的生长温度在18~28℃。虽有耐寒能力，但温度不可低于0℃。②光照。需要充足的光照，又有一定的耐阴性。③水分。生长期及花期需要充足的水分并保持土壤微湿，冬季需要减少浇水量。④施肥。可7~10天施一次肥，更有利于紫花地丁的生长。

**植株对比：**紫花地丁与堇菜相似，但紫花地丁的花多为深紫色或者蓝紫色，花瓣不具有对

深紫色的小花，花瓣为倒卵形或长圆状倒卵形

长圆状卵形的叶子，有长叶柄

性，花萼的边缘相对圆润光滑或者呈现截形；堇菜花朵颜色偏浅一些，带粉紫色，花瓣多像是轴对称，花萼边缘处有像牙齿一样的切口。紫花地丁的叶片更长一些，叶柄显得更短且有狭翅；堇菜的叶柄很长，无狭翅，长1~4.5厘米，形状有点像心形。

**资源分布：**中国大部分地区，朝鲜、日本 | **常见花色：**深紫色、蓝紫色 | **盛花期：**4~5月
**植物文化：**花语为诚实

# 诸葛菜 *Orychophragmus violaceus*

又称菜子花、紫金菜、二月兰 / 一年或二年生草本植物 /
十字花科，诸葛菜属

　　诸葛菜对生存环境要求不高，生命力顽强，多群落生长，自繁能力强。诸葛菜是北方地区不可多得的早春观花、冬季观绿的地被植物。在春季，紫色花朵从下到上陆续开放，就像一片蓝紫色的海洋，十分壮观。诸葛菜嫩时的茎叶可食用，种子则可以榨油。

花萼紫色，
呈筒状

单一且直立的茎，
在基部或上部有
少量分枝

　　**特征识别**：有单一直立的茎，为浅绿色或带紫色，无毛。叶形变化比较大，基生叶及下部茎生叶为大头羽状全裂，顶裂片为顶端钝、基部心形且有钝齿的近圆形或短卵形，侧裂片为卵形或三角状卵形，2~6对，越向下越小；上部叶为顶端急尖、基部耳状、抱茎的长圆形或窄卵形。花为紫色、浅红色或褪成白色，有花梗和紫色筒状的花萼；花瓣宽倒卵形，密生细脉纹。

　　**生长环境**：诸葛菜适应性强，耐寒，萌发早，喜光，对土壤要求不高，酸性土和碱性土均可生长。但在疏松、肥沃、土层深厚的地块，其根系更发达，生长良好；在瘠薄地栽培，只要加强管理，也能生长得很好。

　　**繁殖方式**：繁殖方式采用种子繁殖，可播种也可育苗移栽。播种时间夏、秋均可，但以8~9月最为适宜。

　　**植物养护**：①土壤。喜疏松肥沃且排水性良好的沙质土壤。②光照。短日照植物，日照不需要太久。③温度。适宜生长和开花的温度在15~25℃。

　　**植株对比**：诸葛菜与蓝香芥相似，但诸葛菜的花为茎上簇生，数量比蓝香芥少；蓝香芥为总状花序，花朵在一个茎上簇生。诸葛菜的叶片为大头羽状全裂；蓝香芥的叶片为椭圆形至披针形，呈暗绿色。诸葛菜的群体颜色要比蓝香芥浅。诸葛菜的花朵没有气味，蓝香芥则花香浓郁。

诸葛菜花瓣为宽倒卵形，有很密的细脉纹

诸葛菜花梗细弱

**资源分布**：我国东北、华北及华东地区 | **常见花色**：淡紫色 | **盛花期**：4~5月
**植物文化**：花语为无私奉献、谦逊质朴

# 鸢尾 *Iris tectorum*

又称蓝蝴蝶、紫蝴蝶、扁竹花、屋顶鸢尾 /
多年生草本植物 / 鸢尾科，鸢尾属

鸢尾春季开花，花期为3个月左右，叶片碧绿青翠，花型奇特，宛若翩翩彩蝶，是庭园中的重要花卉之一。耐寒性较强，可用作北方地区的地被植物。鸢尾花花香气淡雅，既可供观赏，又可用于调制香水；茎还可作中药，全年可采，具有消炎作用。

花茎光滑，
没有分枝

稍微弯曲的
基生叶片，
呈宽剑形

**特征识别：** 根茎粗壮，斜伸；叶子为黄绿色，基生，宽剑形，稍弯曲；花茎光滑，高20~40厘米，苞片呈长卵圆形或者披针形，绿色，草质，边缘为膜质；花被管细长，上端膨大成喇叭形；花有紫色、白色、蓝色、黄色等多种颜色；花药鲜黄色，花丝细长；淡蓝色花柱扁平；蒴果呈长椭圆形或倒卵形；黑褐色种子为梨形。

**生长环境：** 鸢尾喜欢凉爽且阳光充足的环境，耐半阴的环境。以略带碱性、排水性良好、湿润和富含腐殖质的黏质土为佳。

**繁殖方式：** 多采用分株、播种法进行繁殖。分株在春季花后或秋季进行均可。

**植物养护：** ①浇水。生长期大约需要每周浇水1次，气温越低，浇水量越少。②光照。保证生长期充足的阳光照射。③温度。适合的生长温度在15~20℃。

**植株对比：** 鸢尾与射干相似，但鸢尾的叶基生，叶片像是从根部生长出来的，互相包着，黄绿色，稍弯曲；射干的叶互生，沿着株茎一直向上，叶为剑形。鸢尾是顶生花序，基本无叉枝，顶端多为一朵花；射干是叉状分枝，每分枝的顶端聚生有数朵花。

黄色鸢尾花

花朵单生，形似喇叭

**资源分布：** 我国多数地区均有栽培 | **常见花色：** 紫色、黄色、蓝色、白色 | **盛花期：** 4~5月
**植物文化：** 花语是长久思念

# 紫丁香 *Syringa oblata*

又称丁香 / 落叶灌木或小乔木植物 /
木樨科、丁香属

顶生或侧生
的圆锥花序

　　紫丁香原产于我国华北地区，已有1000多年的栽培历史。紫丁香喜充足阳光，也耐半阴，适应性较强，分布自我国西南至东北，约跨越15省，以西南及秦岭地区种类最多。野生种多分布在海拔800～3800米的山地，栽培地区则主要在北方各省。

　　紫丁香因花筒细长如钉且香而得名，花序硕大，开花繁茂，花色淡雅，芳香，栽培简易，在园林中常见。紫丁香对二氧化硫及氟化氢等多种有毒气体有较强的耐受性，故又是工矿区绿化、美化环境的良好材料。

叶片呈卵圆形至肾
形，先端短凸尖

**特征识别：** 树皮灰褐色或灰色。叶对生，革质或厚纸质，卵圆形至肾形，先端短凸尖至长渐尖或锐尖，基部心形、截形至近圆形，或宽楔形，上面深绿色，下面淡绿色，全缘或有时俱裂。花两性，顶生或侧生的圆锥花序；花冠紫色，管呈圆柱形，裂片呈直角开展，卵圆形、椭圆形至倒卵圆形；花色紫、淡紫或蓝紫，也有白色、紫红及蓝紫色，以白色和紫色为多。

革质或厚纸质
的叶片，对生

**生长环境：** 生长于亚热带亚高山、暖温带至温带的山坡林缘、林下及寒温带的向阳灌丛中。喜阳光、温暖、湿润，但忌积水，稍耐阴，也耐旱，耐寒性、抗逆性强。对土壤要求不高，较耐瘠薄，除强酸性土壤之外，在其他各类土壤中均可正常生长。

**繁殖方式：** 紫丁香以播种、扦插繁殖为主，也可用嫁接、压条和分株的方式繁殖。

**植物养护：** ①温度。适宜生长温度为20～30℃。②光照。喜阳光充足的环境，要选择日照时间长的地方种植。③土壤。疏松、排水效果好、肥沃的土壤为佳。④浇水。只需在干旱时浇水即可，雨季要注意排水，防涝，入冬前要浇足水。⑤施肥。开花后可施加氮、磷、钾肥供花吸收。⑥修剪。在春季到来之前剪除纤细、营养不良的弱枝和过于繁密的枝条。

花冠为紫色，
管呈圆柱形

干燥后的花可
作香料及入药

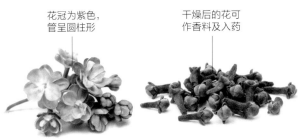

**资源分布：** 亚洲温带地区及欧洲东南部，中国华北地区 | **常见花色：** 紫色、白色 | **盛花期：** 4~5月
**植物文化：** 花语为勤奋谦虚、素雅平淡、美好幸福

# 海棠 *Malus spectabilis*

又称海棠花 / 乔木植物 / 蔷薇科，苹果属

叶子为互生，叶子边缘有平钝锯齿

海棠花姿潇洒，花开似锦，自古以来就是雅俗共赏的名花，素有"花中神仙""花贵妃"之称，还有"国艳"之美誉。园林中常与玉兰、牡丹、桂花相配植，营造出"玉棠富贵"的意境。海棠花对二氧化硫等气体有较强的耐受性，适合用于城市街道绿化和矿区绿化。海棠的果实可供药用，有祛风、顺气、舒筋和止痛的功效，并能解酒、祛痰。

花叶共生，同时有花又有叶

**特征识别：**老枝为红褐色或紫褐色，幼时有短柔毛，逐渐脱落。叶片为椭圆形至长椭圆形，先端短渐尖或圆钝，基部宽楔形或近圆形，边缘有紧贴的细锯齿，近于全缘；叶柄上有短柔毛；窄披针形的膜质托叶，先端渐尖，全缘，内面有长柔毛。近伞形花序有花4~6朵，花梗有柔毛；膜质的披针形苞片早落；花萼筒外面无毛或有白色茸毛；萼片为三角卵形，先端急尖，全缘，萼片比萼筒稍短；卵形花瓣，淡红色或白色。果梗细长，果实近球形。

果近球形，果梗细长

紫红色的花梗微软、细长，呈下垂状

**生长环境：**海棠喜欢温暖湿润的环境，耐高温能力差，主要分布在海拔50~2000米的平原或山地中，最适合生长的温度在15~25℃。

**繁殖方式：**海棠花以播种或嫁接繁殖为主，亦可用分株、压条及根插等方法繁殖；种子繁殖的实生苗生长较慢，需十余年才能开花。用嫁接所得苗木，花期可提前，也可保持原有的优良特性，因此一般多用嫁接法繁殖。

**植物养护：**①水分。早春进行1次灌浇，花凋谢后再行灌浇。②施肥。宜薄肥勤施。③光照。海棠喜欢强光照射，花期与生长期都应保证接受充足的光照。

**植株对比：**海棠花与樱花相似，但海棠是边开花边长叶，花叶共生；樱花是先花后叶，花开完后再长叶。海棠花的花瓣完整，樱花的花瓣中间有个缺口。二者的花朵虽然都是4~6朵成簇聚集，但海棠花梗是紫红色，花梗细长；樱花花梗是绿色，花梗相对短挺。海棠花的叶片顶端相对圆滑；樱花叶片有毛，叶脉明显，叶片顶端尖细。

数朵花簇生，呈伞形总状花序，蕾期红色，开后为粉红色

**资源分布：**我国山东、河南、陕西、安徽等地均有栽培 | **常见花色：**粉红色、白色
**盛花期：**4~5月 | **植物文化：**花语为温柔、漂亮、欢乐

## 鉴别

**西府海棠**

花瓣近圆形或长椭圆形，长约1.5厘米，基部有短爪，粉红色；2009年4月24日被选为陕西省宝鸡市的市花，宝鸡古有"西府"一称，"西府海棠"由此而来。

**木瓜海棠**

花先叶开放，花瓣倒卵形或近圆形，长10~15毫米，宽8~15毫米，淡红色或白色；多见于我国陕西、湖北、湖南、四川、云南、贵州、广西等地。

**贴梗海棠**

又名皱皮木瓜；花瓣倒卵形或近圆形，基部延伸成短爪，长10~15毫米，宽8~13毫米，猩红色、淡红色或白色；花期为3~5月，果期为9~10月。

**垂丝海棠**

花梗细弱下垂，上有稀疏柔毛，紫色；粉红色花瓣为倒卵形，基部有短爪，常在5个以上；花期为3~4月，果期为9~10月；入药可调理血崩。

# 杜鹃 *Rhododendron simsii*

又称山踯躅、山石榴、映山红 / 落叶灌木植物 /
杜鹃花科，杜鹃花属

有2~6朵花簇生在枝顶

我国是杜鹃花的原生地，而云南则是其分布中心，仅云南一省杜鹃品种就达300种之多。

杜鹃枝繁叶茂，绮丽多姿，根桩奇特，既为优良的盆景材料，又很适用于园林栽植。在花季绽放时，各种颜色的杜鹃总是给人热闹而喧腾的感觉；非花季时，深绿色的叶片给人带来的是一种犹如世外桃源般的安宁之感。

花萼5深裂，裂片为三角状长卵形

花冠是阔漏斗形，颜色为玫瑰色、鲜红色或暗红色

革质叶片，集生在枝端

**特征识别：**多分枝，上密被亮棕褐色扁平糙伏毛。叶集生在枝端，革质，呈卵形、椭圆状卵形或倒卵形至倒披针形，先端短渐尖，基部楔形或宽楔形，边缘微反卷，有细齿。有2~6朵花簇生枝顶；花梗上密被亮棕褐色糙伏毛；花萼5深裂，裂片为三角状长卵形；花冠为阔漏斗形，玫瑰、鲜红色或暗红色。蒴果卵球形，密被糙伏毛。

**生长环境：**杜鹃性喜凉爽、湿润、通风的环境；在酸性土壤中生长良好，在钙质土壤中长势不佳。

**繁殖方式：**杜鹃的繁殖，可以用扦插、嫁接、压条、分株、播种五种方法，其中以扦插法最为普遍，繁殖量最大；压条法的成苗最快，播种主要用于培育品种。

**植物养护：**①温度。适宜生长的温度为15~25℃，最高温度为32℃，最低温度不能低于5℃。②浇水。隔2~3天浇1次水，每次要浇透；夏季每天至少浇1次水。③修剪。宜春、秋季进行，剪去交叉枝、过密枝、重叠枝、病弱枝，及时摘除残花。

**植株对比：**杜鹃与毛鹃相似，但杜鹃的叶簇生枝顶，下表面密生红棕色糙伏毛；花序为顶生，花冠窄漏斗状，淡红色或近白色。而毛鹃的叶为长圆状倒披针形，两面均被刚毛或柔毛，花序生枝顶叶腋；花冠狭漏斗状，粉红色。

花梗上有密集的亮棕褐色糙伏毛

**资源分布：**我国江苏、安徽、浙江、江西、福建等地 | **常见花色：**白色、粉色、红色 | **盛花期：**4~5月
**植物文化：**花语为爱的快乐、忠诚、思乡；我国长沙、无锡等市的市花

## 鉴别

### 白杜鹃

为半常绿灌木植物，高1~3米；花冠为白色，有时呈淡红色，阔漏斗形，花冠有5裂片，裂片椭圆状卵形，裂片上无毛，无紫斑；花期为4~5月，果期为6~7月。

### 迷人杜鹃

花冠为钟状漏斗形，粉红色，上有紫色斑点，5裂，裂片近于圆形；花朵美丽鲜艳，多为人工栽培，具有较高的园艺价值。

### 高山杜鹃

花冠为宽漏斗形，淡紫蔷薇色至紫色，也有极少数为白色；花期为5~7月，果期为9~10月；花朵可植于庭园花坛中，也可作切花瓶插，有较高的园艺价值。

### 羊踯躅

花冠大，呈漏斗形，黄色或金黄色，很容易与其他品种进行区别；原产于我国东部地区；多用来栽培，是众多杜鹃园艺品种的母本，有很高的经济价值。

# 郁金香 *Tulipa gesneriana*

又称洋荷花、草麝香、郁香、荷兰花 / 多年生草本植物 /
百合科、郁金香属

花单朵顶生

原产于土耳其，后引进欧洲，在荷兰、英国、比利时风行。郁金香植株刚劲挺拔，叶色素雅秀丽，花朵端庄秀丽，花色多样。按花形可分杯形、碗形、卵形、球形、钟形、漏斗形、百合花形等，单瓣或重瓣；按花期可分为早花类和晚花类。

郁金香作为重要的球根花卉，于春季开花，既适宜丛植以布置花坛，也可作为切花、插花装点室内，还可盆栽供冬季观赏。郁金香入药，可除心腹间恶气，其根能镇静安神。

**特征识别：**叶3~5片，条状披针形至卵状披针状；较宽大基生叶有2~3片，茎生叶有1~2片。花茎直立，杯状花单生在茎顶，大型而直立；倒卵形花瓣6瓣，鲜黄色或紫红色。

花葶直立，长
35~55厘米

**生长环境：**喜向阳、避风，喜冬季温暖湿润、夏季凉爽干燥的气候。在8℃以上的环境中可正常生长，耐寒性很强，一般可耐-14℃的低温，在严寒地区，鳞茎可露地越冬。就土壤而言，喜腐殖质丰富、疏松肥沃和排水性良好的微酸性沙壤土。

**繁殖方式：**郁金香可采用播种与分球两种方式进行繁殖。播种在秋季进行，多选在9~10月；分球繁殖一般在花期之后进行种球分离。

**鲜切花养护：**郁金香插瓶时要选花苞还没打开或者是刚露色的花枝，将受损叶片剪掉，底部剪掉1厘米，促使它更好、更多地吸水。容器高度大

概是花束的一半，容器内水深约10厘米即可；适合摆放在通风、微光处，避免暴晒，并定期换水、修根及滴加保鲜剂。

茎叶光滑，有一层白粉

**植株对比：**姜科、姜黄属的植物温郁金与郁金香名字相似，形态差别却大。温郁金能长到1米多高，根茎肥大，叶子长圆形，花为穗状花序，花冠纯白色，在4~5月开花。郁金香的叶子披针形，花呈杯状，颜色有洋红色、黄色和紫红色等。

花朵呈直立杯状，有倒卵形花瓣6瓣

卵形鳞茎直径约2厘米，外层皮为纸质，内面顶端和基部有少数伏毛

**资源分布：**世界各地广泛栽培 | **常见花色：**红色、黄色、紫色、粉红色 | **盛花期：**4~5月
**植物文化：**花语为博爱、聪颖、善良；郁金香是荷兰、新西兰等国的国花

鉴别

杏丽

　　单瓣早花群，高15~45厘米，花杯状，单瓣，白色至深紫色，边缘常呈火烧状或有一颜色差异大的斑点。初春至仲春开放。

卡洛

　　重瓣早花群，高30~40厘米，花碗状，完全重瓣，深红色至黄色或白色，边缘常具不同颜色的斑点，植株具不同颜色的斑点。仲春开放。

哈桑

　　植株健壮，高35~60厘米。花杯状，单瓣，花色多样，边缘具对比色或植株具不同颜色的斑点。仲春至晚春开放。

巴特

　　单瓣晚花群，包括村舍和达尔文杂交群，高45~75厘米，花单瓣，杯状或酒杯状；花白色至黄色、粉色、红色或近黑色，常具对比强烈的边缘。春末开放。

# 活血丹 *Glechoma longituba*

又称金钱艾、也蹄草、透骨消 / 多年生草本植物 /
唇形科，活血丹属

　　活血丹为唇形科植物，匍匐的上升茎，逐节可生根。活血丹通常在夏、秋两季进行全草采收，可晒干或鲜用。全草皆可入药，有利湿通淋、清热解毒、散瘀消肿等功效。

**特征识别：**活血丹的茎叶呈方柱形，细而扭曲，黄绿色或紫红色，上面长满短柔毛，茎叶很脆，很容易折断。叶片草质，呈灰绿色或绿褐色，多皱缩，边缘有锯齿状。轮伞花序，通常有2朵花；管状花萼外面有长柔毛，内面有微柔毛，边缘有缘毛；花冠为淡蓝、蓝至紫色，下唇有深色斑点，冠筒直立，上部渐膨大成钟形。成熟小坚果为深褐色，长圆状卵形，顶端圆，基部略呈三棱形，无毛，果脐不明显。

**生长环境：**生于海拔50~2000米的林缘、疏林下、草地上或溪边等阴湿处。活血丹比较喜

轮伞花序，通常有2朵花

叶心形或近肾形，边缘有圆齿或粗锯齿状的圆齿

通常基部略呈三棱形，淡紫红色

花冠淡蓝、蓝至紫色，下唇有深色斑点

欢阴湿的环境，对土壤的要求不高，疏松肥沃、排水性良好的土壤比较适合其生长。它比较喜欢温暖、湿润的气候。生命力比较顽强，不需要过多修剪。

**繁殖方式：**活血丹可以采用播种、扦插和分株的方式繁殖，在春季到秋季进行。播种可以自播，但是生长较为缓慢，若采用扦插繁殖的方式，生长比较迅速。

**植物养护：**①土壤。排水性良好，疏松、肥沃的沙质土壤为佳。②光照。在养护期，给予适当日照会令其生长旺盛。③温度。生长的适宜温度为15~28℃，忌高温，冬季温度不低于5℃。④水分。活血丹喜欢湿润的土壤，要定期浇水以保持湿

润。⑤施肥。基肥要施足，并每1~2月施肥一次，夏、秋季节收获之后要及时追肥。

**植株对比：**活血丹与日本活血丹相似，但活血丹生于林缘、疏林、草地、溪边等阴湿处，叶片为心形或近肾形；茎基部通常呈淡紫红色，几乎无毛；花冠淡蓝、蓝至紫色。日本活血丹生于路旁、屋边阴湿处，几乎随处可见；茎丛生，基部通常带紫色，被短柔毛；叶为肾形；花冠淡紫色。

**资源分布：**中国大部分地区，俄罗斯、朝鲜 | **常见花色：**淡蓝色 | **盛花期：**4~5月
**植物文化：**花语为留心，意为留心沿途的美景

# 直立婆婆纳 *Veronica arvensis*

又称脾寒草、玄桃 / 一年生小草本植物 /
车前科，婆婆纳属

　　直立婆婆纳是北温带地区常见的杂草，并且因为其适应性强，故多成片出现。蓝紫色的花朵藏在枝叶中间，俏皮可爱。直立婆婆纳属车前科，具有清热、除疟之功效，可以辅助调理疟疾。

叶呈卵形至卵圆形，
边缘有圆齿或钝齿

茎直立
或上升

花冠是蓝紫
色或蓝色

**特征识别：** 茎直立或上升，不分枝或铺散分枝。叶为卵形至卵圆形，3~5对，下部叶有短柄，中上部叶无柄，边缘有圆齿或钝齿，两面有硬毛。总状花序长而多花；花梗极短；花萼长3~4毫米，裂片为条状椭圆形；蓝紫色或蓝色的花冠，裂片呈圆形至长矩圆形。倒心形蒴果，侧扁。

**生长环境：** 生于海拔2000米以下的路边及荒野草地中。

**繁殖方式：** 有极强的无性繁殖能力，匍匐茎着土易生不定根，多采用种子进行繁殖。

**植物养护：** ①土壤。选择肥沃、排水性良好的沙质土壤及混合型的土壤较好。②光照。生长期应保证较长的光照时间。③温度。适宜生长温度是15~35℃，冬季气温低，需要注意保暖。④水分。缓苗期、生长期和开花期都要保持土壤湿润。

**植株对比：** 婆婆纳花萼裂片卵形，顶端急尖，萼齿4片；活血丹的花萼筒状，萼齿5片。

**资源分布：** 我国山东、河南等地 | **常见花色：** 蓝紫色或蓝色 | **盛花期：** 4~5月
**植物文化：** 花语为坚强、永恒的爱、一生的守候

# 樱花

*Prunus × yedoensis*

又称山樱花、吉野樱 / 乔木植物 /
蔷薇科，李属

小枝淡紫褐色

　　樱花原产于北半球温带环喜马拉雅山地区。
在2000多年前的秦汉时期，樱花已在我国宫苑内栽
培；唐朝时，樱花已普遍出现在私家庭院中；后传入
日本，在日本有1000多年的历史。樱花代表
着热烈、纯洁、高尚，被日本尊为国花。

　　樱花成伞形总状花序，每枝有3~5朵
花，花瓣先端有一缺口，花色多为白色、粉红色。于每年
3月与叶同放或叶后开花，满树烂漫，如云似霞，随季节
变化；樱花幽香，花色艳丽，常用于园林观赏。樱花可分
单瓣和复瓣两类。

伞形总状花序，
通常有花3~5朵

　　**特征识别：**小枝淡紫褐色，
无毛，嫩枝绿色，有稀疏柔毛。
叶倒卵状椭圆卵形，先端渐尖或
骤尾尖，基部圆形，边缘有尖锐
重锯齿；叶柄密被柔毛；披针形
托叶有羽裂腺齿。伞状花序，总
梗极短，有花3~5朵；苞片两面
均有稀疏柔毛，褐色，匙状长圆
形；管筒状的花萼有稀疏柔毛，
萼片呈三角状长卵形，先端渐
尖；花瓣椭圆卵形，白色或粉红
色，先端有一个小凹形缺口。

　　**生长环境：**喜温暖湿润的气
候，有一定的抗寒能力。对土壤
的要求不高，适合生长在疏松肥

沃和排水性良好的沙质土壤中。

　　**繁殖方式：**播种、扦插和
嫁接繁殖方式为主。以播种
方式养殖樱花，可随采随播
或湿沙层积后翌年春播。扦
插繁殖时，春季应选一年生
硬枝为种条，夏季则用当年
生嫩枝作种条。

　　**植物养护：**①浇水。保
持土壤潮湿但无积水。②施肥。
分别在冬初及花谢后施2次肥，
以酸性肥料为宜。③修剪。剪
去枯萎枝、徒长枝、重叠枝及
病虫枝。

　　**植株对比：**樱花与桃花相

似，但樱花花瓣上有一个小缺
口，颜色为粉红色或白色；叶片
呈倒卵状的椭圆形，深绿色；
树皮呈紫褐色，表面平滑且富
有光泽，树干上有横向的条纹
分布。桃花的花瓣饱满，花瓣
不会出现缺口，颜色是淡粉色
或深粉色；叶片是墨绿
色的，椭圆形，边缘有
一些小锯齿；树干是灰
褐色的，树枝则是红褐
色，树干较光滑。

呈倒卵状的椭圆
形的叶片

椭圆卵形的花瓣，共5瓣，
花瓣前端有一个小凹形缺口

**资源分布：**亚洲、欧洲、北美洲 | **常见花色：**白色、粉红色 | **盛花期：**3~4月
**植物文化：**樱花是爱情与希望的象征，代表着高雅质朴纯洁的爱情

## 鉴别

### 云南樱花

有花1~3朵，革质苞片近圆形，边有腺齿；红色萼筒钟状；三角形萼片先端急尖，全缘，常带红色；花瓣卵圆形，先端圆钝或微凹，花粉红至深红色。

### 染井吉野

小花柄、萼筒、萼片上有很多细毛，萼筒上部比较细；花蕾是粉红色，在叶子长出前就盛开略带淡红色的白花。花期为4月上旬至5月中旬。

### 永源寺

花为大朵、白色多层花，是生长于日本滋贺县永源寺庭院的樱花；有一定抗寒能力，对土壤的要求不高，宜在疏松肥沃、排水性良好的沙质土壤中生长。

### 太白

花为大朵、白色单层花，是英国的樱花研究家于1932年赠送给日本的樱花品种。

# 花贝母 *Fritillaria imperialis*

又称璎珞百合、皇冠贝母、冠花贝母 / 多年生球根植物 /
百合科、贝母属

花贝母的品种繁多，是一种多年生球根花卉，其株型高大挺拔，花朵硕大，花型美观，颜色艳丽，是一种观赏性很高的园艺植物，比起种植在花盆中，更适合在庭院或花园中栽培。作为贝母属植物，其药用价值不可小觑，对外感咳嗽之类的症状有显著的缓解作用。

钟形花冠，颜色十分鲜艳

**特征识别：**多年生球根花卉，鲜鳞茎较大，株高大；茎直立，叶为卵状披针形至披针形，全缘。花集生于株顶，花冠钟形，下垂生于叶状苞片群下。花朵颜色鲜艳，有鲜红、橙黄、黄色等。盛花期为5月。

花朵下垂生于叶状苞片群下

茎身直立，没有分枝

**生长环境：**喜欢光照，可耐阴，较耐寒，生长的适宜温度是7~20℃，喜疏松、肥沃且富含有机质、排水性良好的土壤。

**繁殖方式：**花贝母的繁殖采用分球繁殖，常在夏、秋两季进行分球，繁殖以分生小鳞茎为主。

**植物养护：**①土壤。疏松、肥沃、富含有机质、排水性良好的沙质土壤。②温度。保持在7~20℃最宜，种球贮藏的温度为13℃左右。

**植株对比：**花贝母与浙贝母相似，但花贝母的叶为卵状披针形至披针形，花集生，花

冠钟形，下垂，颜色有鲜红、橙黄、黄色，盛花期为5月。浙贝母因主产于浙江而得名，叶近条形至披针形，先端不卷曲或稍弯曲；花为淡黄色，有时稍带淡紫色，花期在3~4月。

| 资源分布： | 喜马拉雅山区至伊朗等地 | 常见花色： | 黄色、红色 | 盛花期： | 5月 |

**植物文化：** 花语为忍耐

# 球兰 *Hoya carnosa*

又称马骝解、狗舌藤、铁脚板 / 攀缘灌木植物 /
夹竹桃科、球兰属

球兰附生于树上或石上，茎节上有气生根，花形独特，花色白至淡红，微有香气。适用于盆栽，悬挂在庭院、分园、长廊、茶座等荫棚架下，可增添荫棚景观，别有趣味。

花为白色居多

花冠呈辐状，花冠筒较短

**特征识别：** 肉质叶对生，卵圆形至卵圆状长圆形，顶端钝，基部圆形；聚伞花序，腋生，花小数多，有白色、淡红色，白色居多；花冠呈辐状，筒短，裂片外面无毛，内面有乳头状突起；副花冠为星状，外角急尖，中脊隆起，边缘反折而成一孔隙，内角急尖，直立。

**生长环境：** 喜高温、高湿、半阴的环境。忌烈日暴晒，夏季需要移至遮阴处，防止强光直射灼伤叶片。在富含腐殖质且排水良好的土壤中生长旺盛，较适宜多光照和稍干土壤。

**繁殖方式：** 常用扦插和压条繁殖。扦插繁殖在夏末进行，压条繁殖在春末夏初进行。

**植物养护：** ①土壤。腐叶土、园土和粗沙的混合基质，加入少量骨粉为宜。②温度。生长期需20℃以上的温度及较高的空气湿度。③光照。每天应有3~5小时充足光照。④水分。充分浇水，保持盆土湿润。⑤施肥。每半个月施肥一次，以钾肥为宜。

**资源分布：** 我国云南、广西、广东、福建和台湾等地 | **常见花色：** 白色、淡红色 | **盛花期：** 4~6月
**植物文化：** 花语为青春美丽

# 延龄草 *Trillium tschonoskii*

又称头顶一颗珠、地珠、芋儿七 / 多年生草本植物 /
藜芦科、延龄草属

　　延龄草的花有两轮，花型优雅，人们看到的主要是内轮的白色花瓣。其在调理头晕目眩、高血压、脑震荡后遗症、头晕头痛、失眠等方面有独特的疗效。由于人们过度砍伐森林，严重破坏了林下延龄草的生长环境，使延龄草的分布范围日趋缩小，再加上延龄草的种子发芽率很低，不易成活，这些因素致使延龄草种群数量逐渐减少。

有白色花瓣 3 瓣

叶脉清晰，叶片光滑、无皱纹，呈菱状圆形或菱形

**特征识别：**茎丛生于粗短的根状茎上，高15~50厘米。叶片表面光滑，无皱纹，呈菱状圆形或菱形，几乎没有叶柄。花被片两轮，外轮花被片为绿色的卵状披针形，长1.5~2厘米，宽5~9毫米，内轮花被片白色，少有淡紫色，卵状披针形。浆果为黑紫色的圆球形，种子卵形，褐色。花期为4~6月，果期为7~8月。

**生长环境：**生长于海拔1600~3200米的林下、山谷阴湿处、山坡或路旁岩石下。喜阴凉、潮湿的环境。在光照强烈和土壤干燥瘠薄的条件下则生长不良。

**繁殖方式：**可用延龄草的种子进行繁殖，也可在8月下旬，用延龄草的地下根茎切块后进行播种。

**植物养护：**①土壤。喜土质松散、排水性能好、腐殖质层厚的土壤。②水分。喜湿润，遇连雨天时应注意排水除涝。③光照。不喜强光照射，夏季应适当遮阴。④温度。适宜温度在8~12℃，不可低于0℃。

**植株对比：**吉林延龄草的叶呈菱状扁圆形或卵圆形；外轮花被片绿色，内轮花被片白色，椭圆形或倒卵形，花期6月。延龄草的叶为菱状圆形或菱形，外轮花被片为绿色的卵状披针形，内轮花被片白色，卵状披针形，花期为4~6月。

**资源分布：**中国、不丹、印度、朝鲜和日本 | **常见花色：**白色 | **盛花期：**4~6月
**植物文化：**花语为美貌、优雅的人

# 荠菜 *Capsella bursa-pastoris*

又称扁锅铲菜、荠荠菜、地丁菜 / 一年生或二年生草本植物 /
十字花科，荠属

　　荠菜广布于世界温带地区，在我国几乎各省都有分布，多生在山坡、田边及路旁，繁殖能力强。远在前300多年，我国民间就有春食荠菜、应时而食，可以驱邪明目、吉祥而强身的传统习俗。荠菜营养价值高，全草可入药，有利尿、止血、清热、明目、消积等功效。

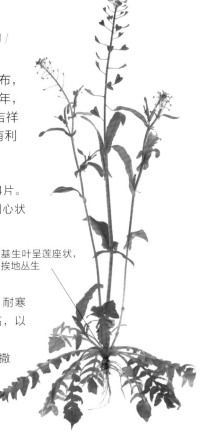

基生叶呈莲座状，挨地丛生

**特征识别：** 直挺的茎稍有分枝或不分枝。基生叶呈莲座状，挨地丛生，叶片为有羽状分裂的卵形至长卵形，叶上有毛；茎生叶为狭披针形或披针形，边缘有缺刻或锯齿。总状花序顶生或腋生，十字花冠；花瓣为先端渐尖、边缘浅裂或有不规则粗锯齿

的倒卵形，每朵花有萼片4片。角果为倒卵状三角形或倒心状三角形，扁平无毛。

**生长环境：** 喜温暖，只要有充足的阳光，在土壤不太干燥的地方，荠菜都能生长。耐寒性强，对土壤的要求不高，以肥沃、疏松的土壤为佳。

**繁殖方式：** 多用干籽撒播的方式进行繁殖。荠菜种子有休眠期，不宜用当年的新种，春播和夏播的荠菜生长较快。

**植物养护：** ①浇水。育苗期的荠菜要轻浇、勤浇，不能一次浇透，每隔1~2天浇1次。②施肥。苗有2片真叶时，进行第一次追肥，收获前7~10天进行第二次追肥。

**植株对比：** 荠菜与碎米荠的区别在于叶子及果实。荠菜的叶子细长，没有明显的茎，叶端为尖状，长大后会抽薹，能开花；碎米荠的叶子比较小，叶端为圆形，有锯齿，茎直立生长。荠菜的果实为倒卵状三角形或倒心状三角形；碎米荠的果实为长角果线形。

茎生叶为狭披针形或披针形，边缘有缺刻或锯齿

倒卵状三角形或倒心状三角形的角果

**资源分布：** 世界各地均很常见 | **常见花色：** 白色 | **盛花期：** 4~6月
**植物文化：** 花语是为你献上我的所有

# 白车轴草 *Trifolium repens*

又称白花苜蓿、金花草、菽草翘摇 / 多年生草本植物 /
豆科、车轴草属

掌状三出复叶，小
叶倒卵形至近圆形，
先端凹头至钝圆

全株无毛，茎上部稍
上升，节上生根

　　白车轴草叶色、花色美观，绿色期较长，落土的种子具有
较强的自播繁殖能力，种植和养护成本低，是优良的绿化观赏
草坪种，可成片种植，也可与乔木、灌木混搭成层次分明的
复合景观。

　　白车轴草的根系发达，侧根密集，能固着土壤。茂
密的叶片能阻挡雨水对土壤的冲刷和侵蚀，有显著的蓄水
保土作用，适宜在坡地、堤坝湖岸种植，防止水土流失。

　　白车轴草全草可入药，味微甘，性平，具有清热凉血、安
神镇痛、祛痰止咳的功效。

淡红色车轴草

　　**特征识别：**生长期达5年，
全株无毛。主根较短，侧根和须
根发达。茎为匍匐蔓生，上部稍
上升。叶为掌状三出复叶；托叶
为膜质的卵状披针形，叶柄较

长，小叶为倒卵形至近圆形，有
小柔毛。球状花序顶生，总花梗
较长，花密集，花冠为白色、乳
黄色或淡红色。荚果为长圆形，
种子为阔卵形。

　　**生长环境：**白车轴草的适应
性广，抗热性、抗寒性强，喜光和
长日照，喜温暖、湿润气候，不耐
干旱和长期积水，最适合生长在年
降水量800~1200毫米的地区。喜
弱酸性土壤，不耐盐碱，尤其喜欢
黏质土，也可在沙质土壤中生长。

　　**繁殖方式：**采用播种方式进
行繁殖，可在春、秋两季进行。
春播为3月中旬，秋播在10月中
旬最为合适。

　　**植物养护：**①土壤。喜欢
黏质土，耐酸性土壤及沙质土
壤。②光照。不耐荫蔽，每天
日照超过13.5小时，花数可增
多。③温度。适宜生长温度为
16~24℃。④水分。浇水要少次
多量。雨水过多时要及时排涝。

　　**植株对比：**白车轴草的叶
片是三出复叶如掌状，托叶呈
卵状披针形，叶柄较长；酢浆
草的叶子呈长圆形或者卵形，
基部与叶柄合生。白车轴草的
花朵顶生，呈球形，花冠有白
色、乳黄和淡红色，有香气；
酢浆草的花朵腋生，呈数朵聚
集，为伞形花序。

顶生花序
呈球形

总花梗的长度近叶
柄长度的1倍

**资源分布：** 欧洲、非洲、中国 | **常见花色：** 白色、淡红色 | **盛花期：** 5~6月
**植物文化：** 花语为祈求、希望、爱情和幸福

# 夏枯草 *Prunella vulgaris*

又称麦穗夏枯草、铁线夏枯草 / 多年生草本植物 /
唇形科，夏枯草属

　　夏枯草匍匐根茎，节上生须根。作为传统中药，夏枯草味辛、苦，有清火明目之功效，能调理目赤肿痛、肝火头痛等症。夏枯草广泛分布于我国各地，植株适应力较强，整个生长过程中很少有病虫害，耐寒，耐旱，养护成本低。

轮伞花序，密集地组成顶生穗状花序

叶为草质，边缘有不明显波状齿或近全缘

苞叶似茎叶，为近卵圆形，近乎无柄

钝四棱形茎，茎高20~30厘米，下部伏地

　　**特征识别：**有匍匐根茎，节上生须根。钝四棱形茎，紫红色，下部伏地，自基部多分枝，有浅槽，上有稀疏的糙毛或近于无毛。草质茎生叶呈卵状长圆形或卵圆形，先端钝，基部圆形、截形至宽楔形，下延至叶柄成狭翅，边缘略有波状齿或近全缘。花序下方的一对苞叶似茎叶，为近卵圆形，近乎无柄或有不明显

的短柄。轮伞花序，密集组成顶生穗状花序；花萼钟形；花冠紫、蓝紫或红紫色，略超出花萼。褐色小坚果为长圆状卵珠形，有沟纹。

　　**生长环境：**喜温暖、湿润的环境，能耐寒，适应性强，可在旱坡地、山脚、林边草地、路旁、田野种植。

花萼呈钟形，为紫、蓝紫或红紫色

　　**繁殖方式：**播种与分株都可以。春播于3月下旬至4月中旬；秋播于8月下旬。分株繁殖选择在春末萌芽时，将老根挖出进行分株。

　　**植物养护：**①间苗。在出苗4片叶左右时，去小苗、留大苗，去弱苗、留壮苗。在10片叶时定苗。②施肥。施肥两次，分别在分株定苗前和花末期进行。③采收。6月采收，干草及干果穗需分别储藏。

　　**植株对比：**夏枯草匍匐茎，草质叶，呈卵状长圆形或卵圆形，花为紫色、蓝紫色或紫红色。白毛夏枯草茎直立，基生叶无或少数，部分花为白色或白绿色。

**资源分布：**我国河南、安徽、江苏、湖南等省 | **常见花色：**紫色、蓝紫色、紫红色 | **盛花期：**4~6月
**植物文化：**花语为负责尽职、是非分明

# 蝴蝶兰 *Phalaenopsis aphrodite*

又称蝶兰 / 多年生草本植物 / 兰科，蝴蝶兰属

花瓣菱状圆形，略带斑点或细条纹

蝴蝶兰原产于亚热带雨林地区，为附生性兰花。蝴蝶兰利用露在外面的气根来吸收空气中的养分，促进光合作用。其花朵艳丽娇俏，赏花期长，象征着高洁、清雅，素有"洋兰王后"之称。此外，蝴蝶兰能吸收室内有害气体，有净化空气的作用。

**特征识别：** 稍肉质叶片呈椭圆形、长圆形或镰刀状长圆形，3~4枚或更多，上面绿色，背面略微发紫；基部叶楔形或有时歪斜，有短而宽的鞘。侧生于茎基部的花序，不分枝或有时分枝，数朵花由基部向顶端逐朵开放；苞片为卵状三角形；花的中萼片先端钝、基部稍收狭，近椭圆形，侧萼片呈歪卵形；花瓣3裂，侧裂片呈直立的倒卵形，有红色斑点或细条纹，中裂片像菱形，先端渐狭并卷须。

**生长环境：** 生长在热带雨林地区，喜高温、半阴的环境，喜暖畏寒。

**繁殖方式：** 有播种和分苗两种繁殖方式。家庭种植多用后者。分苗法可用顶芽、茎段或幼嫩的叶片或根尖，最常采用的是花梗，不会损伤植株，操作简便，成活率也相对较高。

**植物养护：** ①光照。喜半阴环境。②温度。生长适温为15~20℃，冬季10℃以下就会停止生长，低于5℃容易死亡。③湿度。见干时用细水灌淋。④施肥。勤施薄肥，少量多次。⑤修剪。花谢后，剪去从植株基部抽出的花梗，防止养分消耗。如果想要植株来年再开花，可在换盆时对花茎进行短截。

花葶直立，较长，稍有分枝

叶片的上面为绿色，背面则略微发紫

**植株对比：** 蝴蝶兰叶片稍肉质，椭圆形、长圆形、镰刀状长圆形，花朵侧生茎基部；石斛兰附生在树干上，花朵主要以白色及红紫色为主。

稍肉质叶片呈椭圆形、长圆形或镰刀状长圆形

花瓣3裂

**资源分布：** 中国、泰国、菲律宾、马来西亚、印度尼西亚 | **常见花色：** 白色、粉红色、黄色
**盛花期：** 4~6月 | **植物文化：** 花语为我爱你、幸福向你飞来

## 鉴别

### 斑叶蝴蝶兰

别名席勒蝴蝶兰；叶大，为长圆形，长70厘米，宽14厘米，叶背面有灰色和绿色斑纹；淡紫色花，直径8~9厘米，边缘白色；花期在春、夏季。

### 台湾蝴蝶兰

是蝴蝶兰的变种，是珍贵稀有兰类，被列为国家二级保护植物；叶大且肥厚，绿色，呈扁平状，并且有斑纹；花瓣上有红色斑点和细条纹。

### 阿福德蝴蝶兰

叶长40厘米，叶面为绿色，且叶面上主脉明显，叶背面带有紫色；花为白色，中央常带有绿色或乳黄色。

### 曼氏蝴蝶兰

别名西双版纳蝴蝶兰；绿色叶长30厘米，叶基部黄色，萼片和花瓣为橘红色，带褐紫色横纹；花期为3~4月。

# 锦带花 *Weigela florida*

又称锦带、五色海棠、山脂麻 /
落叶灌木植物 / 忍冬科、锦带花属

叶为椭圆形或卵状椭圆形

锦带花的花期正值春
花凋零、夏花不多之际，
花色艳丽而繁多，为我国
东北、华北地区重要的观花
灌木植物之一，其枝叶茂密，花期
可长达2个月。锦带花对氯化氢耐受
性强，是良好的抗污染植物。

**特征识别：**树皮灰色，幼枝为稍四方形，有2
列短柔毛。叶为椭圆形或卵状椭圆形，顶端锐尖，
基部圆形至楔形，边缘有锯齿，叶表面有稀疏的短
柔毛，叶背面密生短柔毛或茸毛。花单生或呈聚伞
花序，侧生于短枝的叶腋或枝顶；花冠为漏斗状钟
形，玫瑰红色，裂片5片，裂片展开，不整齐内面
浅红色。柱形蒴果上有稀疏的柔毛，顶端有短柄状
喙，种子无翅。

幼枝为稍四方形，
长有 2 列短柔毛

**生长环境：**生于海拔800~1200米的湿润沟谷
或半阴处，喜光，耐阴，耐寒；对土壤要求不高，
能耐瘠薄土壤，怕水涝。

**繁殖方式：**可用播种、扦插压条的方式进行繁
殖。种子采收期为9~10月；扦插可在4月上旬，剪
取1~2年生且未萌动的枝条为种条；压条繁殖需在
花谢后进行，选下部枝条。

**植物养护：**①土壤。喜排水性良好的沙质壤
土。②施肥。生长季要每个月施肥1~2次。③水
分。保持土壤湿润，夏季每个月要浇1~2次，每次
要浇透。④修剪。春季萌动前将植株顶部的干枯枝
及老弱枝、病虫枝剪掉，并剪短长枝。

**植株对比：**锦带花只有红色和粉色；海仙花有
红色、白色、粉色，且颜色渐变，有"五色海棠"
的称号。常言道"锦带带一半，海仙仙到底"，意
思是说，锦带花花萼裂片从中间开始往下连合，而
海仙花花萼裂片是从上直接裂至底部。

花单生或呈聚伞花序，侧
生在短枝的叶腋或枝顶

漏斗状钟形的花冠

**资源分布：**中国大部分地区，俄罗斯、朝鲜和日本 | **常见花色：**红色、粉色 | **盛花期：**4~6月
**植物文化：**花语为前程似锦、绚烂美丽

鉴别

美丽锦带花

花浅粉色，叶较小，花期为 6~10 月；在我国主要分布在华北至华东北部暖温带落叶阔叶林区，南部暖带落叶阔叶林区及热带落叶、常绿阔叶混交林区。

白花锦带花

锦带花经过杂交孕育的品种，此品种花呈近白色，有微香；叶为阔椭圆形、椭圆形或倒卵形，顶端尾状，基部阔楔形，边缘有锯齿，叶两面主脉密生短柔毛。

花叶锦带花

花冠喇叭状，花色由白逐渐变为粉红色，格外绚丽多彩；叶缘为乳黄色或白色，花期在5月上旬；是观花、观叶的优良植物，丛植、孤植均有很高的观赏性。

红王子锦带花

锦带花的一个园艺品种，是从美国引进的优良品种；花冠为胭脂红色的漏斗状钟形，花朵密集，艳丽悦目，格外美观；在夏初开花，花期可长达1个月。

# 棣棠花 *Kerria japonica*

又称棣棠、地棠、蜂棠花 / 落叶灌木植物 /
蔷薇科、棣棠花属

互生叶，三角状卵形或卵圆形，边缘有尖锐重锯齿

棣棠花是落叶灌木植物，原产于我国华北至华南，对土壤要求不高。棣棠花有翠绿细柔的枝叶，在花开时节，金花满树，风姿绰约，小小的黄色花朵十分雅致，生趣盎然。棣棠花还有2个变种，为重瓣棣棠花和白棣棠花。前者花瓣重重，长得像个小球，白棣棠花比较罕见。除供观赏外，棣棠花入药，有消肿、止痛、止咳、助消化等功效。

**特征识别：**圆柱形的绿色小枝无毛，呈拱状下垂，嫩枝有棱角。叶互生为三角状卵形或卵圆形，顶端长渐尖，基部为圆形、截形或微心形，边缘有尖锐重锯齿。单花生于侧枝的顶端，花梗无毛；花朵直径2.5~6厘米；萼片为卵状椭圆形，顶端急尖，有小尖头，全缘；花瓣黄色，呈宽椭圆形，顶端下凹，比萼片长。果为褐色或黑褐色，倒卵形至半球形，表面有皱褶。

**生长环境：**喜温暖、湿润和半阴的生长环境，耐寒性较差，对土壤要求不高，以肥沃、疏松的沙壤土最好。

**繁殖方式：**常用分株、扦插和播种法繁殖。分株适用于重瓣品种；扦插分春季硬枝扦插和梅雨季嫩枝扦插。播种繁殖方法只在大量繁殖单瓣原种时采用。

**植物养护：**①土壤。喜松软、排水性良好的非碱性土壤。②水分。要控制好浇水量，夏天可适当多浇水。③施肥。生长期酌量追施1~2次液肥。

**植株对比：**棣棠花的叶片为卵圆形或三角卵圆形，叶片边缘有尖锐的锯齿；单花，花瓣黄色，呈宽椭圆形，花瓣顶端下凹；果实呈倒卵形至半球形，表面有皱褶。刺玫叶片呈宽卵形或近圆形，全缘；花有黄色、粉红色、白色等，花瓣呈宽倒卵形；果实近球形或倒卵圆形。

枝条为圆柱形，嫩枝有棱角

花有重瓣和单瓣之分，花瓣为宽椭圆形，顶端下凹

**资源分布：**我国华北至华南地区 | **常见花色：**黄色 | **盛花期：**4~6月 | **植物文化：**花语为高贵

# 银莲花 *Anemone cathayensis*

又称华北银莲花、毛蕊莨莲花 / 多年生草本植物 /
毛莨科，银莲花属

　　银莲花分布于我国山西、河北及朝鲜等地。花开艳丽，除粉色外，还有红色、蓝色、紫色、淡紫色、白色等，花苞大，半重瓣，是市场上很受欢迎的观赏花卉。有露地银莲花和温室银莲花两种类型。其中，露地银莲花分为冠状银莲花和日本银莲花两种。温室银莲花主要有摩纳和第卡两类。

　　**特征识别：** 有基生叶4~8片，有长柄；叶片为心状五角形，偶有圆卵形，3全裂；叶柄除基部有较密长柔毛外，其他部分有稀疏的长柔毛或无毛。花葶2~6个，有稀疏的柔毛或无毛；不等大苞片约有5片，无柄，呈菱形或倒卵形，3浅裂或3深裂；萼片有5~6片，呈倒卵形或狭倒卵形，白色或带粉红色，顶端圆形或钝，无毛。瘦果扁平，为宽椭圆形或近圆形。

叶片为心状五角形，偶有圆卵形，3全裂

有花葶2~6个，花葶有柔毛

**生长环境：** 多生长在海拔1000~2600米的山坡草地、山谷沟边或多石砾坡地。喜凉爽、潮湿、阳光充足的环境，较耐寒，忌高温多湿。

**繁殖方式：** 繁殖常用播种与分球方法。播种多选于9~10月秋播。分球宜在花谢后进行，可分别在6月中下旬及10月下旬进行。

**植物养护：** ①光照。喜光照充足。②土壤。喜土层深厚，富含有机质、疏松而排水性良好的土壤。③施肥。种植前要施足基肥，以腐熟堆肥为主。④光照。种植初期适当遮阴。

**植株对比：** 银莲花与虞美人的花色与寿命不同，银莲花花色有蓝紫色、白色或带粉红色；虞美人花色丰富，多是红色、黄色、粉红色、橙红色。银莲花为多年生草本植物，管理得当可成活多年；虞美人是一年生草本植物，只能成活1年。

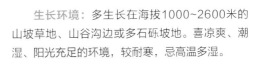

**资源分布：** 中国、朝鲜 | **常见花色：** 粉色、红色、紫色、淡紫色、白色、蓝色 | **盛花期：** 4~7月
**植物文化：** 花语为失去希望；以色列国花

# 毛茛 *Ranunculus japonicus*

又称鸭脚板、野芹菜、山辣椒、毛芹菜 /
多年生草本植物 / 毛茛科，毛茛属

　　毛茛的花为淡黄色，花朵十分精致，在我国除西藏外，各地区均有分布。多生于田沟旁和林缘路边的湿草地上。捣碎外敷，可用于截疟、脓肿，还能调理疮癣等。需要注意的是，毛茛与皮肤接触时会引起炎症和水疱，且吃起来有强烈的辛辣味，一般不作内服。

**特征识别：**须根多数簇生，茎直立中空，有分枝。基生叶呈圆心形或五角形，基部心形或截形，中裂片为倒卵状楔形或宽卵圆形或菱形，两面贴生柔毛；下部叶与基生叶相似，渐向上叶柄变短，叶片较小。聚伞花序，有多数花，排列较疏散；萼片椭圆形，生白柔毛；花瓣倒卵状圆形，花托短小，无毛。聚合果近球形，瘦果扁平。4~9月为其花果期。

**生长环境：**生于田野、湿地、河岸、沟边及阴湿的草丛中。喜温暖、湿润气候，忌土壤干旱，可在黏性土壤中栽培。

**繁殖方式：**采用播种繁殖法，7~10月果实成熟，9月上旬播种。

**植物养护：**①施肥。生长期，可追肥1次。②土壤。保持土壤疏松。③水分。保持土壤湿润，雨季则应注意排水。④光照。喜阴，忌强光。

**植株对比：**毛茛茎与叶柄均密被伸展的淡黄色糙毛，聚伞花序，花数多，排列疏散；石龙芮的叶子近圆形，先端钝圆或微凹，全缘，有长柄。

茎直立且中空，有分枝

叶片两面都贴生柔毛

# 白玉兰 *Yulania denudata*

又称玉兰、望春花、木兰 / 落叶乔木植物 / 木兰科、玉兰属

白玉兰花白如玉，芳香似兰，并且是先开花后长叶子，其花一朵一朵地生长在树枝的顶端，有的是纯白色，有的是碧白色和乳白色。白玉兰不仅生长迅速，而且树姿优美，有着不俗的园林观赏价值。不仅如此，其药用、食用价值也很高。它的根对泌尿系统感染和小便不利有一定调理效果；叶有清热利尿和止咳化痰的功效；花有化湿、行气的作用，对中暑和前列腺炎患者有一定的调理作用。

花朵顶生在枝端或枝侧，花瓣有 6 瓣

白色花朵下面带有粉色花蒂

花柱有灰黄色细绒

叶片为单叶互生，呈革质，略薄

**特征识别：** 阔伞形树冠，树皮为灰色，枝叶有芳香。革质叶较薄，单叶互生，呈长椭圆形或披针状椭圆形，有时呈螺旋状，基部楔形，叶端渐尖，上面无毛，下面疏生微柔毛，叶两面网脉都很明显，有叶柄。花顶生，呈辐射对称，白色的蔷薇花冠，有时基部带红晕，香味特别浓；花瓣有6瓣；花药条形，为淡黄棕色；花丝较短，易脱落；花柱密被灰黄色细绒。

**生长环境：** 喜肥沃、疏松的土壤，喜光。不耐干旱、不耐水涝，对二氧化硫、氯气等有毒气体比较敏感，是世界各地庭园中常见的栽培花卉。

**繁殖方式：** 白玉兰的繁殖方法众多，有扦插、播种、嫁接、压条等。最常用的繁殖方法是嫁接和压条。

**植株修剪：** 为了促进侧枝生长，可对快速生长的主枝条进行回缩修剪，还应对基部和主干的节间部位萌出的新枝进行及时修剪。

**植株对比：** 白玉兰的叶片正反面几乎相同，叶片颜色稍浅；广玉兰的叶片正面光滑，背面有褐色的茸毛，叶片色泽深绿。同为白花，白玉兰的花朵下面有粉色的花蒂，而广玉兰则是纯白色，花型比白玉兰大。

| 资源分布：广植于东南亚 | 常见花色：白色 | 盛花期：2~3月和7~9月 |
| --- | --- | --- |

**植物文化：** 花语为纯净、纯洁、高尚、安静

# 紫玉兰 *Yulania liliiflora*

又称木笔、辛夷 / 落叶灌木植物 / 木兰科，玉兰属

椭圆状倒卵形的花瓣

花叶同放，叶片呈椭圆状倒卵形或倒卵形

紫玉兰是我国特有的植物，已有2000多年的栽培历史。分布在我国云南、福建、湖北、四川等地。紫玉兰于早春开花，花朵艳丽怡人，芳香淡雅，孤植或丛植都很美观。紫玉兰的树皮、叶、花蕾均可入药；花蕾晒干后称辛夷，气香，味辛辣，含以柠檬醛、丁香油酚、桉油精为主的挥发油，可调理鼻炎、头痛，还可用于制作镇痛消炎剂。

花朵直立于粗壮的花梗之上

瓣呈椭圆状倒卵形，外面紫色或紫红色，内面带白色。

**特征识别：**树皮为灰褐色，小枝则为绿紫色或淡褐紫色。叶为椭圆状倒卵形或倒卵形，先端急尖或渐尖，基部渐狭，上面深绿色，下面灰绿色，幼时疏生短柔毛。花蕾卵圆形，被淡黄色绢毛；花叶同时开放，瓶形，直立于粗壮的花梗上，稍有香气；花

**生长环境：**喜温暖、湿润和阳光充足的环境，较耐寒，不耐旱和盐碱，怕水涝，喜肥沃、排水性好的沙壤土。

**繁殖方式：**常用分株法、压条法和播种法进行繁殖。

**植物养护：**①土壤。喜疏

松肥沃的酸性、微酸性土壤。②水分。喜湿润，怕涝，需保持土壤润而不湿。③施肥。在花期前2月和花期后5月各施肥1次，入冬落叶时追肥1次。④光照。喜阳，应保持植株拥有足够的光照时长。

**植株对比：**二乔玉兰与紫玉兰的不同在于二乔玉兰是小乔木，比紫玉兰高，其花瓣数为6~9瓣；不同于紫玉兰的花叶同放，二乔玉兰是先花后叶，花初开及盛花期都只见花不见叶。

花外紫内白，十分别致

花瓣略有香气，可入药

**资源分布：**我国云南、福建、湖北、四川等地 | **常见花色：**紫色、淡紫色 | **盛花期：**4~6月
**植物文化：**花语为芳香情思

# 白兰

*Michelia × alba*

又称黄桷兰、白兰花、缅桂花 / 常绿乔木植物 /
木兰科、含笑属

白色花瓣呈披针形

叶薄革质，长椭圆形或披针状椭圆形

原产地为印度尼西亚爪哇，现广植于东南亚。我国福建、广东、广西、云南等地区栽培极盛，长江流域各地区多盆栽，在温室越冬。白兰的花洁白清香、花期长，叶色浓绿，为著名的庭园观赏树种，多栽为行道树。花可用于提取香精或熏茶，也可提制浸膏供药用，有行气化浊、化痰止咳之效。

**特征识别：**树皮灰色，嫩枝及芽密被淡黄白色微柔毛，老时毛渐脱落。叶薄革质，长椭圆形或披针状椭圆形，先端长渐尖或尾状渐尖，基部楔形，上面无毛，下面有稀疏微柔毛；花为白色，极为芳香；花瓣有10瓣，披针形。

**生长环境：**性喜温暖、湿润的环境，适合在通风良好、有充分日照的环境中生长，不耐寒，忌潮湿，不喜荫蔽，不耐日灼，适合生长于微酸性土壤中。

**繁殖方式：**白兰常用压条法和嫁接法进行繁殖。压条最好在2~3月进行，嫁接法在4~7月进行者为多。

**植物养护：**①土壤。喜疏松、透气性强且含腐殖质较丰富的土壤。②光照。保证阳光充足即可，夏季需酌情遮阳。③施肥。生长期每半个月施1次花肥。④浇水。不应浇水过勤、过量。雨后及时排水。⑤温度。不耐寒，最低温度不低于5℃，否则易受低温冷害。

**植株对比：**白兰花的叶片比含笑大，为长椭圆形或披针状，而含笑的叶片呈狭椭圆形或少数倒卵状椭圆形。白兰花的花朵花瓣小，为纯白色，而含笑花的花朵为长椭圆形，花瓣白色中夹淡黄色。

叶柄上有稀疏微柔毛

**资源分布：**我国东南、西南各省区及东南亚地区 | **常见花色：**白色 | **盛花期：**4~9月
**植物文化：**花语为纯洁的爱、真挚；福建省晋江市市花

# 月季 *Rosa chinensis*

又称月月红、月月花、长春花 / 直立灌木植物 /
蔷薇科、蔷薇属

月季在世界上已有近万个品种，我国作为月季的原产地之一，亦有上千种之多。月季花大型，花荣秀美，姿色多样，香气浓郁，适应性强，故成为南北园林中使用次数最多的一种花卉。月季能吸收有害气体，同时对二氧化硫、二氧化氮等有较强的耐受性，因此也是保护人类生活环境的良好花木。

深绿色叶片很有光泽，边缘有锐锯齿

茎近无毛，有短粗且稀疏的钩状皮刺

**特征识别：** 小枝粗壮，呈圆柱形，近无毛，上有短粗的钩状皮刺。茎生小叶3~5片，为宽卵形至卵状长圆形，先端长渐尖或渐尖，基部近圆形或宽楔形，边缘有锐锯齿；顶生小叶片有柄，侧生小叶片近无柄。花集生，极少数为单生；花梗近无毛或有腺毛，卵形萼片先端尾状渐尖，边缘常有羽状裂片，稀全缘，外面无毛，内面密被长柔毛；倒卵形花瓣先端有凹缺，基部楔形，有重瓣至半重瓣之分。红色的卵球形或梨形果，长至1~2厘米时，萼片脱落。

**生长环境：** 月季对气候、土壤要求不高，喜温暖、日照充足、空气流通的环境。

**繁殖方式：** 分株、扦插、压条等繁殖法较为常用，操作简便，成活率高。分株和扦插法多在早春或晚秋植物休眠时进行，压条法一般在夏季进行。

**鲜切花养护：** ①浸水。可先放入水中浸2~3小时，待枝叶吸足水后再插入花瓶。②换水。在20℃以下2~3天换水1次；25℃以上时，每天换水1次。③保鲜剂。每次换水时适当滴入保鲜剂，可以延长花期。

**植物养护：** ①土壤。疏松、肥沃、富含有机质、微酸性、排水性良好的土壤较为适宜。②光照。生长期每天至少要有6小时以上的光照。③浇水。见干见湿，不干不浇，浇则浇透。冬天休眠期要少浇水，保持半湿即可。④施肥。生长季节，每隔10天浇1次淡肥水。⑤修剪。除花季后的全面修剪外，当月季花初现花蕾时，可将形状好的花蕾留下，其余剪掉，每一个枝条只留一个花蕾，可以使花开得更饱满艳丽。⑥温度。适宜生长温度是18~28℃。

**植株对比：** 月季的叶为3~5片，叶片近圆形或宽楔形，叶片表面是光滑的，两面近无毛，呈深绿色；蔷薇的叶是5~9片，羽状复叶，叶片表面有细细的柔毛，呈绿色。

顶生小叶片有柄，侧生小叶片近无柄

花为重瓣至半重瓣，倒卵形花瓣，先端有凹缺

**资源分布：** 我国湖北、四川、甘肃、河南等省 | **常见花色：** 红色、白色、粉红色、黄色 | **盛花期：** 4~9月
**植物文化：** 我国十大名花之一，花语为幸福、美好、和平、友谊；卢森堡、伊拉克、叙利亚等国的国花

## 鉴别

### 紫月季花

花单生或2~3朵簇生，深红色或深紫色，重瓣，有细长的花梗；花多朵，呈伞房状圆锥花序；萼片披针形，有羽状裂片，离生花柱外伸，有柔毛。

### 林肯先生

是红色月季的代表品种，花瓣35~50瓣，杯状开花形式，多季节重复盛开；花深红色，有绒光；花蕊黄褐色，革质叶面深绿色。

### 龙沙宝石

有淡雅的花色和古典的花形，外部花瓣为纯白色，内部花瓣为粉红色；是由法国培育，被德国率先推向市场并获得成功的月季品种。

### 金玛丽

是丰花月季中的一个品种；花色鲜黄，有绒光；花头呈聚状；对环境的适应性很强，耐寒、耐高温，抗旱、抗涝、抗病；广泛用于城市环境绿化、布置园林花坛等。

# 百合

*Lilium brownii var. viridulum Baker*

又称强瞿、番韭、山丹、倒仙 / 多年生草本球根植物 /
百合科、百合属

　　百合因其鳞茎由许多白色鳞片层环抱而成，形如莲花，故取"百年好合"之意而得名。百合在我国的种植范围甚广，是一种药食兼用的物种，同时极富观赏性。百合药用有润肺止咳、清热、安神和利尿等功效。百合干制后营养成分丰富，有良好的营养滋补功效，常食有益，鲜食也可。百合花姿雅致，叶片青翠娟秀，茎亭亭玉立，是一种较为名贵的切花。

　　**特征识别：**多年生草本球根植物，根分为肉质根和纤维状根；地上茎直立，不分枝，无毛。叶片互生，披针形至椭圆状披针形，叶脉弧形；花冠大，多为白色，呈漏斗形喇叭状。蒴果长卵圆形，有钝棱。花期为5~6月，果期为9~10月。

　　**生长环境：**喜湿润、凉爽的环境，忌干旱、酷暑，不耐寒。喜肥沃、富含腐殖质、土层深厚、排水性良好的沙质土壤。

　　**繁殖方式：**百合可以通过播种和分球的方式繁殖。如果母株的种球长出子球或侧芽，这些子球和侧芽都可以用于繁殖。

　　**鲜切花养护：**百合插花要根据室内温度变化定期换水，室内温度高则应增加换水频率。百合适合摆放在光照条件好的地方，光照适宜可促进开花，但要避免强光。养护时每次换水都要对花枝进行修剪，这样能增加百合的吸水效果，也能起到延长花期的作用。

叶片互生，披针形
至椭圆状披针形

茎直立且
不分枝

　　**植株对比：**百合花的花茎较细，一枝花茎上只开1朵花，花色大多为纯白色或粉色；叶子较短小，生长在花茎上。朱顶红的花茎较粗，内部中空，一枝花茎上会开2~6朵花，花朵颜色多为红色或杂色；叶子比较长，直接从球茎上生长出来。

花冠较大，呈漏斗
形喇叭状

球状鳞茎，可食用，
可入药

| **资源分布：**我国湖南、浙江、江苏、安徽和河南等地 | **常见花色：**白色、粉色、黄色 | **盛花期：**5~6月 |
| --- | --- | --- |
| **植物文化：**花语为纯洁、高雅、高贵、百年好合、神圣 | | |

## 鉴别

### 山丹百合

山丹百合的花为鲜艳的红色，花强烈反卷，花朵排列成总状花序，花朵有香味，是既鲜艳美丽，又让人闻之舒心的花朵。花期为7~8月。

### 卷丹百合

又名虎皮百合，花被橘红色，被片背向翻卷，具褐色斑点。花期为6~8月。

### 麝香百合

淡雅有致，清香袭人，株形端直，形状优美，给人以洁白、纯雅之感，又寓有百年好合的吉祥之意。花喇叭形，白色，筒外略带绿色；蜜腺两边无乳头状突起。花期为6~7月。

### 有斑百合

条形或条状披针形的叶互生，先端渐尖，基部楔形，无叶柄。直立、开展的花单生或数朵呈总状花序生于茎顶端，深红色花瓣上有褐色斑点；蜜腺两边有乳头状突起。花期为6~7月。

### 香水百合

香水百合是"百合中的女王"，花瓣无斑点，花单生或簇生。花大，浅钟形或漏斗形。花被片6片，花色白粉、橘红、紫红或紫色，具芳香。

### 鹿子百合

白色的花瓣上有红色斑点，花朵特别大，花瓣向后弯曲，花开时伴有浓郁的香味。8月开花，花期约24天，极具观赏价值，为庐山独有的花卉植物。

# 月见草 *Oenothera biennis*

又称晚樱草、待霄草、山芝麻 / 二年生直立草本植物 /
柳叶菜科，月见草属

　　月见草在北方为一年生草本植物，淮河以南为二年生草本植物。适应性强，耐酸耐旱，对土壤要求不高。月见草可入药，其性温，味甘、苦。提取的月见草油可调理多种疾病，对高胆固醇血症、高脂血症引起的冠状动脉粥样硬化及脑血栓等症有一定的防治效果。

**特征识别**：茎生叶为椭圆形至倒披针形，先端锐尖至短渐尖，基部楔形，边缘有稀疏钝齿，叶两面有曲柔毛和长毛。穗状花序不分枝；叶状苞片长大后为椭圆状披针形，自下向上由大变小，近无柄；花蕾为锥状长圆形，顶端有喙；花管为黄绿色，开花时带红色；萼片绿色，有时带红色，长圆状披针形，先端皱缩成尾状；宽倒卵形花瓣为黄色，稍有淡黄色，先端有微凹缺。绿色直立的锥状圆柱形蒴果，向上变狭，有明显的棱。

**生长环境**：常生长于开阔荒坡和路旁，耐旱耐贫瘠，黑土、沙土、黄土、幼林地、轻盐碱地、荒地、河滩地、山坡地均适合种植。

**繁殖方式**：常用的一种方式是扦插法。温度在18~25℃时适合进行。选用顶部较为粗壮的枝扦插。

**植物养护**：①温度。较耐寒，温度在15~25℃较适宜。②光照。喜光，但不要强光直射。③施肥。可每隔3~4天施1次，入冬半个月前停止施肥。④水分。耐旱，不耐涝，土壤表层见干时浇水即可。

**植株对比**：月见草为一年生或二年生草本植物，耐酸，耐旱，对土壤要求不高，一般在中性、微碱或微酸性土壤中生长，在排水性良好，疏松的土壤上均能生长。黄花草是一年生直立草本植物，白花菜属，多生长于干燥气候条件下的荒地或田野间。

绿色萼片，长圆状披针形，先端皱缩成尾状

茎生叶为椭圆形至倒披针形，上有曲柔毛和长毛

蒴果为锥状圆柱形，向上变狭，有棱

花瓣呈宽倒卵形，先端有微凹缺

**资源分布**：中国、阿根廷 | **常见花色**：黄色、粉色、淡紫色 | **盛花期**：4~10月
**植物文化**：据说当女性将月见草赠予男性时，就代表"默默的爱"；月见草还代表不屈、自由的心

## 鉴别

**美丽月见草**

又名夜来香；花瓣粉红至紫红色，宽倒卵形，先端圆钝；花丝白色至淡紫红色；花药为粉红色至黄色，长圆状线形。

**粉花月见草**

有粗大的主根，茎常丛生，长30~50厘米；花瓣为粉红至紫红色，宽倒卵形；花柱白色，柱头红色，围以花药，花药粉红色至黄色，长圆状线形。

**四翅月见草**

花在傍晚开放，花管为近漏斗状；狭披针形萼片为黄绿色，开放时反折，再从中部上翻，花瓣白色，授粉后变紫红色，宽倒卵形。

**黄花月见草**

花蕾为斜展的锥状披针形，顶端有长约6毫米的喙；花管上有稀疏曲柔毛、长毛与腺毛；萼片黄绿色，狭披针形；花瓣黄色，宽倒卵形。

# 醉鱼草 *Buddleja lindleyana*

又称闭鱼花、痒见消、鱼尾草 / 直立灌木植物 /
玄参科、醉鱼草属

醉鱼草因捣碎后投入河中能麻醉活鱼而得名，在我国分布
很广，多生长在山地路旁、河边灌木丛中或林缘。生长适应性
很强，花开季节，一片姹紫嫣红的景色呈现眼前，
极富观赏性。醉鱼草的花、叶及根可入药，有祛风
除湿、止咳化痰的功效。兽医们常用其枝叶治疗牛
便血；还可以全株用作农药，用于杀小麦吸浆虫、
蜈虫等。其全株有小毒，在使用时需注意。

顶生穗状聚伞花序

小枝有四棱，
棱上有窄翅

卵形、椭圆形
至长圆状披针
形的对生叶片

密集排列的紫
色小花呈穗状

**特征识别：** 茎皮呈褐色；
小枝有四棱，棱上有窄翅。叶对
生，膜质叶片呈卵形、椭圆形至
长圆状披针形，顶端渐尖，基部
为宽楔形至圆形，全缘或有波状
齿，上叶面为深绿色，下叶面为
灰黄绿色；叶柄较短。顶生穗状
聚伞花序；线形苞片和线状披针
形的小苞片；钟状花萼，花萼裂
片为宽三角形；紫色花冠管弯
曲，裂片为微阔卵形或近圆形，
内面有柔毛。长圆状或椭圆状蒴
果，淡褐色种子较小。

**生长环境：** 生长于海拔200~
2700米的山地路旁、河边灌木丛
中或林缘。

**繁殖方式：** 醉鱼草花谢后
2~3个月种子成熟，种子产量
高，采后可随即播种。

**植物养护：** ①光照。选择
向阳、干燥的地点种植。②水
分。浇水不宜过多，雨季要注
意防涝。③修剪。花期要及时
将残花剪除，以利美观。

**植株对比：** 醉鱼草的叶子
对生，叶片呈膜质，卵形或椭圆
形，顶端逐渐尖锐，基部呈宽楔
形至圆形，全缘或有波浪状齿
痕，上叶面深绿色，下叶面灰黄
绿色；花朵呈穗状聚伞花序，花
朵紫色。大叶醉鱼草叶子为薄纸
质，呈狭卵形、卵状披针形或狭
椭圆形，顶端逐渐变尖；花朵总
状或圆锥状聚伞花序，顶生，花
冠呈淡紫色，最后变成黄白色至
白色。

**资源分布：** 我国江苏、浙江、江西、福建、湖北、湖南、广东等地 | **常见花色：** 紫色、淡紫色
**盛花期：** 4~10月 | **植物文化：** 花语为信仰

# 第 二 章

## ✿ 争奇斗艳的夏季花草

夏季，是一个高温多雨的季节。在夏季开花的植物对光照及湿度有一定要求，它们有的喜阳光充足，但忌强光；有的喜阳，也有耐寒与耐旱性；有的喜水分充足，同时具有耐旱性。习性各异、千姿百态的夏季植物，充分展现了大自然的魅力。常见的夏季花草有牡丹、玫瑰、芍药、石榴和山楂等。

# 牡丹

*Paeonia × suffruticosa*

又称百雨金、洛阳花、富贵花 / 落叶灌木植物 /
芍药科，芍药属

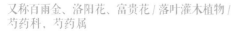

牡丹为落叶灌木植物。色、姿、香、韵俱佳，素有"花中之王"的美誉。牡丹按花色通常分为墨紫色、白色、黄色、粉色、红色、紫色、雪青色、绿色等八大色系。按照花期又分为早花、中花、晚花类。按照花的结构分为单花、台阁两类，同时又分为单瓣、重瓣、千叶。除了观赏价值，牡丹还能以根皮入药，称为丹皮，有清热凉血和活血化瘀的功效，但血虚有寒者、孕妇及月经过多者需慎用。

侧生小叶为狭卵形或长圆状卵形，没有叶柄

短而粗的分枝

**特征识别：** 株高可达2米，二回三出复叶，顶生小叶为宽卵形，表面绿色，无毛，背面淡绿色，侧生小叶狭卵形或长圆状卵形，没有叶柄；花单生枝顶，花瓣5瓣或为重瓣，顶端呈不规则的波状。

**生长环境：** 喜温暖、凉爽、干燥、阳光充足的环境，但是要避免烈日直射；适宜在疏松、深厚、肥沃、排水性良好的中性沙壤土中生长，忌酸性或黏重的土壤。

**繁殖方式：** 可用分株、嫁接、播种等方法进行繁殖，其中以分株及嫁接居多，播种法则主要用于培育新品种。

**鲜切花养护：** 室内温度以17~20℃为宜，每1~2天修枝换水，如果花头出现下垂，可先剪去花枝末端一小段，然后整枝浸泡在冷水中，进行深水急救。

**植株对比：** 牡丹与芍药相似，从外形看，牡丹的植株比芍药高；牡丹的叶片宽，正面绿色，叶反面的绿色会略微偏黄，而芍药的叶片狭窄，正反面均为深绿色；牡丹花的颜色比芍药丰富，花单生于花枝顶端，花朵直径一般在20厘米左右，而芍药的花为枝顶簇生，花朵直径在15厘米左右。

花的顶端呈不规则的波状

宽卵形小叶　　二回三出复叶

**资源分布：** 我国各地区均有分布 | **常见花色：** 红色、白色、粉色、紫色 | **盛花期：** 4~5月
**植物文化：** 花语为富贵、美丽、幸福；河南省洛阳市和黑龙江省牡丹江市的市花

鉴别

### 紫斑牡丹

花瓣内面基部有深紫色斑块；花大，花瓣白色；分布于我国四川北部、甘肃南部、陕西南部。

### 姚黄

花单生枝顶，花蕾圆尖形，端部常开裂；花为淡黄色，花盘为革质，杯状，紫红色；花梗长而直，花朵直上。

### 首案红

花单生枝顶，花蕾圆尖形，端部常开裂；花为深红色，艳若玫瑰，花盘为革质，杯状，紫红色；花梗长而直，花朵直上。首案红为洛阳牡丹花中上品。

### 三变赛玉

花蕾端部常开裂；花含苞待放时为浅绿色，初开粉白色，盛开白色；瓣间亦杂有部分雄蕊，雌蕊退化变小或瓣化为绿色；成花率高，花形不规则。

# 芍药

*Paeonia lactiflora*

又称将离、离草、婪尾春、花仙、花相、五月花神 /
多年生草本植物 / 芍药科，芍药属

花朵顶生或腋生

芍药自古以来都被人们所喜爱，素有"花相"之美誉。著名诗人韩愈所写"红灯烁烁绿盘龙"中的"绿盘龙"就是对芍药叶的赞美。芍药的园艺品种花色丰富，有白、粉、红、紫、黄、绿、黑和复色等，被列为"六大名花"之一，又被称为"五月花神"，现被列为七夕节的代表花卉。

芍药的根鲜脆多汁，可供药用；具有养血、镇痛、通经和柔肝的功效，对辅助调理女性腹痛和月经不调等症有良好的疗效。

茎直立，光滑无毛

**特征识别：**有粗壮的肉质纺锤形或长柱形块根；分枝为黑褐色。茎高40~70厘米，无毛。下部茎生叶为二回三出复叶，上部茎生叶为三出复叶；小叶狭卵形，椭圆形或披针形。数朵花顶生或腋生；苞片4~5片，披针形，大小不等；萼片有4片，宽卵形或近圆形；花瓣倒卵形，花瓣多色，有单瓣或重瓣，有时基部具深紫色斑块；花丝长0.7~1.2厘米。

**生长环境：**芍药在我国东北生长于海拔480~700米的山坡草地及林下，其他各省生长于海拔1000~2300米的山坡草地。喜光，耐寒，北方可露地越冬；

夏季喜冷凉气候。

**植物养护：**①土壤。喜肥沃、疏松的酸性沙壤土。②浇水。开花前后需水量大，但要注意排水。③施肥。对肥料要求不高，每年施3次肥即可。④光照。喜阳光比较充足的地方。

**鲜切花养护：**①枝叶修剪。摘除花枝底部的叶子，需做到水位之下不留叶子，保留顶部2~3片叶子即可；再将花秆底部的枝条按45度斜剪，可以增加吸水面，有利于芍药长时间存活。②定期换水。水培芍药插花

叶子呈狭卵形、椭圆形或披针形

需要定期换水，室温低可2~3天换1次水，室温高则需要1~2天换1次水。③后期管理。要放在室内光线明亮的地方，以明亮的散光为宜，避免强光直射。如果室温比较高，可以适当地给芍药喷水，保持叶面呈雾态。

**植株对比：**芍药与毛果芍药的区别在于毛果芍药心皮密生柔毛。两者叶子形态相似，但是芍药的叶为狭卵形、椭圆形或披针形，毛果芍药的叶子边缘有白色骨质细齿，背面沿叶脉疏生短柔毛。芍药的花为顶生或腋生，毛果芍药的2~3朵花簇生于茎顶，常仅1朵开放。

花瓣呈倒卵形，颜色丰富

**资源分布：**中国、朝鲜、日本、蒙古及西伯利亚 | **常见花色：**粉色、红色、白色、紫色 | **盛花期：**5~6月
**植物文化：**象征友谊

## 鉴别

### 草芍药

长圆柱形的根较为粗壮；茎高30~70厘米，上无毛，基部生数枚鞘状鳞片；单花顶生，花瓣为白色，有6瓣，呈倒卵形。花期为5~6月中旬。

### 紫斑芍药

花瓣白色，花瓣内面基部有深紫色斑块；花芽要在长日照下发育开花，混合芽萌发后，若光照时间不足，就会只长叶不开花或开花异常。花期为5月。

### 美丽芍药

花红色，倒卵形，顶端圆形，有时稍有小尖头；花期为4~5月；于我国多分布在湖北、甘肃、贵州、陕西、四川和云南的东北地区。

### 川赤芍

花多为紫红色或粉红色，宽倒卵形，花药黄色；花期为6~7月；多生长在我国甘肃中部和南部、宁夏南部、青海、陕西、山西、四川、西藏和云南。

# 玫瑰 *Rosa rugosa*

又称徘徊花、刺玫 / 直立灌木植物 /
蔷薇科、蔷薇属

花单生或数朵簇生，
卵形苞片边缘有腺
毛，外被茸毛

玫瑰在我国的栽培历史可以追溯到2000多年前的汉代，而在玫瑰之乡平阴，唐朝时便有翠屏山僧人种植玫瑰的传说。南宋诗人杨万里更是以一首《红玫瑰》赞赏了玫瑰的色泽鲜艳、香气四溢。玫瑰花可制作成各种茶点，如玫瑰花茶、玫瑰花酒等。用干花泡的玫瑰花茶清香淡雅，是美容养颜的佳品。

果实为砖红色，
扁球形肉质果，
果期为 8~9 月

**特征识别：**茎丛生，小枝上有直立或弯曲的淡黄色皮刺，皮刺外有茸毛；叶互生，呈椭圆形或椭圆状倒卵形；花单生或数朵簇生于叶腋，花瓣呈倒卵形，重瓣至半重瓣，覆瓦状排列。

**生长环境：**玫瑰为喜阳性植物，日照充分则花色浓，香味亦浓。耐寒、耐旱，喜排水性良好、疏松肥沃的壤土或轻壤土。宜栽植在通风良好、离墙壁较远的地方。

**繁殖方式：**玫瑰多以扦插、嫁接、播种的方式进行繁殖。其中扦插可以分为土插和水插，春、秋两季进行为宜。

**鲜切花养护：**用剪刀在枝条底部进行斜剪，尽可能地去除多余的叶片，每1~2天进行换水、修枝即可，避免强光直射，这样能使玫瑰花束的花期更长。

**植株对比：**玫瑰与月季可从枝、叶及花朵气味三方面来辨

高可达 2 米，丛生茎，粗壮，小枝上有直立或弯曲的淡黄色皮刺，皮刺外有茸毛

别。玫瑰花的刺又细又密，而月季花的刺又大又少；玫瑰花的叶子更细长，颜色为黄绿色，而月季花的叶子更圆润饱满一些，颜色更绿，更油亮；所有的玫瑰花都有浓郁的香味，而月季花则是有的品种香味浓郁，有的品种没有香味。

倒卵形花瓣，
重瓣至半重瓣

花托球形、
坛形或杯形

**资源分布：**我国华北、西北和西南，印度、俄罗斯、美国、朝鲜 | **常见花色：**红色、黄色、粉色、白色、紫色
**盛花期：**5~6月 | **植物文化：**象征着永恒的爱、美、和平

## 鉴别

### 丰花玫瑰

采用杂交手段培育的玫瑰新品种，抗旱且开花率高；花瓣为粉紫色，花丝浅呈粉红色；花开时不露心，形态似牡丹花，故又名"牡丹玫瑰"。

### 白玫瑰

纯白色大花，高心卷边，花形优美；花梗、枝条硬挺，枝条上刺少。

### 黄玫瑰

花黄色，有红晕，易散开，枝条细长、多刺；因其优雅的姿态、明亮的颜色、美好的花语，成为人们喜爱的花卉植物，在生活中较为常见。

### 紫玫瑰

花朵娇小，紫色，有浓郁的香气；紫玫瑰入药，有促进新陈代谢、通便排毒、纤体瘦身的功效。原产地为伊朗。

# 三色堇 *Viola tricolor*

又称色堇菜、猫儿脸、蝴蝶花、鬼脸花 /
二年生或多年生草本植物 / 堇菜科，堇菜属

一花三色，
十分别致

茎生叶为卵形、长
圆状圆形或长圆状
披针形，边缘具稀
疏的圆齿或钝锯齿

三色堇是原产于欧洲的野生植物，也常被栽培在公园中，每花通常有紫、白、黄三色，故名三色堇。有极强的耐寒性，喜凉爽。盆栽的三色堇可以全年开花，其中冬季花期开得最美。三色堇可全草入药，有清热解毒、散瘀、止咳、利尿的功效，还可用于调理咳嗽、小儿瘰疬、无名肿毒等症。

**特征识别**：地上茎较粗，直立或稍倾斜，有棱，单一或多分枝，全株光滑无毛。基生叶长卵形或披针形，有长柄；茎生叶卵形、长圆状圆形或长圆状披针形，先端圆或钝，基部圆，边缘具稀疏的圆齿或钝锯齿。每个茎上有花3~10朵，一花三色；花梗稍粗，单生叶腋，上部具2片对生的卵状三角形小苞片；萼片绿色，长圆状披针形，先端尖，边缘狭膜质；上方花瓣深紫堇色，侧方及下方花瓣均为三色，有紫色条纹，侧方花瓣里面基部密被须毛，下方花瓣距较细。蒴果椭圆形，无毛。

**生长环境**：耐寒抗霜，喜凉爽，忌高温和积水，喜阳光，日照不良则开花不佳。喜肥沃、排水性良好、富含有机质的土壤。

**繁殖方式**：可播种繁殖，也可用扦插和分株的方式进行繁殖。

**植物养护**：①温度。在12~18℃的温度范围内生长良好，可耐0℃低温。②光照。喜光，生长期及花期每天日照时长不能少于4小时。③浇水。喜欢偏干的土壤环境，每次浇水要见干见湿，温度较高的时候需保持水分充足。④施肥。喜肥，开花前施3次稀薄的复合肥，邻近花期应增加磷肥，生长期每10~15天追施1次腐熟液肥。

**植株对比**：角堇与三色堇的花朵形态相似，但是角堇的花朵较小，花形偏长，花朵繁密；而三色堇的花朵较大，花形偏圆一些，开放的时候较为稀疏。

茎较粗，直立或
稍倾斜，有棱

上方花瓣深紫堇色，侧方
及下方花瓣均为三色

**资源分布**：我国南北方各省均有分布 | **常见花色**：红色、黄色、紫色 | **盛花期**：5~7月、11月
**植物文化**：花语为沉思、快乐、请思念我；冰岛、波兰等国的国花

# 石榴 *Punica granatum*

又称安石榴、金罂、金庞、涂林 / 落叶灌木或乔木植物 /
千屈菜科. 石榴属

我国传统文化视石榴为吉祥物，视它为多子多福的象
征。鲜红色的石榴花朵也显得分外喜庆，很多人喜欢把
石榴花放在家中，寄托了人们对美好生活的追求，
期盼富贵、好运的到来。石榴的果实充盈饱满，
表达了人们希望家庭和睦的愿望。同时，石
榴的果实颗粒晶莹剔透，味道清
甜，营养丰富，是中秋节合家团
聚时的必备佳品。

叶为矩圆形或倒卵形，有短柄

花瓣为 5~7 瓣，橙红色至红色，单瓣或重瓣

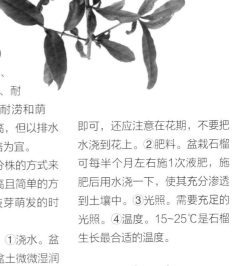

球形浆果，为黄红色至红色，种子有肉质外种皮

瓣，单瓣或重瓣。

**生长环境**：生于海拔300~1000米的山上。喜温暖、向阳的环境，耐旱、耐寒，也耐瘠薄，不耐涝和荫蔽。对土壤要求不高，但以排水性良好的夹沙土栽培为宜。

**繁殖方式**：用分株的方式来繁殖石榴是成活率高且简单的方式之一，可在4月枝芽萌发的时候进行。

**室内栽培养护**：①浇水。盆栽养殖石榴，保持盆土微微湿润

**特征识别**：株高2~5米，最高达7米。树干为灰褐色，光滑的嫩枝呈黄绿色，四棱形，枝端多为刺状，无顶芽。单叶对生或簇生，呈矩圆形或倒卵形，全缘，有短柄，新叶为嫩绿或古铜色。花1朵至数朵生于枝顶或叶腋；花萼筒为肉质的钟形，先端6裂，表面光滑、有蜡质。橙红至红色花瓣，有5~7

即可，还应注意在花期，不要把水浇到花上。②肥料。盆栽石榴可每半个月左右施1次液肥，施肥后用水浇一下，使其充分渗透到土壤中。③光照。需要充足的光照。④温度。15~25℃是石榴生长最合适的温度。

花萼筒为肉质的钟形

果为球形，内含多数种子

单叶对生或簇生，全缘

**资源分布**：原产自伊朗、阿富汗，现广植于我国安徽、江苏等地 | **常见花色**：红色 | **盛花期**：5~6月
**植物文化**：花语为富贵、子孙满堂

# 铃兰
*Convallaria majalis*

又称草玉玲、君影草、香水花 | 多年生草本植物 |
天门冬科，铃兰属

花为白色，呈钟状，
稍向下垂

铃兰植株矮小，幽雅清丽，芳香宜人，既能作为地被植物，又可以作为插花材料。除了常见的白色铃兰，还有粉红色和斑叶等变异品种。入秋时，铃兰会结出红色果实，妖艳而美丽，十分诱人。

铃兰全草可入药，有强心、利尿之功效。其全株各部位均有较强毒性，切勿在无专业医师指导的情况下服用。

叶为椭圆形或
卵状披针形

**特征识别：**多年生草本植物，植株矮小，全株无毛，地下有多分枝而匍匐平展的根状茎。叶长7~20厘米、宽3~8.5厘米，先端近急尖，基部楔形的椭圆形或卵状披针形；有叶柄。花葶高15~30厘米，稍向外弯；花为钟状，下垂，总状花序，苞片为披针形，膜质，花柱比花被短。入秋时结圆球形暗红色浆果，有毒，内有椭圆形种子，扁平。

**生长环境：**生长于海拔850~2500米的林下潮湿处或沟边。喜半阴、湿润的环境。喜凉爽，忌炎热干燥，较耐严寒，适合生长在富含腐殖质的沙质土壤中。

**繁殖方式：**主要有播种、分株两种繁殖方法。比较常用的是分株法。

**植物养护：**①温度。最适宜的温度是20℃左右。②肥料。平时养护期间，可半年施1次肥，肥料浓度要低。③浇水。生长期要每天浇水1~2次，需要注意排水；夏天高温，要多浇水；冬天少浇或不浇。④光照。喜半阴环境，让植株接受散光照射即可。

**植株对比：**风铃草的叶片互生，新生叶片排列像莲座状；而铃兰的叶片形状为椭圆形，长度7~20厘米。风铃草的花朵为铃铛形状，只有1朵在顶端生长，排列组合成聚伞花序；而铃兰的花朵为钟形，颜色为白色，长5~7毫米，宽度也差不多。

浆果为圆球形，暗红色

**资源分布：**原产自北半球温带，现我国东北、华北地区有野生 | **常见花色：**白色 | **盛花期：**5~6月
**植物文化：**花语为幸福归来

# 山楂 *Crataegus pinnatifida*

又称山里果、山里红、酸里红 / 落叶乔木植物 /
蔷薇科、山楂属

山楂在我国分布广泛，是我国特有的药食兼用的树种，它的果可生吃或制作果脯。干制后可入药，有调理血脂和血压、强心及抗心律不齐等功效，同时是消食、健脾开胃和活血化瘀的良药，对胸膈痞满、血瘀和闭经等症有很好的调理效果。

叶片宽卵形或三角状卵形，两侧有3~5回羽状分裂

果有绿色果柄，长2~3厘米

**特征识别：** 粗糙的树皮呈暗灰色或灰褐色；小枝呈圆柱形，表皮为紫褐色，无毛或近于无毛。叶片宽卵形或三角状卵形，也有菱状卵形，两侧有3~5回羽状深裂，裂片卵状披针形或带形，边缘有尖锐、稀疏、不规则的锯齿。伞房花序，有花梗，苞片膜质，线状披针形，萼片三角卵形至披针形，先端渐尖，花瓣为白色的倒卵形或近圆形，花药粉红色；花柱3~5个。果实近球形或梨形，深红色，上有浅色斑点；内有小核3~5粒，外面稍有棱，内面两侧平滑。

果近球形或梨形，深红色，上有浅色斑点

**生长环境：** 多生长于荒山秃岭、阳坡、半阳坡及山谷中。喜光又能耐阴，喜凉爽、湿润的环境，也能耐高温，耐旱，对土壤要求不高，在土层深厚、质地肥沃、疏松、排水良好的微酸性沙壤土中生长良好。

**繁殖方式：** 山楂可以通过播种、嫁接和扦插的方式进行繁殖。

**植物养护：** ①土壤。喜疏松、松软、透气的土壤。②光照。生长期一定要保证充足的阳光照射。③施肥。花期之前施一定量的磷钾肥，果实膨大前期进行追肥，不要使用浓肥。④浇水。山楂生长需要一定的水分，但是要注意排水。

**植株对比：** 山里红树比山楂树高，能长到6米左右，花朵颜色相对暗一点，结出来的果子比山楂果大一些，果皮也比山楂果厚，但山楂果的营养价值比山里红要高。

小枝呈圆柱形，表皮为紫褐色

伞房花序花多，花序直径为4~6厘米

白色花瓣倒卵形或近圆形，花药粉红色

**资源分布：** 我国辽宁、河南、山东、吉林、山西、河北等地均有 | **常见花色：** 白色 | **盛花期：** 5~6月
**植物文化：** 花语为守护唯一的爱

# 石竹 *Dianthus chinensis*

又称北石竹、山竹子 / 多年生草本植物 /
石竹科、石竹属

花朵单生于枝顶或
数花集成聚伞花序

石竹原产于我国北方，是我国传统名
花之一，有很强的耐寒性，因其茎具节、
膨大似竹而得名。石竹栽植简易，可粗
放管理，且种类较多。花色鲜艳，花期
长，盛开时五颜六色，绚丽多彩。石竹
全草可入药，有清热利尿、破血通经、
散瘀消肿等功效。

**特征识别：**茎直立，由根
茎生出，疏丛生，上部有分枝。
叶片呈线状披针形，顶端渐尖，
基部稍狭，全缘或有细小齿。
花单生枝顶端或数花集成聚伞
花序；有卵形苞片4片，顶端渐
尖，边缘膜质，有缘毛；花萼
圆筒形，有纵条纹，萼齿披针
形，有缘毛；花瓣呈倒卵状三
角形，顶缘有不整齐的齿裂，
喉部有斑纹，疏生髯毛；雄蕊
露出喉部外，花药蓝色；子房
长圆形，花柱线形。

**生长环境：**生长于海拔10~
2700米的地区，多生长在草原，
耐寒而不耐酷暑，尤喜冬暖夏凉
的生长环境。

**繁殖方式：**石竹常用播种、

扦插和分株繁殖。
种子发芽最适温度
为20℃左右。播种繁
殖一般在9月进行。

**室内栽培：**①土
壤。喜排水性良好、腐殖质丰
富、微呈碱性的黏质土。②浇
水。除生长开花旺季要及时浇水
外，平时可以少浇水，以保持土
壤湿润为宜。③温度。适宜生长
温度15~20℃。④光照。每天保证
光照6~8小时。

**植株对比：**相思梅和石竹的
区别在于叶片的不同，相思梅的
叶片为卵状披针形，叶片肥厚呈
肉质，看起来比较纤细；而石竹
的叶片为线状披针形，比前者稍
微大些。相思梅的茎为浅绿色或

茎直立，上部有分
枝，表面有绿色粉

叶片呈线状披
针形，全缘或
有细小齿

灰褐色，枝叶生长密集，花枝硬
脆；而石竹的枝叶看起来稀松很
多，花枝比较粗壮。相思梅的花
朵为聚伞状花序，花瓣周围呈弯
曲状态，开花的时候具有很馥郁
的香味；而石竹的花朵为顶生，
带有清淡的芳香味，这也是它们
最大的区别之一。

花瓣呈倒卵状三角形，
顶缘有不整齐的齿裂

雄蕊露出喉部外，
花柱呈线形

重瓣石竹

**资源分布：**我国各地普遍种植 | **常见花色：**粉色、白色、紫色 | **盛花期：**5~6月
**植物文化：**花语为纯洁的爱

## 鉴别

### 须苞石竹

又称五彩石竹。花色丰富，花小而多，聚伞花序。高10~50厘米。主根圆柱形，茎直立、粗壮，下部圆筒形，上部呈菱形，有膨大的节，没有分枝。叶片呈狭长的披针形。花期在春、夏两季。

### 锦团石竹

又名繁花石竹，植株相对较矮，叶对生，披针形。花单生，花色多，有粉红、紫红等颜色，单瓣或重瓣。蒴果矩圆形，种子扁圆形。花期为4~10月。

### 常夏石竹

多年生草本植物，宿根草本高30厘米，植株呈茎蔓状簇生，上部有分枝，次年后呈木质状，光滑。叶厚，灰绿色，线形。花顶生2~3朵，花色多且有芳香味。花期为4~11月。

### 瞿麦

茎圆柱形且上部有分枝，长30~60厘米，表面淡绿或黄绿色，光滑无毛，节明显，略膨大，茎秆中空。叶对生，叶片呈条形或条状披针形。枝端生花及果实，花呈长筒状，花瓣淡紫色、白色或红色，卷曲，顶端深裂成丝状。

# 天竺葵 *Pelargonium hortorum*

又称洋绣球、入腊红、石腊红 / 多年生草本植物 /
牻牛儿苗科，天竺葵属

叶子的边缘有波状
浅裂和圆形齿

天竺葵原产于非洲南部，幼株为肉质草本植物，老株呈半木质化，喜阳光充足的生长环境，是装饰阳台很好的花卉。天竺葵的气味独特，甜而略重，有点像玫瑰的甜香，又稍稍带点薄荷的清凉，是一种独特的芳香驱虫剂。此外，天竺葵还具有一定的美容功效，它能平衡皮脂分泌而使皮肤光洁，能促进血液循环，对粗大毛孔及油性皮肤有很好的调节作用。

宽倒卵形的花瓣，
花色十分丰富

直立的茎上有明显
的节，少数有分枝

**特征识别：**茎直立，偶有多分枝或不分枝，茎上有明显的节，密被短柔毛，基部木质化，上部肉质。叶互生，圆形或肾形叶片，茎部心形，边缘波状浅裂，有圆形齿，两面均有透明短柔毛。伞形花序腋生，有宽卵形总苞片数片；花梗上有柔毛和腺毛；狭披针形的萼片长8~10毫米，外面密生腺毛和长柔毛；宽倒卵形的花瓣，先端圆形，基部有短爪，下面3瓣花瓣通常较大；子房密被短柔毛。

**生长环境：**喜干燥，不耐湿，喜阳光充足；如果光照不足，会使叶茎徒长，花梗细软，花序发育不良。

**繁殖方式：**天竺葵的繁殖主要有播种和扦插两种方法。播种可在春、秋两季进行，播种之后要覆薄土，温度保持在20~25℃。扦插要选健康的插条，插播之后要浇透水，然后在荫蔽处养护。

**植物养护：**①光照。保证植株接受充足光照，冬、春、秋三季可以进行全光照的养护，夏季适当地遮阴。②土壤。喜疏松、肥沃、排水性良好的土壤。③水分。不耐湿，浇水要做到见干见湿，只需保持土壤微微湿润即可。④施肥。喜稀肥，每周浇1次稀薄的肥水即可，肥料过盛会使天竺葵的生长过旺，不利于开花。

**植株对比：**天竺葵与菊叶天竺葵相似。但天竺葵是多年生草本植物，而菊叶天竺葵是灌木状或多年生草本。天竺葵的叶互生，圆形或肾形叶片，茎部心形；菊叶天竺葵叶互生，托叶宽卵形，叶片近圆形或心形。天竺葵伞形花序腋生，有宽卵形总苞片数片；菊叶天竺葵伞形花序与叶对生，长于叶，萼片披针形。

叶有独特
的气味

腋生花，
花量很多

**资源分布：**原产于非洲南部，现世界各地普遍栽培 | **常见花色：**红色、粉色 | **盛花期：**5~7月
**植物文化：**花语为偶然的相遇、幸福就在身边；匈牙利国花

## 鉴别

### 蔓生天竺葵

也叫盾叶天竺葵或藤本天竺葵。藤蔓茎，多分枝，匍匐或下垂。叶盾形着生，有5浅裂，叶表面光滑，质较厚。伞形花序，花秆较长。花期为5月。

### 香叶天竺葵

也叫香天竺葵、驱蚊草。因植株具有挥发性香气而广受欢迎。可用于制作精油，精油稀释后用来清洗伤口，可以收敛和止血。

### 马蹄天竺葵

株高30~80厘米，茎直立，圆柱形近肉质，叶卵状盾形或倒卵形，叶面上有深褐色马蹄纹状环纹，叶缘具钝锯齿。花深红色到白色，花较少，全年开花。

### 家天竺葵

株高30~40厘米，茎直立，分枝。基部木质化，被开展的长柔毛。叶互生，呈圆肾形，基部心形或截形。伞形花序与叶对生或腋生，明显长于叶，具花数朵；萼片披针形，花冠粉红、淡红、深红或白色。

# 鱼腥草 *Houttuynia cordata*

又称蕺菜、折耳根、狗点耳 / 多年生草本植物 /
三白草科、蕺菜属

叶多皱缩，展平后为心形

白色花，有花瓣
4 瓣

鱼腥草既能野生又可种植，繁殖性极强，耐寒不耐旱。因鱼腥草搓碎后，会散发出鱼腥气味而得名。全草可入药，性微寒，归肺经，有清热解毒和消痈排脓的功效。除了药用价值，鱼腥草在不同的地方有着不同的吃法，如将鱼腥草洗干净之后切段凉拌、煮汤，或者煎炒等，还能做成咸菜。作为食物，它的特殊味道让人们对其有两种截然不同的态度，喜欢的人赞不绝口，不喜欢的人避之不及。

**特征识别：**扁圆形的茎，皱缩而弯曲，表面为黄棕色或紫红色，有纵棱和明显的节，下部节处有须根；质脆而易折断。互生叶，展平后为心形，上叶面为暗绿或黄绿色，下叶面为绿褐色或灰棕色，常带紫红色；掌状叶脉5~7条；细长叶柄上无毛。穗状花序，花为4瓣，白色花瓣。蒴果近球形，顶端开裂；种子多数，卵形。

**生长环境：**鱼腥草多野生在阴湿或水边低地。喜温暖、潮湿的环境，耐寒，在−15℃的严寒环境下仍能安全越冬。忌干旱，怕强光。喜肥沃的沙质土壤及富含腐殖质的土壤。

**繁殖方式：**主要用种子繁殖法。播种前要仔细筛选种子，以提升成活率。鱼腥草还有分株、扦插和根茎繁殖的方式。分株繁殖在3月下旬至4月进行。插枝繁殖可在春、夏季进行。根茎繁殖可在2~3月进行。

**植物养护：**①温度。喜欢在温暖的环境中生长，也有很好的耐寒性。②光照。避免强光直射，必要的时候要遮阴。③浇水。对水分的需求比较多，有很强的耐涝性，在成长期，需为它提供充足的水分。④施肥。种植前应施足底肥。

**植株对比：**汉荭鱼腥草与鱼腥草有着天壤之别，最突出的一点是鱼腥草不会变色，而汉荭鱼腥草的枝叶会从绿色逐渐蔓延生成樱红色，最终全株通红。红色的叶与茎让汉荭鱼腥草特点突出，也更有别于鱼腥草。

**资源分布：**我国江苏、浙江、江西、四川、云南、广西等地区广布 | **常见花色：**白色 | **盛花期：**5~8月
**植物文化：**花语为脉动

# 龙葵 *Solanum nigrum*

又称野茄子、天茄子、老鸭酸浆草、天泡草 /
一年生草本植物 / 茄科，茄属

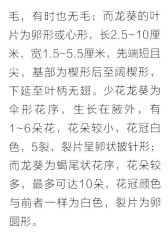

浅绿色叶片，
呈卵形或心形

未成熟的浆果为绿色

叶片为互生，
近乎全缘

茎直立并有分枝

龙葵几乎在全国都有分布，喜欢在田边、荒地及村庄附近生长。其浆果和叶子都能食用，但是由于其叶子含有大量生物碱，须煮熟后方可食用；球形浆果，成熟后为黑紫色，微甜。其全株可入药，有散瘀消肿、清热解毒的功效。

**特征识别：** 全草高30~120厘米；茎直立，多分枝；叶子为卵形或心形，互生，近全缘。夏季开白色小花，4~10朵聚集成蝎尾状花序；花冠为白色，5片深裂，裂片卵圆形；花丝短；花药黄色；花柱中部以下有白色茸毛，柱头小。球形浆果，成熟后为黑紫色。

**生长环境：** 龙葵喜温暖、湿润的气候。对土壤的要求不高，在有机质丰富、保水保肥力强的土壤中生长良好，适宜的土壤pH值为5.5~6.5。

**繁殖方式：** 可用播种法进行大面积繁殖。它的种子非常细小，可先将种子掺入细砂中，拌匀之后一块播撒。播种之后需浇透水，然后一直保持基质湿润。5~7天可出苗。

**植物养护：**

①温度。不适合太闷热的环境，需要多通风，生长期适温为22~30℃，花果期稍微低一些，15~20℃为宜。②光照。比较喜光，但有一定的耐阴性，花期及生长期需要接受良好的日照。③水分。龙葵不耐旱，也怕涝。浇水原则是保持土壤湿润，土壤表面微干时需要及时补水。④施肥。需要每周或10天施1次肥。

**植株对比：** 少花龙葵叶片为卵形后至卵状长圆形，长4~8厘米，宽2~4厘米，先端为渐尖，基部呈楔形，下延到叶柄成翅，两面都有稀疏的柔毛，有时也无毛；而龙葵的叶片为卵形或心形，长2.5~10厘米，宽1.5~5.5厘米，先端短且尖，基部为楔形后至阔楔形，下延至叶柄无翅。少花龙葵为伞形花序，生长在腋外，有1~6朵花，花朵较小，花冠白色，5裂，裂片呈卵状披针形；而龙葵为蝎尾状花序，花朵较多，最多可达10朵，花冠颜色与前者一样为白色，裂片为卵圆形。

成熟的浆果为黑紫色，微甜

花朵较小，白色花冠，5裂

---

**资源分布：** 广布于欧洲、亚洲、美洲的温带至热带地区 | **常见花色：** 白色 | **盛花期：** 6~7月
**植物文化：** 花语为沉不住气

# 苜蓿 *Medicago sativa*

又称紫苜蓿、牧蓿 / 多年生草本植物 /
豆科，苜蓿属

紫色花，总状
花序腋生

苜蓿有着很强的再生性，刈割后能在很短
时间内恢复对地面的覆盖度，生态价值很高，
有保护水土的作用。由于苜蓿的种子细小，顶
土力差，在播种前应对土壤进行细碎化处理，
以提升后期的出苗率。另外，紫苜蓿具有
很好的药用价值，可辅助调节胆固醇和
血脂，缓解动脉粥样硬化斑块，调节
免疫，还能防衰抗老。

羽状三出复叶

黄褐色，肾形种
子，小而多

**特征识别：**四棱形的茎直
立、丛生以至平卧，多分枝。羽
状三出复叶，小叶纸质，倒卵
形或倒披针形，先端圆，中肋稍
突出，上部叶缘有锯齿，两面有
白色长柔毛；托叶披针形，先端
尖，有柔毛。总状花序腋生；花
萼有柔毛，萼齿狭披针形，急
尖；花冠紫色，长于花萼。荚果
呈螺旋形，有疏毛，先端有喙；
种子数粒，肾形，黄褐色。

**生长环境：**苜蓿生于田边、
路旁、旷野、草原、河岸及沟谷
等地。性喜干燥、温暖、多晴
天、少雨天的气候和疏松、排水
良好、富含钙质的土壤。

**繁殖方式：**种子细小，播种
繁殖的时候可将种子掺入细砂中
一同播撒。播种前将土壤进行一
次深翻、旋耕、捞平及下压，让
土壤呈下紧上松的状态，这样更
宜于后期出苗。适宜播种期为每
年的5月。

**植物养护：**①土壤。宜选
肥沃、疏松、排水性和透气性良
好的土壤。②水分。耐旱、不耐
涝，浇水后应注意排水。每次刈
割后要浇足水。③施肥。以施磷
肥为主，适当追施钾肥，生长期
与返青期需追施一定量的氮肥。

**植物变株：**苜蓿草是苜蓿属

植物的通称，俗称"金花菜"，
是一种多年生开花植物。苜蓿其
实是苜蓿草的一个种类，但苜蓿
植株比原种苜蓿草高大，枝叶也
更加繁茂。

小叶呈倒卵形

茎部分枝较多

---

**资源分布：**我国西北、华北地区，西欧、北美、大洋洲有栽培 | **常见花色：**紫 | **盛花期：**5~7月
**植物文化：**花语为希望和幸福

# 贝母 *Fritillaria*

又称勤母 / 多年生草本植物 / 百合科、贝母属

叶无柄，对生，呈披针形至线形

贝母是贝母属多年生草本植物的统称。花朵呈钟状下垂，花被片颜色多样，茎绿色或紫红色，叶或宽绿如带或细柔如丝，先端弧形或卷曲，婀娜多姿，叶形奇特诱人。贝母的品种繁多，其中的安徽贝母、铜陵黄花母、皖南贝母、白花贝母的观赏价值较大，适宜于庭园、路旁栽种。

直立且不分枝的茎

暗紫色的花，有紫色斑点

**特征识别：**鳞茎为圆锥形；茎直立，不分枝；叶对生，少数在中部间或有散生或轮生，叶片为披针形至线形，先端稍卷曲或不卷曲，没有叶柄。钟状花在茎顶单生或腋生，呈下垂状，每朵花有狭长形叶状苞片3片，先端多弯曲成钩状；花被片6片，通常为暗紫色，较少为绿黄色，有紫色斑点。果为白色颗粒，呈广卵形、卵形或贝壳形，脐点呈点状、"人"字状或短缝状，层纹明显。

**生长环境：**贝母性喜冷凉、湿润的环境，对土壤的要求不太高，以排水性良好、土层深厚、疏松和富含腐殖质的沙质土壤为好。

**繁殖方式：**多采用无性繁殖的方式进行繁殖，在5月末至6月初进行。

**植物养护：**①温度。不喜高温，在13~16℃的条件下生长比较旺盛。②光照。生长期应接受充足的光照，但忌强光。③浇水。成长期要及时浇水，由于其根系并不发达，浇水不宜过量，浇水后应注意排水。④施肥。由于根系不太发达，需肥量不高。

叶子的形态优美，先端稍卷曲或不卷曲

**植株对比：**川贝母分布在我国西藏、云南和四川；贝母的分布更广，在甘肃、新疆、华北、东北均有出产。川贝母的植株高度为15~50厘米；贝母的茎干直立生长，植株不高大，一般只有15~40厘米。川贝母的花朵是单朵，颜色为紫色或者黄绿色，花有叶状苞片，苞片狭长；贝母的花朵呈挂钟形态，花被暗紫色，为腋生或从茎干顶端长出，花朵朝下。

鳞茎为圆锥形

钟状花，呈下垂状，单生在茎顶端

**资源分布：**我国青海、浙江、河北、甘肃、山西、陕西、安徽等地区均有分布 | **常见花色：**暗紫色
**盛花期：**5~7月 | **植物文化：**花语为忍耐

# 茉莉 *Jasminum sambac*

又称香魂、莫利花、没丽、没利、抹厉 /
直立或攀缘灌木植物 / 木樨科、素馨属

花顶生在枝顶或枝侧

叶对生，圆形、
椭圆形等

枝为圆柱形或
稍压扁状

茉莉一般分为单瓣茉莉和复瓣茉莉。单瓣茉莉植株较矮小，茎枝较细，呈藤蔓形；花冠单层，裂片少，白色，表面微皱。复瓣茉莉是我国栽培的主要品种，茎枝较粗硬；叶对生，阔卵形，花蕾卵圆形，顶部较平或稍尖，也称"平头茉莉"。

茉莉有"人间第一香"的美誉，为著名的花茶原料及重要的香精原料，花、叶入药，可用于调理目赤肿痛，并有止咳化痰之效。

**特征识别：**小枝呈圆柱形或稍压扁状，疏被柔毛。纸质叶片对生，呈圆形、椭圆形、卵状椭圆形或倒卵形，两端圆或钝，基部有时微心形。聚伞花序顶生，有3~5朵花聚在一起；花片娇小，为锥形，一般为白色，气味清新。果实呈球形，直径约1厘米，紫黑色。

**生长环境：**喜温暖湿润、通风良好、半阴的环境，不耐寒、不耐旱又不耐湿涝，喜含有大量腐殖质的微酸性沙质土壤。不耐霜冻，在气温低于3℃时，枝叶易遭受冻害。

**繁殖方式：**家庭种植茉莉比较适合选用扦插、压条和分株这三种繁殖方式，操作简便，成活率高。扦插选成熟的一年生枝条，去除下部叶片，顶端带一对完整叶片，插床后覆盖塑料薄膜，保持较高的空气湿度即可。压条要选较长的枝条，可在节下部轻轻刻伤，这样可以促进生根。分株可在每年春季换盆时进行，分株时要适当修剪根系和地上枝叶。

**盆培养护：**①盆土。以疏松、肥沃、排水性好的微酸性土壤为宜，需保证良好的通透性，每隔1~2年换一次盆，保证充足的生长空间与养分。②光照。茉莉的生长开花都离不开阳光，应将其摆放在光照好的位置，但是夏季炎热时要遮挡强光。③施肥。生长期薄肥勤施，每隔半个月追施1次，保证营养均衡，在花期之前减少氮肥的使用，适当追施磷钾肥。④水分。根据季节调整水量，生长期保持土壤微湿；冬季低温，要减少浇水。⑤修剪。生长期的黄叶、枯叶要及时剪掉，过密、过长的枝叶也要注意修剪。⑥防虫害。保持好通风，能有效防治病虫害。

**植株对比：**茉莉枝干颜色为褐色；栀子枝干颜色为灰色。茉莉花一般是3朵或以上聚集在枝条上；栀子花一般是单独的花朵开放在枝条顶端。茉莉叶子相对较短；栀子的叶子长一些。茉莉的果实为球形，比较小；栀子果实为卵状，相对大一些。

单瓣茉莉

聚伞花序，常
有花3~5朵

有叶柄，叶柄
上有短柔毛

**资源分布：**原产于印度，现在世界各地广泛栽培 | **常见花色：**白色 | **盛花期：**5~8月

**植物文化：**花语为忠贞、尊敬、清纯、贞洁、迷人

# 青葙 *Celosia argentea*

又称百日红、狗尾草 / 一年生草本植物 /
苋科．青葙属

青葙在我国的分布很广，虽然生长缓慢，但花序宿存，经久不凋，花苞片开始为白色带有粉色小尖头，后变为白色，观赏价值很高。除此之外，青葙还有耐修剪、愈合性强、极易造型等特点，是制作盆景的好材料，很适宜园林种植。青葙入药，有清肝凉血和明目退翳的功效。

穗状花序

茎直立，无分枝

与青葙相比，羽状鸡冠花的颜色更浓郁

花呈淡红色，由白渐红

**特征识别：**一年生草本植物，全株无毛；茎直立，有分枝。叶为矩圆状披针形至披针形，顶端急尖或渐尖。穗状花序，长3~10厘米；苞片、小苞片和花被片干膜质，呈淡红色；花丝细长，花药紫色，花柱紫色。胞果卵形；种子肾状圆形，黑色。

**生长环境：**青葙喜温暖，耐热、不耐寒。吸肥力强，以有机质丰富、肥沃的疏松土壤最好。喜生于肥沃的碱性土壤和沙质土壤中，在黏性土壤中也能生长，不宜生长在低洼积水处。

**繁殖方式：**播种繁殖。青葙适宜在温度15℃以上的露地上种植。其中春季种植产量高；夏、秋季节种植，植株品相较老，产量低。因此，最佳种植季节为3~6月。

**植物养护：**①土壤。青葙生长力强，对土壤要求不高，在肥沃、透气性较好的沙质壤土中会长得更好。②温度。青葙是一种非常耐热、不耐寒的植物，最佳生长温度在25~30℃，在20℃以下的环境里生长比较缓慢。③水分。生长旺盛期要大量浇水，尤其温度高时，要经常浇水，以保证土壤的湿润；下雨时要及时排水，避免根部腐烂。

**植株对比：**羽状鸡冠高20~45厘米，分枝少，单叶互生，具柄；先端渐尖或长尖，基部渐窄成柄，全缘；花色丰富。青葙茎直立，有分枝；叶为矩圆状披针形至披针形；花色单一。

**资源分布：**中国、俄罗斯、印度、日本、泰国、缅甸、越南 | **常见花色：**白色、红色 | **盛花期：**5~8月
**植物文化：**花语为真挚的爱情

# 康乃馨 *Dianthus caryophyllus*

又称狮头石竹、麝香石竹 / 多年生草本植物 /
石竹科、石竹属

花单生或聚生于枝端，花朵颜色丰富

乳绿色的茎直立生长

基部短鞘呈抱节状

线状披针形的叶子，顶端渐尖

康乃馨原产于欧洲南部一带，开重瓣花，体态玲珑，端庄大方，花色多样且鲜艳，气味芳香，是最受欢迎的切花之一，代表了健康和美好。其中，粉红色康乃馨常被作为献给母亲的花，表达对母亲的爱。

康乃馨含有人体所需的多种微量元素，食用康乃馨有加速血液循环、促进新陈代谢和增强机体免疫力的功效，同时有排毒养颜、延缓衰老、辅助调节女性内分泌系统等多种食疗功效。

**特征识别：**植株高40~70厘米，全株无毛，呈乳绿色，丛生茎直立生长，上部有稀疏的分枝。叶为线状披针形，顶端渐尖，基部短鞘呈抱节状。花单生或聚伞花序生于枝端，宽卵形花瓣，顶端有不整齐齿；花萼圆筒形，萼齿为披针形，边缘膜质；雄蕊长达喉部；花柱伸出花外。

**生长环境：**喜阴凉干燥、通风良好的环境；喜光是康乃馨的重要特性，但又不耐炎热，可忍受一定程度的低温；喜富含腐殖质、排水性良好的碱性土壤。

**繁殖方式：**常用播种和扦插法进行繁殖。播种需在3~4月进行；扦插时需要将花朵剪去，保留1~2个枝节，一般10~20天可生根。

**植物养护：**①土壤。以疏松肥沃、通气良好的土壤为佳。②温度。适宜生长温度在19~21℃。③光照。育苗期和盛花期适当减少光照，其他时期可增加光照时间。④浇水。见干见湿。

**鲜切花养护：**要尽量摘除花枝上的大部分叶片，将花枝底部斜剪以增加吸水面积；插花水位不宜太高，约为容器的三分之一即可；经常换水，保证水质清洁，换水时滴入少量营养液；摆放在通风良好、有自然散光的环境中，忌强光直射。

**植株对比：**石竹和康乃馨在株高上有区别，石竹比较低矮，株形略松散；康乃馨略高一些，株形比较挺拔。石竹的叶子呈宽针状，叶子偏小，叶色较浅；康乃馨的叶子较长，叶子颜色比较深。石竹的花朵比较小，花朵是单瓣；康乃馨的花朵相对大一些，多为单生生长，花朵是重瓣。

宽卵形花瓣，顶端有不整齐齿

不同颜色的康乃馨

**资源分布：**世界各地广泛栽培 | **常见花色：**红色、绿色、黄色、粉色 | **盛花期：**5~8月
**植物文化：**花语为真情、魅力、对母亲的爱

# 金丝桃 *Hypericum monogynum*

又称土连翘 / 半常绿灌木植物 / 金丝桃科, 金丝桃属

星状花,
花瓣黄色

对生叶,
为坚纸质

茎部的分枝较多

金丝桃的花叶秀丽，花冠如桃花，雄蕊金黄色，细长如金丝般绚丽可爱。叶子很美丽，在我国长江以南地区可冬夏常青，是南方庭院中常见的观赏花木。金丝桃是温带树种，不耐寒，在北方地区需将植株种植在向阳处，并于秋末寒流到来之前在它的根部拥土，以保护植株安全越冬。

金丝桃的果实及根可供药用，果作连翘代用品，根能祛风、止咳、下乳、调经，并可调理跌打损伤。

**特征识别：**坚纸质的叶对生；倒披针形或椭圆形至长圆形，较少为披针形至卵状三角形或卵形，先端锐尖至圆形，有细小尖突，基部楔形至圆形，或上部有时为截形至心形，边缘较平坦。花1~30朵，自茎端第一节生出，呈疏松的近伞房状；线状披针形的小苞片早落；萼片宽或为狭椭圆形、长圆形至披针形、倒披针形，先端锐尖至圆形；金黄色至柠檬黄色的花瓣，三角状倒卵形星状花，全缘；花药黄色至暗橙色；子房呈卵珠形，或卵珠状圆锥形至近球形。

**生长环境：**生长于山坡、路旁或灌丛中，沿海地区多见生长于海拔0~150米地带，但在山地则可上升至海拔1500米地带。

**繁殖方式：**多采用播种法进行繁殖。播种时间在每年的3~4月，种子很小，播种后盖土、覆膜，20天左右即可出苗。

**植物养护：**①温度。不耐寒也不耐热，温度在25℃左右为宜。②浇水。浇水的原则是见干见湿，每次浇水的时候要将泥土完全浇透，同时要兼顾排水，避免产生积水。③施肥。生长期对养分的需求大，需要每隔20天施1次肥，以稀释后的淡肥为宜，肥水的浓度不要太高。④光照。夏季需要遮光，其他时间的光照以散光为主，每天接受光照的时长约5小时。

**植株对比：**金丝梅的叶为卵形、长卵形或卵状披针形，花瓣金黄色，无红晕，多见内弯；而金丝桃的叶为倒披针形或椭圆形至长圆形，或较少为披针形至卵状三角形或卵形。金丝梅的花丝短粗，花瓣内聚，花瓣较宽厚；而金丝桃花丝细长，花瓣分散。

倒披针形或椭圆形至长圆形的叶片

金黄色至柠檬黄色的花瓣

**资源分布：**中国、日本 | **常见花色：**黄色 | **盛花期：**5~8月 | **植物文化：**花语为迷信

# 驴蹄草 *Caltha palustris*

又称马蹄叶、马蹄草、立金花 / 多年生草本植物 /
毛茛科，驴蹄草属

在茎或分枝顶部有
由2朵花组成单枝
聚伞花序

驴蹄草因其叶子形状像驴蹄印而得名，叶子形态十分可爱。属多年生草本植物，有很强的适应性，耐寒性强，生于亚高山草甸、灌丛、林下，可在沼泽化的草甸中生存。驴蹄草的全草含白头翁素和其他植物碱，可制土农药；全草可供药用，有除风、散寒之效。需注意，驴蹄草有小毒，不要轻易食用。

茎生叶逐渐变小，
圆肾形或心形，有
短柄或无柄

实心茎无毛，在中部及
以上有分枝

**特征识别**：株高20~40厘米。茎直立，中部及以上分枝，偶有少数不分枝。基生叶草质，有3~7片，有长叶柄，叶片呈圆形或肾形，先端圆，基部深心形，边缘密生小齿；茎生叶较小，圆肾形或心形，有短柄或无柄。聚伞花序生于茎或分枝顶端，通常有2朵花，黄色萼片5片，呈倒卵形或狭倒卵形。

**生长环境**：生长在海拔1900~4000米的亚高山草甸、灌丛、林下，也可生于沼泽化的草甸中，适应性较强。

**植物养护**：①光照。喜阴湿，不喜阳光，要避免阳光直射，多以自然散光为佳。②水分。喜水，养殖过程中，给予充足的水分或直接养在浅水里。③温度。有耐寒性。④土壤。对土壤要求不高，但以肥沃土壤为佳。

**植物变株**：三角叶驴蹄草。叶多为宽三角状肾形，基部宽心形，边缘只在下部有锯齿，其他部分微波状或近全缘。分布于我国山东东部、辽宁、吉林、黑龙江、内蒙古。生长在沼泽、河边草地、山谷沟边或浅水中。可供药用，外用可调理烧伤、化脓性创伤或皮肤病。

空茎驴蹄草。茎中空，常较高大、粗壮；花序下之叶与基生叶近等大，形状也相似。花序分枝较多，常有多数花。萼片黄色。在我国分布于云南西北部、西藏东部、四川西部和甘肃西南部。生长在海拔1000~3800米的山地溪边、草坡或林中。

**植株对比**：马蹄金与驴蹄草的叶形和体量相似。区别在于马蹄金为旋花科草本，茎细长，节节生根；叶片为圆形或肾形，背面密被贴生"丁"字形毛，全缘；花冠为钟状。

叶片为圆形或肾形

全草可供药用，但有小毒，
不要轻易食用

黄色倒卵形或狭倒卵形的
萼片5片，顶端圆形

**资源分布**：在北半球温带和寒温带地区广布 | **常见花色**：黄色 | **盛花期**：5~9月
**植物文化**：花语为可爱、盼望的幸福

# 酸浆 *Alkekengi officinarum*

又称红姑娘、挂金灯、金灯、锦灯笼 /
多年生草本植物 / 茄科，酸浆属

叶为长卵形
至阔卵形，
顶端渐尖

酸浆对温度及土壤的要求不高，在3~
42℃的温度范围内均能正常生长。有白色小花，
单生于叶腋内，成熟的果实为鲜红色，花萼不脱
落。透过花萼，可以看到那红色小果挂满枝头，犹如一串
串红灯笼，鲜艳美丽。果实可供食用，是营养较丰富的水
果。酸浆果还可入药，可用于热咳、咽痛、喑哑、慢性扁桃
体炎、小便不利和水肿等症。

**特征识别：** 茎高40~80厘
米，基部木质，有少量分枝或不
分枝，有纵棱。叶片为长卵形至
阔卵形，偶有菱状卵形，顶端渐
尖，基部呈不对称的狭楔形、下延
至叶柄，边缘呈波状或少数不等大
的锯齿，两面有柔毛；叶柄长1~3
厘米。花单生于叶腋内，花梗在
开花时直立，后向下弯曲；花萼
呈阔钟状，绿色，5浅裂；辐状花
冠，白色；花药黄色。果萼卵状，
薄革质，有明显的网脉，橙色或火
红色，浆果橙红色，球形，柔软多
汁。种子肾形，淡黄色。

**生长环境：** 酸浆耐寒、耐
热，喜湿润气候，喜阳光。对土
壤的要求不高，但以土质肥沃、

排水性良好的沙质土壤为佳。

**繁殖方式：** 通常采用播种的
方式进行繁殖，播种前先将种子
在45℃的温水中浸泡，或者用
0.01%的高锰酸钾液浸泡
10分钟，防止种子携带病
菌，然后用清水浸泡12小
时，放在20~30℃的温度
下催芽，待种子露白后再进行
播种。

**植物养护：** ①温度。育苗
期白天的温度尽量保持在20~
25℃，寒冬季节不能低于5℃。
②水分。土壤需要见干见湿，通
常7~10天浇水1次即可。③施
肥。种植前施足底肥，果期再进
行追肥。

茎分枝较少，
有纵棱

**植株对比：** 毛酸浆的茎部
柔毛十分密集；而酸浆茎部柔
毛较为稀疏。毛酸浆的叶片为
阔卵形，基部呈歪斜的心形；
酸浆的叶片为长卵形至阔卵
形，基部为不对称的狭楔形。
毛酸浆的花冠为淡黄色，花药
为淡紫色；而酸浆的花冠为白
色，花药为黄色。

白色小花单生，花萼呈
阔钟状，花药黄色

叶全缘或带有波状、少数不
等大的锯齿，两面都有柔毛

花萼在花后膨大成卵囊状，
内有红色或橙色浆果

**资源分布：** 韩国、日本北海道、我国东北地区 | **常见花色：** 白色 | **盛花期：** 5~9月
**植物文化：** 花语为自然美

# 大蓟 *Cirsium japonicum*

又称马蓟、虎蓟、刺蓟、大刺儿菜、大刺盖 /
多年生草本植物 / 菊科，蓟属

大蓟生长在路边、野地中，多为野生，有很好的耐寒
性与耐旱性，生长适应能力强。有带刺的叶子和紫色的球形
小花，气味微淡。大蓟有很好的药用价值，全草可入药，可
辅助调理吐血、衄血、尿血、血淋、血崩、带下、肠风、肠痈
等症。

茎生叶互生，基部
为心形，抱茎

总苞片呈钟状

**植株对比：** 大蓟与牛口刺是否为同一植物，不同地域众说纷
纭，其实两者之间的差别还是很明显的。大蓟的茎上部是绿色至棕绿
色，茎中空；叶子两面几乎同色；总苞片顶端不扩大；瘦果上部类白
色，下部具褐色斑纹；有明显
的光泽。而牛口刺的茎上部为
淡绿色，茎是不中空的；叶子
两面色差明显，上面黄绿色，
下面灰白色；总苞片内层的顶
端膜质扩大；瘦果浅棕色，无
斑纹，也无明显的光泽。

**特征识别：** 茎直立，呈圆柱
形，表面绿褐色或棕褐色，有细纵
棱，基部有白色丝状毛；叶片皱
缩，呈倒披针形或倒卵状椭圆形，
羽状深裂，边缘具不等长的针刺，
两面均具灰白色丝状毛。头状花序
生于茎顶端，紫色，球形或椭圆
形，总苞片呈钟状，黄褐色，羽状
冠毛灰白色。瘦果长椭圆形，冠毛
多层，羽状，暗灰色。

**生长环境：** 生于山野、路旁、
荒地。喜温暖、湿润气候，耐寒，
耐旱。适应性较强，对土壤要求不
高。喜土层深厚、疏松肥沃的沙质
壤土。

花紫色，呈球形或
椭圆形

叶有柄，边缘呈齿
状，齿端有针刺

**资源分布：** 我国大部分地区均有分布 | **常见花色：** 紫色 | **盛花期：** 5~8月 | **植物文化：** 花语为严谨

# 矢车菊 *Centaurea cyanus*

又称蓝芙蓉、翠兰、荔枝菊 / 一年生或二年生草本植物 /
菊科、疆矢车菊属

顶生头状花序

长椭圆状倒披针形
或披针形，不分裂

茎直立，
有分枝，
呈灰白色

叶片两面异色
或近异色

矢车菊原本是一种野生花卉，耐寒、不耐热，在德国的山坡、田野等处都有它的身影。它被德国奉为国花。

矢车菊可分为高型株和矮型株，高型株挺拔，花梗长，株形飘逸，花态优美，适合作切花；矮型株仅高20厘米，可用于花坛、草地镶边、盆花观赏或大片自然丛植。除了观赏价值，矢车菊还是良好的蜜源植物。全草浸出液可以明目。

**特征识别**：茎直立，有分枝，呈灰白色。基生叶及下部茎叶为长椭圆状倒披针形或披针形，不分裂；中部茎叶为线形、宽线形或线状披针形；上部茎叶与中部茎叶同形，渐小；全部茎叶两面异色或近异色。头状花序顶生，一至数朵排成伞房花序或圆锥花序；总苞椭圆状，苞片约7层，边缘有流苏状锯齿；花盘浅蓝色或红色。瘦果椭圆形。

**生长环境**：适应性较强，但不耐阴湿，喜阳光充足、排水性良好的环境；较耐寒，喜冷凉，忌炎热；喜肥沃、疏松和排水性良好的沙质土壤。

**繁殖方式**：矢车菊的繁殖主要靠播种进行繁殖，以土培为主。

**植物养护**：①光照。喜阳、不耐阴，矢车菊的生长期及花期都需要充足的阳光，夏季可进行适当的遮光保护。②水分。夏季炎热，需要早晚浇水，浇水后要注意排水，避免产生积水，使根部腐烂。③施肥。生长期每20天左右施1次液肥，开花前要施磷钾肥。

**植株对比**：矢车菊比雏菊要高一些，株型看起来更加高大，整个茎部比较直立，有分枝，植株上覆盖有灰白色的毛；而雏菊株型要低矮很多。矢车菊为头状花序，花大一些，花瓣上的苞片层数较多；而雏菊的花比较小，总苞片近2层或1层。矢车菊的果实为椭圆形的瘦果，比较小；而雏菊的瘦果比较扁。

一至数朵花，
排成伞房状或
圆锥状花序

苞片边缘有流
苏状锯齿

浅蓝色或
红色花盘

**资源分布**：欧洲、北美及我国西北、华北等地区 | **常见花色**：蓝色、紫色、白色、浅红色
**盛花期**：5~8月 | **植物文化**：吉祥之花，花语为遇见和幸福

# 百脉根 *Lotus corniculatus*

又称五叶草、牛角花 / 多年生草本植物 /
豆科，百脉根属

叶为羽状复叶，
有小叶 5 片

茎为丛生，匍匐
生长或向上生长

花冠呈黄色
或金黄色

百脉根喜温暖、湿润气候，根系发达，入土深，有改良土壤的作用。百脉根的花色为淡黄至深黄色，花荚长圆形，聚生在花梗顶端，形状如鸟足，故有"鸟足豆"之称。其茎叶柔软多汁，碳水化合物含量丰富，是良好的饲料，也是优良的蜜源植物。百脉根入药，有补虚、清热、止渴之功效，可调理虚劳、阴虚发热、口渴等症。

**特征识别：** 高可达50厘米，根系发达，主根明显，侧根分支多。茎丛生，匍匐生长，茎秆光滑。羽状三出复叶，呈倒卵状，2片大托叶与叶片距离很近，又被称为"五叶草"。伞状花序，有4~8朵花生于花梗顶端，花色淡黄或深黄色。

**生长环境：** 多生于湿润而呈弱碱性的山坡、草地、田野或河滩地；喜温暖、湿润的气候，有较强的耐旱力；对土壤要求不高，在湿润或干燥、沙性或黏性、肥沃或瘠薄地均能生长。

**繁殖方式：** 百脉根的繁殖主要是播种繁殖，也可以利用枝茎进行扦插繁殖。

**植物养护：** ①光照。喜光，不耐阴，要给予充足的日照，如果日照时间较短，会使开花减少，并令其匍匐生长。②温度。耐热不耐寒，适宜温度在18~25℃。③水分。喜湿润，水分要充足。④施肥。喜肥，种植前要施足底肥。⑤土壤。对土壤要求不高，但在深厚、肥沃、排水性好的沙质土壤中长势最好。

**植物变株：** 光叶百脉根与原种百脉根最大的区别为前者茎叶几乎无毛；有花1~3朵，通常不会多于4朵；萼齿较萼筒稍长或等长。

茎秆光滑

叶呈倒卵状，2片大托叶与叶片距离很近

有 4~8 朵花聚成伞状花序

**资源分布：** 原产于欧、亚两洲温暖地区，现世界各国广泛栽培 | **常见花色：** 黄色 | **盛花期：** 5~9月
**植物文化：** 花语为重逢之日

花瓣为倒卵形，顶端微凹或圆钝

有掌状小叶 3~5 片，边缘有圆钝锯齿

花茎直立，上升或微铺散，密生白色绵毛

# 翻白草 *Potentilla discolor*

又称翻白菜、叶下白、鸡爪参 / 多年生草本植物 / 蔷薇科、委陵菜属

　　翻白草是一种药食同源的植物，其块根含丰富淀粉，嫩苗可食，吃起来有苦涩的味道，用热水焯熟后再用凉水浸泡，可去掉苦涩的味道，常用于凉拌、炒食和做汤。全草入药，能解热、消肿、止痢、止血，素有"鸡腿参"的美誉。

　　翻白草植株紧密，花色艳丽，花期长，是难得的萌生和观花地被植物，其贴近地面的生长特点有保持水土的作用。

**生长环境：** 生长于海拔100~1850米的荒地、山谷、沟边、山坡草地、草甸及疏林下。喜温暖、干燥的气候环境，喜微酸性至中性、排水性良好的沙质壤土，也耐干旱瘠薄。

**繁殖方式：** 采用播种或育苗移栽法进行繁殖。播种在春季3~4月进行，要注意播种密度，出苗后及时间苗，保持植株间的通风性与透光性。育苗移栽约在4月下旬进行，采用穴栽方式，每穴移栽1株壮苗。

**特征识别：** 粗壮的根下部肥厚，呈纺锤形。茎短而直立，密生白茸毛。羽状复叶，基生叶有小叶2~4对，顶端叶稍大，有粗齿，两面密生茸毛，呈长圆形或长圆披针形；茎生叶1~2片，有短叶柄。聚伞花序有疏散花数朵，花梗外被绵毛；花萼片为三角状卵形，副萼片为披针形，比萼片短，外面被白色绵毛；倒卵形的黄色花瓣，顶端微凹或圆钝，比萼片长。

**植株对比：** 白头翁长有根状茎，叶片呈卵形，花是蓝紫色；而翻白草茎纤细，直立，叶片为长圆形或长圆披针形，花是黄色。

有花瓣 5 瓣，黄色

羽状复叶，顶端叶子稍大

**资源分布：** 我国大部分地区，以及日本、朝鲜 | **常见花色：** 黄色 | **盛花期：** 5~9月
**植物文化：** 花语为如意

# 鸡蛋花 *Plumeria rubra*

又称缅栀子、蛋黄花 / 落叶小乔木植物 /
夹竹桃科，鸡蛋花属

叶为厚纸质，叶脉很明显

肉质枝茎，光滑无毛

长圆状倒披针形或长椭圆形的叶片，顶端呈短渐尖状

鸡蛋花的耐寒性较差，多生长于高温、湿润和阳光充足的环境中。鸡蛋花在夏季开花，其花颜色淡雅，花冠外围为白色，内面为黄色，与鸡蛋的颜色分布吻合，因此得名。鸡蛋花同时具备绿化、美化、香化等多种效果。鸡蛋花树干弯曲自然，形状甚美，深受人们喜爱，已成为我国南方绿化中不可或缺的优良树种。

鸡蛋花晒干后可入药，具有清热解暑、润肺的功效，还可以调理咽喉疼痛等病症。广东地区常将白色的鸡蛋花晾干后煎煮成凉茶饮料。

**特征识别：**有粗壮的肉质枝条，绿色，无毛。厚纸质叶呈长圆状倒披针形或长椭圆形，顶端短渐尖，基部狭楔形，叶面无毛。聚伞花序顶生，无毛；花冠呈筒状，外围为乳白色，中心鲜黄色；花冠5裂片，呈阔倒卵形，顶端圆，基部向左覆盖。扁平种子为斜长圆形，顶端有膜质的翅，翅长约2厘米。

**生长环境：**鸡蛋花是向阳性树种，喜高温、湿润和阳光充足的环境，耐寒性差。较耐半阴，

喜深厚肥沃、通透良好、富含有机质的酸性沙壤土。

**繁殖方式：**鸡蛋花可以通过播种、压条、扦插的方式繁殖，其中扦插法的成活率要高于其他方法。

**植物养护：**①土壤。选择疏松且富含有机质的酸性沙壤土为宜。②水分。鸡蛋花有一定的耐旱性，怕水涝，要适量浇水，春、秋季节1~2天浇1次水，夏季可适当增加浇水次数。③施肥。生长旺季，每10天施1次腐熟的液肥，浓度控制在15%左右，

花期及花谢后各补施一次肥。④温度。越冬时最低温度不要低于10℃。⑤光照。喜阳光充足。

**植株对比：**玉兰花的株型高大，小枝条是灰褐色的，稍微有些粗壮；而鸡蛋花的株型相对矮小，肉质枝茎，表面为绿色，含有丰富的乳汁。玉兰花的花朵大，先于叶子开放，白色，基部会带有一点粉红色；而鸡蛋花的花朵要小很多，花冠的外面是乳白色，里面是鲜黄色。玉兰花的叶子纸质，而鸡蛋花的叶子比较厚，属于厚纸质。

花冠5裂，呈阔倒卵形，顶端圆

花冠外围是乳白色，中心是鲜黄色，花朵极香

黄色鸡蛋花

聚伞状花序，生在茎顶端

**资源分布：**我国南部地区、墨西哥 | **常见花色：**黄色、白色 | **盛花期：**5~10月
**植物文化：**花语为孕育希望、复活、新生

# 假连翘 *Duranta erecta*

又称番仔刺、篱笆树、洋刺 / 灌木植物 / 马鞭草科、假连翘属

　　假连翘原产于热带美洲，我国南方常见栽培。假连翘树姿优美，先花后叶，且花期长、花量多，盛开时淡紫色花朵遍布枝头，芬芳四溢；随后果实成熟，满眼金黄色，看着也赏心悦目。

　　假连翘的叶、果、根都有很好的药用价值。叶和根有止渴、止痛的功效，可调理痈肿和脚底挫伤、瘀血疼痛；果实入药，能改善疟疾、跌打损伤和胸痛。

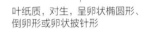

由数朵花聚成圆锥状花序

　　**特征识别：**枝条呈下垂状生长，老枝有皮刺，嫩枝有柔毛。叶对生，纸质，呈卵状椭圆形、倒卵形或卵状披针形，顶端短尖或钝，基部楔形，全缘或中部以上有锯齿，有柔毛。总状花序顶生或腋生，聚成圆锥状；管状花萼，先端5裂，裂片平展，内外均微有毛，稍不整齐；花柱比花冠管短。球形核果，被扩大的宿萼包裹，有光泽，熟时为红黄色。

　　**生长环境：**喜光，喜温暖、湿润气候，抗寒力较弱；对土壤的适应性较强，喜深厚、疏松肥沃的沙质土壤；耐水湿，不耐干旱，多生长于避风向阳、排水性良好的环境中。

　　**繁殖方式：**假连翘最主要的繁殖方式是播种育苗，其次是扦插繁殖、压条繁殖，以及分株繁殖。

叶片全缘，有柔毛

叶纸质，对生，呈卵状椭圆形、倒卵形或卵状披针形

　　**植物养护：**①温度。适宜生长的温度在18~26℃，冬季低于5℃也能存活。②光照。生长期需充足的阳光照射。③水分。不耐旱，喜水，但雨季需要做排水处理。④施肥。生长期可每半个月施1次肥，花前、花谢后施磷钾肥。⑤土壤。盆栽要2年翻盆1次，并更换新土，保证养分充足，翻盆的最佳时节是春季。

　　**植株对比：**假连翘和连翘是完全不同的两种植物，前者的叶子对生，花为总状花序，花冠蓝紫色；后者的叶子为单叶，花朵单生，颜色为黄色。另外，前者对土壤的适应能力强，而且比较喜肥，日常养护要保持水分充足；后者比较喜光，而且耐旱怕涝，浇水要控制水量。

**资源分布：**原产于热带美洲，我国南方常见栽培 | **常见花色：**淡紫色、白色 | **盛花期：**5~10月
**植物文化：**花语为邪恶和巫术

# 锦葵

*Malva cathayensis*

又称荆葵、钱葵、小钱花 / 二年生或多年生直立草本植物 /
锦葵科、锦葵属

　　锦葵在我国分布广泛，几乎全国各地均有栽培。植株较大，花型秀丽，极富观赏性。除观赏价值外，锦葵花还有良好的药用价值，它的茎、叶、花皆可入药，味咸，性寒，可清热利湿、理气通便，多用于调理大便不畅、脐腹痛、瘰疬等病症。

花朵秀丽，有 5 瓣匙形花瓣，花瓣先端微缺

茎直立，生有稀疏的粗毛

花数朵簇生，单朵花直径 3.5~4 厘米

**特征识别：** 高50~90厘米，茎直立且分枝较多，被稀疏的粗毛。叶片呈圆心形或肾形，有5~7片圆齿状钝裂片，两面均无毛或仅脉上有稀疏的短糙伏毛。花3~11朵簇生，有小苞片3片，呈长圆形，有稀疏的柔毛；花紫红色或白色，直径3.5~4厘米，花瓣为匙形，共5瓣，先端微缺，爪具髯毛。果呈扁圆形，内有肾形种子，为黑褐色。

**生长环境：** 适应性强，在多种土壤上均能生长，其中沙质土壤最适宜；耐寒，耐干旱，生长势强，喜阳光充足。

**繁殖方式：** 以播种繁殖的方式最为实用，也更便于家庭种植。

叶为圆心形或肾形，有5~7片圆齿状钝裂片

白色锦葵花

**植物养护：** ①温度。适宜生长温度为20~25℃，冬季温度不低于3℃。②光照。喜光照充足，光照以散光为宜，避免强光直射。③浇水。春、秋季可多浇水，夏、冬季需要适当地控水。④施肥。可每个月施肥一次。

**植株对比：** 蜀葵的植株高大，可达2米，锦葵高度为50~90厘米，比蜀葵要矮很多。蜀葵的叶片比锦葵大，叶柄也长。蜀葵的花朵大，花色丰富；锦葵的花朵小，花色单一。

**资源分布：** 我国各地均有分布 | **常见花色：** 紫红色、白色 | **盛花期：** 5~10月 | **植物文化：** 花语为讽刺

# 龙牙草
*Agrimonia pilosa*

又称老鹤嘴、毛脚茵、施州龙芽草 / 多年生草本植物 /
蔷薇科、龙牙草属

龙牙草茎高30~120厘米，适应性强，在我国分布非常广泛。其嫩茎叶可食，不仅营养丰富，而且具有一定的抗癌功效，是一种十分难得的食材。龙牙草有苦涩的味道，入药有止血、健胃、滑肠、止痢和杀虫的功效，多用来调理泄痢和女性月经不调等症。

花序呈穗状顶生，花序轴上有柔毛

叶为间断奇数羽状复叶，边缘有锯齿

上部托叶呈镰形，茎下部托叶为卵状披针形

**特征识别：**茎高可达120厘米，上有稀疏柔毛和短柔毛，少数茎下部有稀疏的长硬毛。叶为间断奇数羽状复叶，叶柄有稀疏柔毛或短柔毛；小叶片无柄或有短柄，顶端急尖至圆钝，边缘有急尖到圆钝锯齿，上面有稀疏的柔毛；草质上部托叶为绿色、镰形，茎下部托叶为卵状披针形。

穗状花序顶生；苞片通常深3裂，裂片带形，卵形小苞片对生；萼片呈三角卵形；长圆形花瓣黄色；花柱丝状；柱头头状。

**生长环境：**分布于我国南北各地区。常生于海拔100~3800米的溪边、路旁、草地、灌丛、林缘及疏林下。

茎高可达120厘米，生有稀疏柔毛或短柔毛

**繁殖方式：**多采用播种和分株两种繁殖方式。播种一般是在4月中下旬和10月下旬地冻之前进行。分株繁殖在春、秋两季进行。

**植物养护：**①土壤。选择排水性良好、肥沃、疏松的沙壤土。②光照。喜欢光照充足的生长环境，每天最好给予

黄色的花朵很小，直径为6~9毫米，花瓣为长圆形

5小时左右的光照。③温度。喜欢温暖的气候，耐高温，耐寒性则较差。适宜温度在20~28℃。④水分。夏季高温时要增加浇水次数，保持盆土湿润。⑤施肥。生长期每半个月施1次肥，花期追施1~2次磷钾肥。入秋以后停止施肥。

**植物变株：**黄龙尾与龙芽草区别在于，前者茎下部密被粗硬毛，叶上面脉上被长硬毛或微硬毛，脉间密被柔毛或茸毛状柔毛。

**资源分布：**中国、朝鲜、日本、俄罗斯、蒙古、越南 | **常见花色：**黄色 | **盛花期：**5~12月
**植物文化：**花语为撒娇、感谢

# 风箱果 *Physocarpus amurensis*

又称阿穆尔风箱果、托盘幌 / 灌木植物 /
蔷薇科、风箱果属

花序为伞形总状，
直径 3~4 厘米

原产于我国黑龙江、河北，适应能力强，能耐-50℃的低温。风箱果树形开展，花色素雅、花序密集，果实初秋时呈红色，具有较高的观赏价值，是山林自然风景区及林缘极好的绿化树种。从风箱果树皮中可以提取三萜类化合物，具有抗卵巢肿瘤、中枢神经肿瘤、结肠肿瘤等作用，更加提升了风箱果的价值。

圆柱形小枝，稍弯曲，幼时为紫红色

**特征识别：** 小枝圆柱形，稍弯曲，幼时为紫红色，老时呈灰褐色。叶片三角卵形至宽卵形，先端急尖或渐尖，基部心形或近心形，偶有截形，通常基部3裂，少数为5裂，边缘有重锯齿；叶柄微被柔毛或近于无毛。总状伞形花序，总花梗和花梗密被星状柔毛，苞片披针形，早落；花萼筒杯状；萼片三角形；花瓣白色；花药紫色；心皮外被星状柔毛，花柱顶生。蓇葖果膨大，卵形，熟时沿背腹两缝开裂，外面微被星状柔毛，内含光亮黄色种子2~5枚。

**生长环境：** 生长于山沟中，多在阔叶林边。喜光，也耐半阴；耐寒性强，能耐-50℃的低温；喜湿润土壤，不耐水渍。

**繁殖方式：** 可采用播种和扦插的方式进行繁殖，其中播种育苗的方式比较常用。

**植株对比：** 石楠花要比风箱果的植株高，最高可达12米，而风箱果树最高只能达到3米。石楠花的叶片为长椭圆形、长倒卵形或倒卵状椭圆形，叶柄粗壮；风箱果的叶片为三角卵形至宽卵形，叶柄中等。石楠花为顶生复伞房花序，花序直径10~16厘米，白色花瓣近圆形，花药带紫色，果实呈球形；风箱果则为伞形花序，花序直径仅有3~4厘米；花瓣颜色及形状与石楠花相同。石楠花的果实为球形；而风箱果的果实为卵形，熟时还会沿背腹两缝开裂。

叶片三角卵形至宽卵形，边缘有重锯齿

白色倒卵形花瓣，花药是紫色

**资源分布：** 朝鲜北部及俄罗斯远东地区，我国的黑龙江、河北 | **常见花色：** 白色 | **盛花期：** 6月

# 繁缕 *Stellaria media*

又称鹅肠菜、鹅耳伸筋、鸡儿肠 / 一年生或二年生草本植物 /
石竹科，繁缕属

繁缕开白色、星形小花，十分密集，是一种自繁殖能力很强的植物，尤其是在雨季，花繁叶茂，生长旺盛。繁缕的嫩叶可以食用，种子是鸟类喜爱的食物。繁缕，可以说是大自然的恩惠，因此它的花语为"恩惠"。

叶子为宽卵形或卵形，
顶端渐尖或急尖

长椭圆形花
瓣，比萼片短

花梗细弱，花谢
后伸直至下垂

基生叶有长柄

基部有分枝，略带淡紫红色

**特征识别：**一年生或二年生草本植物，最高可达30厘米。茎基部多分枝，略带淡紫红色。叶片为宽卵形或卵形，顶端渐尖或急尖，基部渐狭或近心形，基生叶有长柄。疏聚伞状花序顶生；花梗细弱，花谢后伸长直至下垂；萼片为卵状披针形，边缘宽膜质，外面被短腺毛；花瓣白色，长椭圆形，比萼片短，裂片近线形；雄蕊短于花瓣；花柱线形。蒴果卵形，种子为卵圆形至近圆形，稍扁，红褐色。

**生长环境：**繁缕喜温和湿润的环境，在云南地区可四季开花。适宜的生长温度为13~23℃，略耐霜冻。

**繁殖方式：**一般采用播种的方式进行繁殖，植株的自身繁殖能力非常强，即使不播种，它的种子也会四处播撒，生命力非常旺盛。

**植物养护：**①温度。喜温暖的环境，但不耐高温，可略微耐霜冻，适宜生长温度在13~23℃。②光照。喜光，但有一定的耐阴性，比较适合散光照射。③水分。有一定的耐涝性，冬季浇水不宜太多。

**植物变株：**小花繁缕比原株繁缕矮，其茎基部匍匐，逐渐向顶部上升。叶无柄，为宽卵圆形，顶端急尖，基部急狭，略微抱茎。顶生或腋生聚伞花序；花梗对生；苞片呈卵圆形；萼片则为卵圆状长圆形，急尖；花瓣5瓣，与萼片等长，深2裂。蒴果卵形；种子呈扁球形，顶端具短喙，反折，表面具弯弧状网纹。

小花白色，顶生，
疏聚伞状花序

卵状披针形萼片，
边缘宽膜质

线形花柱，雄蕊
短于花瓣

**资源分布：**主要分布于云南各地，我国其他地区偶有分布，日本、朝鲜、俄罗斯亦有分布 | **常见花色：**白色
**盛花期：**6~7月 | **植物文化：**花语为恩惠

# 百日菊 *Zinnia elegans*

又称百日草、步步高、对叶菊、秋罗 /
一年生草本植物 / 菊科、百日菊属

头状花序，
单生于枝端

百日菊原产于墨西哥，其株型美观，花大色艳，花期长，既可用于园艺装饰，也能用作盆栽。百日菊品种丰富，有单瓣、重瓣、卷叶、皱叶及多种颜色的品种。百日菊最有趣的是第一朵花开在顶端，随后侧枝顶端所开的花会比第一朵更高，层层递增，直至花期结束，因此又得名"步步高"。

叶为宽卵圆形或
长圆状椭圆形

舌片呈倒卵圆形，先端
2~3 齿裂或全缘

茎直立，有毛，根
深茎硬，不易倒伏

**特征识别：** 茎直立，根深茎硬，不易倒伏。高30~100厘米，被糙毛或长硬毛。叶为宽卵圆形或长圆状椭圆形，两面粗糙，下面有很密的短糙毛。花单生于枝端，总苞呈宽钟状；总苞片多层，呈宽卵圆形或卵状椭圆形。舌状花，舌片呈倒卵圆形，先端2~3齿裂或全缘，上面被短毛，下面被长柔毛。管状花，则先端裂片呈卵状披针形，上面被黄褐色密茸毛。舌状花瘦果为倒卵圆形；管状花瘦果为倒卵状楔形。

**生长环境：** 喜温暖、阳光充足的生长环境；耐旱，但不耐酷暑；耐瘠薄，但不耐寒。宜在肥沃深土层中生长。

**繁殖方式：** 用播种法来繁殖百日菊是较为简便的方式，一般在春季温度稳定后就可播种，10天左右就可发芽。

**植物养护：** ①温度。养好百日菊，温度把控很重要，因为百日菊耐寒性差，也不耐酷暑，适合其生长的温度在15~30℃。②光照。百日菊是喜光性植物，无论是园艺栽培还是盆栽，都应保证植株能够得到充足的光照，否则会影响开花。③土壤。虽然百日菊对土壤的要求不高，但最好选用深厚、肥沃、透气性好的土壤栽培。④浇水。以见干见湿法浇水即可。

**植株对比：** 非洲菊和部分百日菊同为舌状花型，但是在形态上有着很大的区别，非洲菊的花瓣朝斜上方伸展；而百日菊的花瓣则朝下方伸展。非洲菊的植株最高只有60厘米，且全株无毛；但是百日菊最高可长到100厘米，全株密被细小的硬柔毛。非洲菊的叶子为椭圆形状，叶子顶部长有叶尖，只有叶子背面有细小的茸毛；百日菊的叶子也是椭圆形，但是叶子较小，叶子的正反面都有茸毛。

先端裂片呈卵状披针形，
上面被黄褐色密茸毛

双色百日菊

**资源分布：** 我国各地均有栽培 | **常见花色：** 红色、黄色、紫红色、粉色、白色 | **盛花期：** 6~9月
**植物文化：** 象征友谊天长地久

# 鉴别

### 梦境

属于大花百日菊，花的直径可达10厘米，重瓣花，花色丰富，耐高温，生长适温为20~35℃，开花早，播种后50~55天即可开花，是夏季栽培不可多得的好品种。

### 阳伞

株高25~30厘米，花重瓣、紧密，特别适合夏季观赏。

### 冲击者

株高25~30厘米，花重瓣，属大丽菊型，花的直径7~8厘米，生长速度快，开花早，从播种至开花只需50天左右。

### 彩色火焰

株高30厘米左右，花大、单瓣，花的直径6~8厘米，花色有白、玫瑰红、红等，花心呈黄色。

### 小世界

株高45厘米左右，花重瓣，花的直径6厘米，是百日菊里生长速度最快、开花最早的品种之一，从播种至开花仅需45天左右，花色也十分诱人。

# 缬草 *Valeriana officinalis*

又称拔地麻、鹿子草 / 多年生草本植物 /
忍冬科，缬草属

总状花序，在茎顶
聚成圆锥状花序

缬草的茎叶是一些鳞翅目物种如蝴蝶和蛾幼虫的食物。缬草的花朵香味浓烈，从16世纪开始，缬草就被人们用来当成制作香料的原料。它的根茎供药用，可祛风、治跌打损伤等。缬草经浸软、研磨、脱水后做成药包，有镇静和抗焦虑的作用。

钝四棱形的茎
上有细条纹叶
脉，很明显

坚纸质叶为披针
形至线状披针形

**特征识别：** 钝四棱形的茎伏地上升，上有细条纹，呈绿色或带紫色，自基部多分枝。坚

纸质叶为披针形至线状披针形，顶端钝，基部圆形，全缘；短叶柄上有微柔毛。顶生总状花序，常在茎顶聚成圆锥状花序；花梗和序轴均有微柔毛；下部苞片和叶子很像，上部苞片为卵圆状披针形至披针形；花萼外面有密柔毛，萼缘上有稀疏柔毛，内面无毛。花冠为紫、紫红至蓝色；花丝扁平；花柱细长，先端锐尖，有微裂；环状花盘高 0.75毫米；褐色子房无毛。

**生长环境：** 生于海拔2500米以下的山坡草地、林下、沟边，在西藏，海拔4000米左右也可发现它们的身影。性喜湿润，耐涝，也较耐旱。

**繁殖方式：** 繁殖方式以播种为主。

**植物养护：** ①土壤。以肥沃、深厚、排水性良好的中性沙质壤土为宜。②水分。出苗期保持湿润，成熟期可见干再浇水，

约10天左右浇1次即可。③养分。每年施肥2次。④光照。不喜强光，可接受散光照射。

**植物变株：** 宽叶缬草是原株缬草的变种，它与原株的区别在于前者叶裂较宽，中裂较大，裂片为具锯齿的宽卵形，裂片数较原变种为少，通常5~7枚。

**资源分布：** 我国东北至西南的广大山区，欧洲和亚洲西部 | **常见花色：** 淡紫色 | **盛花期：** 5~7月
**植物文化：** 花语为无忧无虑

# 玉簪 *Hosta plantaginea*

又称玉春棒、白鹤花、白玉簪 / 多年生草本植物 /
天门冬科、玉簪属

玉簪为百合科多年生宿根草本花卉，喜阴凉的生长环境。玉簪因花苞质地娇莹如玉，状似头簪而得名；身姿清秀挺拔，碧叶莹润，花色如玉，极富生于泥土而不染的高洁姿态。玉簪是很难得的阴生植物，在园林中可用于树下作地被植物，也可作盆栽观赏或作切花用，是我国古典庭园中重要的装饰花卉之一。

总状花序，从叶丛中抽出，并高出叶面

叶丛生，为卵形或心形，有明显叶脉

花有细长的花被筒，先端呈漏斗状

**特征识别**：茎粗壮，茎下部有很多须根，叶茎丛生，卵状心形、卵形或卵圆形，有叶柄和明显的叶脉。花葶高40~80厘米，花单生或2~3朵簇生，花梗长约1厘米；花的外苞片卵形或披针形；内苞片很小，雄蕊与花被近等长或略短，基部长15~20毫米，贴生于花被管上。蒴果圆柱状，有三棱，种子黑色。

**生长环境**：生于海拔2200米以下的林下、草坡或岩石边；喜阴湿环境，耐寒冷，忌强光，是典型的阴生植物；喜肥沃、湿润、排水性良好的沙质土壤。

**繁殖方式**：玉簪以分株繁殖为主，一般在春、秋两季进行。

**植物养护**：①浇水。喜湿润的环境，每3~4天浇水1次，夏季可每2~3天浇1次。②施肥。

生长期可每个月追肥1~2次，开花前，可以增施磷钾肥。③光照。喜半阴环境，以散射光照为宜。④温度。能够耐2~3℃的低温。冬季温度维持在5℃以上为宜，其他时间温度在20℃左右为宜。

外苞片卵形或披针形

花葶高40~80厘米，花单生或2~3朵簇生

白色花，有6瓣花瓣

**资源分布**：原产于我国和日本，现我国各地均有栽培 | **常见花色**：白色 | **盛花期**：7~9月
**植物文化**：花语为恬静、宽和

# 紫萼
*Hosta ventricosa*

又称河白菜、东北玉簪 / 多年生草本植物 /
天门冬科，玉簪属

　　紫萼于每年4月上中旬返青，6~7月开花；花朵较小，呈淡紫色，果期在7~9月，在9月下旬至10月初进入枯萎期。紫萼具有很强的适应能力，移栽后极易成活，且可粗放管理，作为绿化植被成本低，应用十分广泛。紫萼的园艺品种很多，常见的有花边紫萼和花叶紫萼，极具观赏价值。此外，紫萼全草可入药，适用于胃痛、跌打损伤、蛇咬伤等症。

花为紫色或紫红色的漏斗状　　每一个花葶上可开出10~30朵花

花葶高60~100厘米，从叶丛中抽出

雄蕊伸出花被之外

**特征识别：** 基生叶为卵形至卵圆形，长8~19厘米，宽4~17厘米，先端近短尾状或急尖，基部心形或近截形。总状花序，花葶从叶丛中抽出，高60~100厘米，有花10~30朵，膜质苞片为矩圆状披针形；花盛开时从花被管向上骤然作近漏斗状扩大；雄蕊伸出花被之外，完全离生。圆柱状蒴果有三棱。

**生长环境：** 主要生长在海拔800米以上的自然土壤中。喜温暖、湿润的气候，耐寒，喜阴，忌强光直射。对土壤要求不高，在一般的土壤中均能良好地生长。

**繁殖方式：** 分株繁殖在春、秋季节进行，要选择2~3年生老根上萌发的植株。播种繁殖的时间在2月底或3月初进行，播前将种子放入45℃温水中浸种24小时。根蘖繁殖也在春季进行。

**植物养护：** ①温度。喜高温环境，生长适温在18 ~ 32℃。

叶为卵形至卵圆形，先端急尖

②土壤。对土壤适应性强，一般以沙质壤土栽培更有利于紫萼的生长。③光照。夏季炎热需要遮光，春、秋、冬三季可以给予充足的光照。④水分。春季返青和入冬前要浇透水，生长期要保持水分充足；雨季应做好排水，避免积水。⑤施肥。生长期每1~2个月施肥1次，以有机肥料或氮、磷、钾为宜。早春萌发前和开花前可追施1次肥。

**植株对比：** 玉簪和紫萼看上去极为相似，但玉簪植株较矮，花白色，呈蜡状；而紫萼植株相对较高，花是淡紫色。

**资源分布：** 我国华东、中南、西南各省多见，日本也有分布 | **常见花色：** 紫色 | **盛花期：** 6~7月
**植物文化：** 花语为思念、浪漫、喜悦

# 胭脂花 *Mirabilis jalapa*

又称紫茉莉、地雷花、粉豆花 / 一年生草本植物 /
紫茉莉科、紫茉莉属

　　胭脂花原产于南美亚热带地区，喜温凉、湿润的环境，不耐寒，因此在我国北方并不越冬栽培。胭脂花的花形与茉莉花十分相似，花色又多为紫红色，故被称为"紫茉莉"。但它并非只开紫红色的花，它的花色非常丰富，不仅有单色花，还有带有斑点或条纹的复色花品种，令人赏心悦目。

伞形花序

**特征识别：**属多年生草本植物，全株无粉。叶为倒卵状椭圆形、狭椭圆形至倒披针形；叶柄有膜质宽翅。花葶稍粗壮；伞形花序；苞片为披针形；花萼呈狭钟状；裂片三角形；花冠为冠筒管状，花柱长近达冠筒口。蒴果稍长于花萼。5~6月开花，7月结果。

**生长环境：**生长于林下和林缘湿润处。暖温带植物，喜气候温凉、湿润的环境和排水性良好、富含腐殖质的土壤，不耐高温，忌阳光直射，不耐严寒。

**繁殖方式：**常用且简便的繁殖方式是播种繁殖。在3~4月开始播种，直接将种子播种在裸露地面即可。

**植物养护：**①水分。避免积水，以见干见湿为浇水原则。②温度。适宜生长温度为15~25℃，冬季温度不能低于10℃。③光照。夏季需要适当地做遮阴保护。④土壤。对土壤要求不高，用土层深厚、疏松肥沃的土壤进行栽培最好。

**植株对比：**月见草与胭脂

叶柄有膜质宽翅

倒卵状椭圆形、狭椭圆形至倒披针形的叶子

花两者的花朵相似，但是月见草的花只有黄色，颜色单一；而胭脂花的颜色有很多种，还有复色花。除此之外，二者最大的不同就是它们的叶子。月见草的叶子是倒披针形，先端锐尖，基部楔形，边缘有不整齐的浅钝齿；而胭脂花的叶子为倒卵状椭圆形、狭椭圆形至倒披针形。

复色胭脂花

蒴果稍长于花萼，成熟后为黑褐色

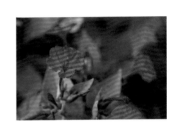

**资源分布：**我国东北、华北及西北地区均有分布 | **常见花色：**紫红色、粉色、黄色、白色
**盛花期：**6~10月 | **植物文化：**花语为贞洁

# 歪头菜 *Vicia unijuga*

又称两叶豆苗、歪头草、歪脖菜 / 多年生草本植物 /
豆科，野豌豆属

歪头菜的生态适应性很好，耐贫瘠，在棕壤、灰化土，甚至瘠薄的沙土中都能生长。其植株秀丽，花序硕大成串，花色为蓝紫色或蓝色，十分艳丽且花期较长，是优良的夏季观花和城市绿化观赏植物。歪头菜的营养价值较高，幼苗及嫩茎叶可作蔬菜食用；种子是酿酒、造醋的优质原料之一；全草可入药，具有补虚调肝、理气止痛、清热利尿等功效。

奇数羽状复叶，呈卵状披针形或近菱形

茎丛生，有棱，分枝较多

花为蓝紫色、紫红色或淡蓝色

**特征识别：** 植株高40~100厘米。须根发达，根茎粗壮近木质，表皮为黑褐色。茎丛生，基部表皮为红褐色或紫褐红色，有棱和稀疏的柔毛，老时渐脱落。奇数羽状复叶，小叶呈卵状披针形或近菱形，先端渐尖、边缘有小齿、基部楔形，叶两面均有稀疏的微柔毛；叶轴末端有细刺尖头，偶有卷须，托叶为戟形或近披针形，边缘有不规则齿蚀状。总状花序单一或有分支组成圆锥状复总状花序；花8~20朵，密集排列在花序轴上部；花萼紫色，无毛或近无毛；花冠蓝紫色、紫红色或淡蓝色长，旗瓣呈倒提琴形。

**生长环境：** 多生于低海拔至4000米的山地、林缘、草地、沟边和灌丛，生态适应性能良好。喜阴湿及微酸性沙质土。

**繁殖方式：** 歪头菜的繁殖主要以播种为主，一年四季均可播种，其中以早秋播种为宜，可撒播、条播。

**植物变株：** 三叶歪头菜是原株歪头菜的变种。其须根发达，根茎粗壮近木质，表皮黑褐色。数茎丛生，有棱和稀疏柔毛，老时渐脱落。叶为羽状三出复叶。总状花序单一，偶有分支，呈圆锥状复总状花序，花萼紫色，呈斜钟状或钟状，萼齿明显短于萼筒；花冠蓝紫色、紫红色或淡蓝色。

托叶为戟形或近披针形，上有稀疏的微柔毛

**资源分布：** 我国东北、华北、西北、华东、华中、西南 | **常见花色：** 淡紫色 | **盛花期：** 6~7月

# 大巢菜 *Vicia sativa*

又称薇、薇菜、山扁豆、大野豌豆 / 一年生或二年生草本植物 /
豆科、野豌豆属

　　大巢菜有很好的抗寒性，在我国南北地区都有分布。其植株形态优美，花色秀丽淡雅，夹杂在绿油油的叶子中间，视感令人赏心悦目。大巢菜是粮、料、草兼用的作物，生长茂盛，产量很高。但是在花期的大巢菜有毒，无论是入药或用作饲料，都需经过干燥处理后再使用。

**特征识别：** 全株有白色柔毛。根茎粗壮，近木质化，表皮为深褐色。茎有棱，分枝较多并有白色柔毛。偶数羽状复叶，顶端有卷须，托叶2深裂，裂片为披针形；有近互生小叶3~6对，呈椭圆形或卵圆形，先端钝，基部圆形，两面均有稀疏柔毛。总状花序有花6~16朵，稀疏着生于花序轴上部；花冠较小，为白色、粉红色、紫色或雪青色；钟状花萼，萼齿为狭披针形或锥形，有柔毛，倒卵形旗瓣先端微凹，翼瓣与旗瓣近等长，龙骨瓣最短。荚果长圆形或菱形，两面急尖；种子为肾形。

**生长环境：** 生于海拔600~2900米的林下、河滩、草丛及灌丛。喜温凉气候，抗寒能力强。

**繁殖方式：** 可以使用播种法繁殖。首先需要在土里拌上基肥，一般每亩地使用1500千克的有机肥。将选好的种子使用条播的方式播进土里，行距保持30厘米，播种后盖上土，给它浇一次粪水，一般1周就可以出苗了。

**植物养护：** ①温度。耐寒性比较好，只要温度在0℃以上就会生长。播种的温度在10℃左右，幼苗会出土生长，但它不耐高温，温度超过30℃，植株会出现生长缓慢的情况。②浇水。它喜欢湿润的生活环境，要保持泥土湿润。分枝期和青荚期对水分的消耗比较大，需要给它补充水分。如果泥土长期干燥，植株会出现生长不良的情况。每隔1周，都需要给它浇一次水。③施肥。在生长过程中，对磷元素消耗较快，因此植株容易出现氮多磷少的情况，这个时期需要给它使用磷肥，以保证氮磷平衡，也可以促进产量。施肥频率为每月1次。④光照。它不能接受强光照射，强光照射会影响其生长，因此光照方式要以散光为主，光照时间保证每天4小时就够了。

**植株对比：** 小巢菜和四籽野豌豆的形态与大巢菜十分相似，但是也有明显的不同。大巢菜的植株比小巢菜和四籽野豌豆高许多。相形之下，大巢菜的叶片也较为宽大，叶梗较粗壮，而小巢菜和四籽野豌豆的叶片会明显小一些，叶梗也比较纤细。大巢菜的花也比后两者要大一些，花朵为紫红色；小巢菜的花朵较小，为白色或略带淡蓝青色；而四籽野豌豆的花朵是带有蓝紫条纹的白色。

偶数羽状复叶，
顶端有卷须

茎有棱，分枝较多，
并有白色柔毛

有紫色花6~16朵，
生于花序轴上部

长圆形或菱形荚果，两面急尖

# 金莲花 *Trollius chinensis*

又称金梅草、金疙瘩 / 一年生或多年生草本植物 /
毛茛科，金莲花属

金莲花有很好的耐寒性，常年生存在2~15℃的环境中。常见有黄色、橙色及红色，有良好的观赏价值。茎叶形态优美，花大色艳。金莲花还有变种矮金莲，株形紧密低矮，枝叶密生，株高仅有30厘米左右，十分适合盆栽观赏，花期为2~5月。金莲花可作药用，有清热解毒的功效。

叶为五角形，基部为心形

茎高30~70厘米，没有分枝

**特征识别：**全株无毛。茎高30~70厘米，不分枝。基生叶1~4片，呈五角形；基部心形，三全裂，有长叶柄，基部有狭鞘；茎生叶和基生叶相似，下部茎生叶有长柄，上部茎生叶较小，有短柄或无柄。花单生或2~3朵组成稀疏的聚伞花序；花梗长5~9厘米；苞片3裂；萼片6~19片，外层萼片为椭圆状卵形或倒卵形，顶端圆形；有狭线形花瓣18~21瓣，比萼片稍长或近等长，顶端渐狭。蓇葖果有稍明显的脉网。黑色的种子近倒卵球形，表面光滑，有4~5棱角。

**生长环境：**生长在海拔1800米以上的高山草甸或疏林地带。喜冷凉、湿润的环境，有很好的耐寒性。

**繁殖方式：**金莲花可以使用播种和扦插的方法来繁殖。播种一般在3月进行，播种前。先将种子用40~45℃温水浸泡一夜后再进行播种。扦插繁殖也可以在春季进行。扦插繁殖时，室温保持在13~16℃，成活率最高。

**植物养护：**①施肥。每个月施1次淡肥即可，不要太浓，开花之前，追施1~2次磷钾肥；开花后可追施2次速效肥，有利于下次开花。②水分。对水分的需求较大，每次浇水需要浇透并注意排水，花谢之后浇水不宜过多，以免植株生长过于旺盛而影响花芽的分化导致开花不良。③土壤。以疏松、肥沃、排水性良好的土壤为宜，通常采用腐叶土加园土、基肥的混合土壤。④光照。金莲花是喜光植物，花前与花后的春、秋两季要有足够的光照，夏季应适当进行遮光，冬季只需摆放在有散光照射的地方即可。

**植株对比：**金盏花与金莲花仅有一字之差，两者的形态却大有不同。金盏花整个植株上分布着小毛，从基部开始分枝；而金莲花则全株无毛，不分枝。金盏花的叶为互生，长圆形，基生叶长圆状倒卵形或匙形；而金莲花的叶为五角形，基部心形，三全裂。金盏花仅为单生头状花序；金莲花则是花单生或2~3朵组成稀疏的聚伞花序。

有金黄色萼片和狭线形花瓣

**资源分布：**原产自南美，现我国各地均有栽培 | **常见花色：**黄色、橙色、红色 | **盛花期：**6~7月
**植物文化：**花语为孤寂之美

# 天仙子 *Hyoscyamus niger*

又称横唐、行唐 / 一年生或二年生草本植物 /
茄科、天仙子属

茎中部以下的花，
单生于叶腋

上部基生叶呈半抱
茎状态，边缘为羽
状浅裂或深裂

天仙子生长适应性很强，有很好的耐
寒性。它的花为淡黄棕色的钟状花朵，花
形独特。花朵上有紫堇色的脉纹，这一与众不
同的特点大大地提升了植株的辨识度。其茎叶
繁茂，群花期长达2个月，极富观赏价值及园
艺价值。

天仙子在藏语中被称为"莨菪泽"。入药用
有解痉、止痛、安神和杀虫的作用。藏医多用
其治疗鼻疳、面部神经麻痹和牙痛等症。

卵形或三角状卵
形的叶片

深紫色的花药

全株有毛

**特征识别**：整个植株上有黏
性腺毛和柔毛。基生叶丛生，叶呈
莲座状卵状披针形或长矩圆形，
顶端锐尖，边缘有粗齿或羽状浅
裂；茎生叶互生，为卵形或三角
状卵形，顶端钝或渐尖，无叶柄，
基部呈半抱茎状态或呈宽楔形，
边缘为羽状浅裂或深裂。花在茎
中部以下单生于叶腋，在茎上端
则单生于苞状叶腋内而聚集成蝎
尾式总状花序；管状钟形花萼有
毛；黄绿色的漏斗状花冠上有紫

色脉纹；深紫色花药。卵球形
的蒴果内有淡黄棕色的种子。

**生长环境**：生长于山坡、杂
草地、荒地、路旁、住宅区及河
岸沙地。植株适应性强，有很好
的耐寒性，喜光，喜肥，喜排水
性良好的沙壤土。

**繁殖方式**：主要采用播种法
进行繁殖。北方播种时间为3~4
月中旬，南方长江流域可秋播或
春播，多以秋播为主。具体播种
方式有直播、条播和穴播三种。

**植株对比**：地黄的植株比
天仙子矮，叶片呈卵形至长椭圆
形，而天仙子的叶片为卵状披针
形或长矩圆形；地黄花与天仙子
的花都是管状钟形，但是地黄的
花萼要比天仙子的略长，略微弯
曲，花梗细弱，开花时先弯曲而
后上升；地黄花的颜色是内面黄
紫色，外面紫红色；天仙子的花
则有很特别的紫色脉纹。

在茎上端的花，
单生于苞状叶腋
内，聚集成蝎
尾式总状花序

**资源分布**：我国大部分地区 | **常见花色**：淡黄棕色 | **盛花期**：6~7月 | **植物文化**：花语为人心回测、笑里藏刀

# 黑种草 *Nigella damascena*

又称黑子草、斯亚丹 / 一年生草本植物 /
毛茛科、黑种草属

　　黑种草原产于欧洲南部，喜
冷凉气候，不耐高温，不耐湿，
比较喜欢排水性良好的环境。黑
种草的种子有类似肉豆蔻和胡椒
的香味，它的花果期在6~8月，
成熟后收割全草，阴干后再打下
种子。黑种草的种子含生物碱和芳
香油，既是观赏植物又可作蜜源植物。

叶为一回或二回羽
状深裂，裂片细

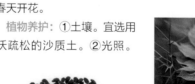

花萼5片，淡蓝色，
形如花瓣

茎有稀疏的短毛，裂片细

**生长环境：**
性喜冷凉气候，忌
高温、高湿，适宜生
长温度在7~18℃，对
光照要求不高，喜富含
有机质的沙壤土，并喜欢排水条
件好的环境。

**特征识别：**茎有疏短毛，中
上部多分枝。叶为一回或二回羽
状深裂，裂片细，茎下部的叶有
柄。花单生枝顶，花萼淡蓝色，
形如花瓣，呈椭圆状卵形，基部
逐渐变窄成爪；二唇形花冠，雄
蕊多数，在花药处钝或微渐尖；
蓇葖果膨胀，内有黑色呈扁三棱
形的种子。

**繁殖方式：**块根栽培可选择
在9月上中旬进行。太早则块根
会因高温腐烂，太晚则不利于
植株的生长，影响黑种草在来
年春天开花。

**植物养护：**①土壤。宜选用
肥沃疏松的沙质土。②光照。

喜阳光充足，宜种植在阳光充足
的地方。③浇水。秋、冬季节可
3~7天浇水一次，需浇透，并视
土壤的干燥情况决定浇水的频
率。④施肥。结果期间，需追施
1次尿素肥。

种子数量很多，为
黑色的扁三棱形

**资源分布：**原产于地中海、北非，我国北部地区有栽培 | **常见花色：**蓝色 | **盛花期：**6~7月
**植物文化：**花语为梦幻爱情

# 合欢 *Albizia julibrissin*

又称夜合欢、夜合树、绒花树 / 落叶乔木植物 /
豆科、合欢属

　　合欢花在我国是吉祥之花，人们认为其有
消除烦恼的意思。合欢的树形优美、雅致，
树冠开阔，昼开夜合，十分奇特；入夏绿
荫清幽，粉红色的绒花吐艳，有色有香，
给人轻柔舒畅的感觉。

头状花序在枝顶排成圆锥花序

叶为二回羽状复叶，
小叶线形至长圆形

花萼、花冠外
均有短柔毛

**特征识别：** 小枝有棱角，嫩
枝、花序和叶轴上均有毛。二回
羽状复叶，线形至长圆形的小叶
10~30对，向上偏斜，先端有小
尖头，有缘毛，有时在下面或仅
中脉上有短柔毛。头状花序在枝
顶排成圆锥花序；红色花粉；管
状花萼长3毫米；花冠长8毫米，
三角形裂片长1.5毫米，花萼、
花冠外均有短柔毛；花丝长2.5
厘米。带状荚果，嫩荚有柔毛，
老荚则无毛。

**生长环境：** 喜温暖湿润和阳
光充足的环境，对气候和土壤适应
性强；耐寒，耐旱，耐土壤瘠薄及
轻度盐碱，对二氧化硫、氯化氢等
有害气体有较强的耐受性。

荚果带状，为黑褐色，
内含种子多粒

**繁殖方式：**
可用种子繁殖，
一般在春季将种
子进行适当浸泡后
便能播种。也可以通过扦插的方
式来繁殖，剪取一年生的半木质
化枝条，去除底部叶片后即可作
为种条进行繁殖。

**植物养护：** ①土壤。对土
壤要求不高，但忌黏质土，宜使
用肥沃且排水性好的土壤。②阳
光。生长期要保证有足够的光
照，夏季阳光强烈时可进行遮
阴保护。③水分。耐旱性强，一
般是见干见湿，每次浇透，但应
注意排水，以避免根部腐烂。

**植株对比：** 金合欢树的树干
上面分布着很多刺，颜色呈现灰
褐色；合欢树的树干上没有刺，
颜色较深。金合欢树叶片对称向
外生长，到了夜间会相互成对地
合起来；长出叶片的时间偏晚，
在开花之后才长叶。合欢树一般
有10~30对小叶，形状为线形或
长圆形，边缘分布有小毛，叶片
长出时间在花朵开放之前。金合
欢树花朵颜色为黄色；合欢树花
朵颜色为白色或粉红色。

**资源分布：** 我国东北、华南、西南地区，非洲、中亚、东亚、北美 | **常见花色：** 粉红色、白色
**盛花期：** 6~7月 | **植物文化：** 花语为团圆

# 杓兰
*Cypripedium calceolus*

又称女神之花 / 多年生草本植物 /
兰科，杓兰属

杓兰和所有的兰花一样，以高洁、清雅、幽香而著称，叶姿优美，花香幽远。其形象和气质已成为美好事物的象征，具有较高的园艺价值。

花序顶生，有花 1~2 朵

椭圆形或卵状椭圆形的叶子，偶尔也呈卵状披针形

茎直立生长，有腺毛

**特征识别：** 植株高20~45厘米，具较粗壮的根状茎。茎直立，有腺毛，基部有数枚鞘，近中部以上有3~4片叶片，呈椭圆形或卵状椭圆形，偶有卵状披针形，先端急尖或短渐尖。花序顶生，有花1~2朵，萼片和花瓣为栗色或紫红色，但唇瓣为黄色；线形或线状披针形的花瓣，长3~5厘米、宽4~6毫米，呈扭转状，内表面基部与背面脉上有短柔毛；唇瓣呈深囊状椭圆形。

**生长环境：** 生长于海拔500~1000米的林下、林缘、灌木丛中或林间草地上。性喜阴凉、湿润的环境，忌阳光直射，忌干燥；喜含腐殖质较多的山土、微酸性的松土或含铁质的土壤，pH 值以 5.5~6.5 最为适宜。

**繁殖方式：** 多用分株法来繁殖，通常在春、秋两季进行分株。分株繁殖后也要注意不能多浇水，也不能被强光直射。

**植物养护：** ①温度。比较适宜的生长温度是15~30℃，最高不要超过35℃，最低不要低于5℃。②浇水。杓兰喜水，正常生长期可以每天浇水1次，需要保证不出现积水，夏季可早晚各浇1次水。③光照。喜阴，可日常接受散光照射，避免阳光直射。④施肥。喜淡肥，需要将肥料稀释后再使用。

**植株对比：** 杓兰为粗厚的根状茎，茎中部长叶；而兜兰没有假鳞茎和根状茎，长有棕色绵毛的须根从叶基处长出。杓兰株叶有3~4片，斜立生长，呈椭圆形或卵状披针形，薄革质叶片，比兜兰的叶子略宽、略短；兜兰的株叶有5~9片，为软垂叶态，叶片较厚，呈带状椭圆形。杓兰犹如勺子，兜较小；而兜兰唇瓣如口袋，状如拖鞋，也就是说兜兰的花朵比杓兰大。杓兰的花色相对较少；而兜兰花色繁多。

深囊状、椭圆形的唇瓣

混色花，多有斑点或条纹

**资源分布：** 中国、日本、朝鲜半岛、欧洲 | **常见花色：** 白色、紫红色、绿色 | **盛花期：** 6~7月
**植物文化：** 花语为天真无邪

# 鹿蹄草 *Pyrola calliantha*

又称鹿寿草、破血丹、鹿含草 / 多年生常绿草本植物 /
杜鹃花科、鹿蹄草属

白色花，密生，
稍向下垂

细长的茎直立，
有分枝

　　相传鹿蹄草是上天赐予人间的圣草，它不仅气质高雅，形态宜人，还是一种很好的药材。鹿蹄草开白色微带淡红色的花朵，花冠伸展而又微微地向下低垂，花朵圆润秀丽，一串串犹如珍珠，十分惹人喜爱。鹿蹄草全草可供药用，作收敛剂；民间用作补药，可治虚痨、止咳，还能强筋健骨。

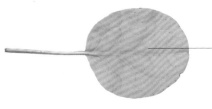

叶椭圆形或圆卵形，
也有少数近圆形

革质叶

**特征识别：**根茎细长，有分枝。革质叶基生，叶片呈椭圆形或圆卵形，少部分为近圆形。总状花序，密集排列在花葶上，下垂且略带倾斜；花冠较大，为白色，有时稍带淡红色；腋间有长舌形苞片，萼片舌形；花瓣倒卵状椭圆形或倒卵形，花丝无毛，花药为黄色。蒴果为直径7.5~9毫米的扁球形。

**生长环境：**
多生长在海拔
700~4100
米的山地针叶
林、针阔叶混交林或
阔叶林下。

**繁殖方式：**常用播种和分株的方式繁殖。其中，分株繁殖需在每年的9~10月进行。

**植株对比：**西藏鹿蹄草与原

株鹿蹄草相比，前者的花葶带紫红色，花为淡红色，萼片为宽披针形；多分布于我国四川西部、云南西北部及西藏东部和南部。兴安鹿蹄草与原株鹿蹄草相比，前者的叶为近圆形或广卵形，苞片和萼片同为舌形或卵状披针形。

花瓣呈倒卵状椭
圆形或倒卵形

**资源分布：**我国大部分地区 | **常见花色：**白色 | **盛花期：**6~7月 | **植物文化：**花语为和谐

# 波斯菊 *Cosmos bipinnatus*

又称秋英、大波斯菊 / 一年生或多年生草本植物 /
菊科、秋英属

顶生单花，颜色丰富

波斯菊原产于墨西哥，喜光，耐贫瘠，适应能力很强，园艺品种也十分丰富，有早花型和晚花型两大类，还有单瓣、重瓣之分。波斯菊的花期很长，可以从夏天一直开至深秋。波斯菊的株形略高大，叶形雅致，花色丰富，种植成本低，可粗放管理，很适合在草地边缘、树丛周围及路旁成片栽植。

茎直立，很少有分枝

叶片为二次羽状深裂，裂片为线形或丝状线形

花柱有短突尖的附器

**特征识别：**茎直立，不分枝或有少量分枝，无毛或有少量柔毛。叶为二次羽状深裂，裂片为线形或丝状线形。头状花序单生，有很长的花絮梗；总苞片外层为淡绿色、近革质的披针形或线状披针形，上有深紫色条纹。舌状花紫红色，粉红色或白色，舌片椭圆状倒卵形，先端有3~5个钝齿；管状花黄色，管部短，上部圆柱形，有披针状裂片；花柱有短突尖的附器。黑紫色瘦果长，无毛，上端有长喙，有

2~3个尖刺。

**生长环境：**波斯菊是喜光植物，耐贫瘠土壤，忌施重肥，忌炎热，忌积水，对夏季高温不适应，不耐寒。需疏松肥沃和排水性良好的壤土。

**繁殖方式：**多采用播种的方式繁殖。通常在3~4月进行，出幼苗时需注意摘心。夏天繁殖多采用扦插的方式。

**植物养护：**①光照。喜阳光，且不耐炎热，可进行短日照养护。②水分。喜水，干旱时可

每天浇水2~3次，平日可1~2天浇1次水。③施肥。生长旺盛期，可每隔10天施加1次稀释的肥水。

**植株对比：**藏语中，格桑花是高原上生命力最顽强的野花的代名词，并不特指某一类植物，如波斯菊、翠菊、高山杜鹃、金露梅等。也就是说，波斯菊可以是格桑花，但是格桑花并不一定指波斯菊。

舌状花瓣呈椭圆状倒卵形，先端有3~5个钝齿

成片种植的波斯菊，十分美丽

重瓣波斯菊

**资源分布：**原产于墨西哥，现我国栽培甚广 | **常见花色：**红色、白色、黄色、粉色、紫色
**盛花期：**6~8月 | **植物文化：**花语为怜惜眼前人

## 鉴别

### 白花波斯菊

单瓣的早花型波斯菊，花朵为纯白色，花蕊呈清新的米黄色，花朵一般有5~6瓣花瓣，亭亭玉立，美不胜收。

### 紫红花波斯菊

重瓣的晚花型波斯菊，花朵是紫红色，花瓣重重叠叠，紫红色的花十分诱人。

### 大花波斯菊

花朵直径可以达到10厘米左右，绚丽夺目。

### 八瓣波斯菊

又称八瓣梅，花朵直径3~6厘米；舌状花紫红色，粉红色或白色；舌片呈椭圆状倒卵形。

### 贝壳波斯菊

管状花冠，管部短，上部圆柱形，有披针状裂片；花柱有短突尖的附器。

# 牛蒡 *Arctium lappa*

又称大力子、恶实、牛蒡子 / 二年生草本植物 /
菊科、牛蒡属

　　牛蒡喜温暖气候，有一定的耐热性，也较耐寒。
冬季地上部分的枝叶会枯死，但是直根有很强的耐寒
性，在-20℃的低温下可越冬，到翌年春季会继续
萌芽生长。牛蒡的肉质根可长到15厘米左右，根
系十分发达，内含有人体所必需的多种氨基酸和
钙、镁、钠等矿物质，是知名的药食两用的植物。

紫红色的小花
生在枝茎顶端

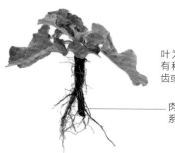

叶为宽卵形，边缘
有稀疏的浅波状凹
齿或齿尖

肉质根根
系发达

叶片的上面是绿色，下
面为灰白色或淡绿色

分枝多且斜向生长

　　**特征识别：**有粗大的肉质直
根和分枝根。茎直立，高可达2
米，多数分枝斜生，全部茎枝上有
稀疏的乳突状短毛和长蛛丝毛，
并混杂有棕黄色的小腺点。宽卵
形的基生叶边缘有稀疏的浅波状
凹齿或齿尖，基部心形，叶柄长
可达32厘米，上叶面绿色，有稀
疏的短糙毛和黄色小腺点，下叶面
灰白色或淡绿色。头状花序在茎
枝顶端排成伞房花序或圆锥状伞
房花序，有粗壮的花序梗；卵形或
卵球形的总苞，苞片多层；小花
紫红色。浅褐色瘦果为倒长卵形
或偏斜倒长卵形，两侧压扁。

　　**生长环境：**喜温暖气候，既
耐热又较耐寒。植株生长的适温
为20~25℃，直根耐寒性强，可
越冬。

　　**繁殖方式：**牛蒡用种子繁
殖，一般以直播为主。播种前将种
子放在温水中，加入新高脂膜浸
泡，这样可提高种子的发芽率。

　　**植物养护与采收：**①土壤。
以肥沃、质地疏松、排水性良
好、pH值为6.5~7.5的沙壤土
为宜。②施肥。需肥量较大，种
植前应施足底肥，定苗后需再追
施1次。③采收。通常于10月初
进行肉质根的采集，过晚会出现
根部空心。

　　**植株对比：**大蓟与牛蒡的
花都是紫红色，形态相似，但是
茎、叶有着很大的区别。大蓟的
茎上长有细纵纹，而牛蒡茎上没
有纵纹，但是有稀疏的乳突状短
毛和长蛛丝毛，并混杂有棕黄色
的小腺点。大蓟的叶子形状是披
针形或倒卵状披针形，羽状深
裂，边缘齿状，齿端具针刺；牛
蒡的叶片则为长椭圆形、披针形
或披针状椭圆形，羽状浅裂，边
缘有稀疏的浅波状凹齿或齿尖。

果为浅褐色

**资源分布：**中国、日本、韩国 | **常见花色：**紫红色 | **盛花期：**6~8月

# 麦仙翁 *Agrostemma githago*

又称麦毒草 / 一年生草本植物 /
石竹科、麦仙翁属

　　麦仙翁生长适应性很强，有一定的自繁能力，植株分布广泛，遍布世界各地。麦仙翁在夏季开花，淡紫色的花瓣上有白色的狭楔形爪，两相映衬，十分美丽。麦仙翁全株均可入药，可调理百日咳等症。但它的茎、叶和种子有毒，误食后会使人产生腹痛和呕吐等症状，不可擅自用药，须谨遵医嘱。

长椭圆状卵形的花萼

叶包茎，为线形或线状披针形

　　**特征识别**：麦仙翁为一年生草本植物，高 60~90 厘米，全株密被白色长硬毛。直立茎单生，少有分枝。叶片于基部微合呈抱茎状，线形或线状披针形，顶端渐尖，叶中脉明显。花单生，直径约3厘米，花梗较长；长椭圆状卵形的花萼，后期微膨大；花瓣紫红色，比花萼短，有白色的狭楔形爪，无毛，倒卵形瓣片有微凹缺；花丝无毛；花柱外露，上有长毛。卵形蒴果，内有黑色种子呈不规则卵形或圆肾形，有棘突。

　　**生长环境**：多生长于麦田中或路旁草地，为田间杂草，夏季开花，适应性很强，能自播繁殖，生长旺盛。

　　**繁殖方式**：麦仙翁采用播种的方式进行繁殖，一般在早春季节进行播种。

　　**植物养护**：①土壤。对土壤要求不高，在含有腐叶的腐土和透气性好的土壤中长势最好。②光照。喜阳光充足的生长环境，可全天接受光照。③温度。适宜生长温度在15~35℃，冬季温度以10℃左右为佳。④浇水。较耐旱，平时只需保持土壤潮湿即可，夏季需要增加浇水次数。⑤施肥。每隔10~15天施1次肥水，开花及花后追施含有磷和钾元素的花肥。

　　**植株对比**：红花酢浆草是多年生直立草本植物，地上没有茎部，所以叶片基生，叶柄偏长，叶柄长达5~30厘米或者更长。红花酢浆草花下的萼片偏长，长4~7毫米，花瓣颜色为淡紫色到紫红色。

花瓣紫红色，比花萼短，倒卵形瓣片有微凹缺

花单生，直径约 3 厘米

**资源分布**：欧洲、亚洲、非洲北部和北美洲 | **常见花色**：淡紫色 | **盛花期**：6-8月
**植物文化**：花语为喜爱自然

# 蜀葵 *Alcea rosea*

又称一丈红、大麦熟 / 二年生直立草本植物 / 锦葵科、蜀葵属

　　蜀葵原产于我国四川，性喜阳光充足的生长环境，在我国大部分地区广泛种植。植株高大秀丽，花色鲜艳，适合种在院落、路侧，形成花团锦簇的绿篱或花墙，十分赏心悦目。

　　蜀葵的嫩叶及花可食，皮为优质纤维，全株入药，有清热解毒、镇咳利尿之功效。根可作润滑药，多用于黏膜炎症，起保护黏膜的作用。从蜀葵花中提取的花青素，是天然的食品着色剂。可以说，蜀葵全身都是宝。

花单生于叶腋或茎顶端

互生叶

直立生长的茎上有密集的刺毛

**特征识别：** 植株高达2米左右。茎直立，不分枝，有密集的刺毛。叶互生，近圆心形，有掌状5~7浅裂或波状棱角，裂片为三角形或圆形；叶柄较长；托叶呈卵形，先端有3尖。总状花序，单生或近簇生于叶腋；苞片叶状，小苞片为杯状，有6~7裂，裂片为卵状披针形；钟状花萼5齿裂，裂片为卵状三角形；花形较大，有单瓣或重瓣，倒卵状三角形花瓣的先端有凹缺。盘状果，有多数近圆形的分果片。

**生长环境：** 喜阳光充足的生长环境，又可耐半阴，忌涝；耐盐碱能力强，在含盐0.6%的土壤中仍能生长；耐寒冷，在华北地区可以安全露地越冬；喜疏松肥沃、排水性良好、富含有机质的沙质土壤。

**繁殖方式：**
多采用播种的方式进行繁殖，南方宜在秋季播种，北方则以春季播种为主。

**植物养护：** ①温度。适宜生长温度为25~30℃，夜间温度不可低于14℃。②土壤。以疏松肥沃、排水性良好，富含有机质的沙质土壤为佳。③光照。喜阳光充足的环境，且耐半阴，夏季需要适当遮阴。④水分。保持土壤湿润即可，开花期要适当增加浇水量。⑤施肥。生长期施1~2次以氮钾肥为主的液肥，花蕾形成后再施1~2次以磷钾肥为主的液肥。

**植株对比：** 黄蜀葵与蜀葵都

属于锦葵科，但黄蜀葵是秋葵属，而蜀葵是蜀葵属。黄蜀葵的叶子裂口比较多，叶柄要比蜀葵长；相较之下，蜀葵的叶子裂口少，叶柄要比前者短。黄蜀葵的花色为淡黄色，里面是紫色的，花朵较大，花朵直径大约12厘米；蜀葵的花朵颜色很多，花形前者比小一些，直径6~10厘米。

叶片近圆心形，边缘有掌状浅裂或波状棱角

花瓣为倒卵状三角形，先端有凹缺

**资源分布：** 世界各国均有栽培 | **常见花色：** 红色、粉红色、紫色、白色 | **盛花期：** 6~8月
**植物文化：** 花语为梦

# 毛蕊花 *Verbascum thapsus*

又称牛耳草、大毛叶 / 二年生草本植物 /
玄参科、毛蕊花属

　　毛蕊花有很好的耐寒性，生长健壮，对土壤要求不高，植株高大，穗状花序上密集开放着数朵黄色小花，极富观赏性。此外，毛蕊花还具有较高的药用价值，其性寒，味辛、苦，入药用时有清热解毒的功效，可用于辅助调理肺炎和慢性阑尾炎。注意，有小毒，使用时需谨慎。

花梗极短

花冠为黄色

穗状花序，由数朵小花簇生在一起

茎生叶倒披针状矩圆形，边缘具浅圆齿

全株有密而厚的浅灰黄色星状毛

逐渐变小的上部茎生叶为矩圆形至卵状矩圆形

　　**特征识别：**株高1.5米左右，全株有密集而稍厚的浅灰黄色星状毛。基生叶和下部的茎生叶倒披针状矩圆形，基部渐狭成短柄状，边缘具浅圆齿；上部茎生叶逐渐缩小，渐成矩圆形至卵状矩圆形，基部下延成狭翅。穗状花序，数朵花密集簇生成圆柱状，花梗很短；花萼裂片为披针形；黄色花冠；雄蕊5枚，后方3枚花丝有毛，前方2枚花丝无毛；花药基部下延"个"字形。

　　**生长环境：**生长于海拔1400~3200米的山坡草地、河岸草地。耐寒，喜排水性良好的碱性土壤，忌炎热、多雨气候和冷湿、黏重的土壤。

　　**繁殖方式：**主要采用播种的方式来繁殖，一般于初秋播种，翌年开花。

　　**植物变株：**紫毛蕊花株高约1.2米，全株有腺毛。叶基生，卵形或长椭圆偏菱形，边缘有粗圆齿至浅波状，无毛或有微毛。花单生，总状花序；花冠紫色，直径约2.5厘米；有雄蕊5枚；花丝有紫色绵毛；花药为肾形。

**资源分布：**我国新疆、西藏、云南、四川等地 | **常见花色：**黄色 | **盛花期：**6~8月 | **植物文化：**花语为信念

# 景天三七 *Phedimus aizoon*

又称土三七、费菜、旱三七 / 多年生草本植物 /
景天科，费菜属

景天三七的株丛茂密，枝翠叶绿，花黄色，适应性强，耐寒，耐旱，对土壤要求不高，适宜用于城市中一些条件较差的裸露地面作绿化覆盖。景天三七还是一种口感优良的保健蔬菜，含有丰富的蛋白质、碳水化合物、脂肪、多种维生素和有机酸等营养成分。景天三七全株可入药，有止血、止痛和散瘀消肿的功效。

黄色花，共有5瓣花瓣

广卵形至倒披针形的叶子，边缘有细齿或近全缘

**特征识别：** 多年生肉质草本植物，粗厚的根状茎近木质化，粗茎高达50厘米左右，直立且不分枝。叶近革质，互生或近乎对生，呈广卵形至倒披针形，边缘有细齿或近全缘，叶片表面光滑或略带乳头状粗糙。数花顶生呈聚伞状，近乎无柄；肉质萼片长短不一，共5片，呈线形至披针形；花瓣黄色。

**生长环境：** 多生长于山地林缘、灌木丛中，河岸草丛也常见；阳生植物，喜温暖、湿润的气候，稍耐阴，耐寒，耐干旱瘠薄，对土壤要求不高，在山坡岩石上和荒地上均能生长。

**繁殖方式：** 常用分株、扦插及播种的方式繁殖。分株繁殖于春季发芽前或秋季进行；扦插繁殖宜在生长季进行；播种繁殖多用于培育新品种，不适合家庭种植。

**植物养护：** ①光照。喜光的植物，需要足够光照才能正常生长。②水分。喜欢相对湿润的生长环境，耐旱而不耐涝，日常浇水时保持土壤湿润即可。③土壤。以腐殖质含量高的沙壤土为佳。④温度。适宜生长温度为15~20℃。

**植物变株：** 八宝景天叶片为长圆形至卵状长圆形，互生或轮生，长8~10厘米，宽2~3.5厘米，先端急尖，基部逐渐变狭，边缘有锯齿，近无柄；景天三七叶片为广卵形至倒披针形，互生或近对生，长5~8厘米，先端稍尖，边缘有较细的锯齿，近全缘。也就是说，八宝景天的叶子看起来更大、更圆，植株也比景天三七粗壮。

长短不一的肉质萼片

叶片表面光滑或略带乳头状粗糙

**资源分布：** 我国大部分地区，俄罗斯、日本、朝鲜 | **常见花色：** 黄色 | **盛花期：** 6~7月

# 花葱 *Polemonium caeruleum*

又称电灯花、灯音花儿 / 多年生草本植物 /
花葱科、花葱属

花葱在初夏绽放，淡紫蓝色的小花，消减了夏季的炎热感，优雅而清爽，也带给人们心理上的一丝清凉之感，是炎炎夏日中十分难得的观赏植物。花葱还有很好的药用价值，入药有祛痰、止血、镇静之功效；可用于辅助调理慢性支气管炎、胃溃疡出血、咳血等症。

**特征识别：** 株高30~50厘米。基生叶有长柄；茎生叶互生，为单数羽状复叶，有小叶11~21片，卵状披针形，全缘。聚伞圆锥花序顶生或在上部叶腋生；花梗长3~10毫米；花萼为钟状，裂片为长卵形、长圆形或卵状披针形，顶端锐尖或钝头；钟状花冠为紫蓝色，裂片为倒卵形；花药为卵圆形；花丝基部簇生黄白色柔毛；子房球形，柱头稍伸出花冠之外。蒴果卵形。

**生长环境：** 生于山坡草丛、山谷疏林、路边灌丛及溪流湿地，喜温暖湿润的生长环境，有一定的耐寒性与耐湿性。

**繁殖方式：** 多采用播种的方式进行繁殖。一般在4月进行播种，播种前先用清水选种，除去空瘪的种子，然后用水浸泡12小时后再进行播种。

**植物养护：** ①水分。可粗放管理，生长期浇透4次水即可。②施肥。6月中下旬的花期追肥1次。③土壤。对土壤要求不高，宜选疏松肥沃、排水性良好、富含有机质的沙质土壤。

**植株对比：** 花葱又称电灯花，与墨西哥电灯花同科不同属。墨西哥电灯花是电灯花属，而花葱则为花葱属，两者的植株形态大有不同。墨西哥电灯花是缠绕草本植物，有藤蔓茎，缠绕生长；而花葱是草本植物，茎直立向上生长。墨西哥电灯花的叶片为椭圆形或长圆形，花葱则是卵状披针形叶片。墨西哥电灯花为钟状花冠，呈紫色或黄绿色；花葱也是钟状花冠，但颜色是紫蓝色。

茎生叶互生，有小叶11~21片

单数羽状复叶，为卵状披针形，全缘

茎直立向上生长，稍有分枝

花冠紫蓝色，钟状，裂片呈倒卵形

**资源分布：** 欧洲的温带地区、亚洲、北美洲 | **常见花色：** 紫蓝色 | **盛花期：** 6月

# 薰衣草 *Lavandula angustifolia*

又称香水植物、灵香草、香草 | 小灌木植物 |
唇形科、薰衣草属

薰衣草是一种矮灌木，有极好的耐寒性，属多年生花卉。薰衣草的植株低矮，全株四季都呈灰紫色，花朵优美典雅，蓝紫色的花序颀长秀丽，略带淡淡的甜香，是一种既能观赏，又能净化空气，还能辅助调理疾病的多功能植物。

有6~10朵花排列成穗状花序

簇生叶，呈线形或披针状线形，全缘而外卷

直立且多分枝，全株有灰色星状茸毛

叶子干时为灰白色或橄榄绿色

**特征识别：** 茎直立且多分枝，全株有灰色星状茸毛。叶簇生，呈线形或披针状线形，有或疏或密的灰色星状茸毛，干时呈灰白色或橄榄绿色，全缘而外卷；轮伞花序有花6~10朵，在枝顶聚集成间断或近连续的穗状花序；苞片菱状卵形，小苞片不明显；蓝色花有短梗；花冠有13条脉纹；花萼为卵状管形或近管形；花丝扁平，无毛；花柱在先端压扁，呈卵圆形；花盘4浅裂，裂片与子房裂片对生。

**生长环境：** 薰衣草的适应性很强，成年的植株既耐高温，又耐低温。喜干燥，需水不多，根系发达，喜土层深厚、疏松、透气良好而富含硅钙质的肥沃土壤。

**繁殖方式：** 主要用扦插或播种的方法繁殖。扦插与播种都可以在春、秋两季进行。

**植物养护：** ①土壤。推荐使用中性或弱碱性的土壤。②光照。除了夏天需要适当遮阴，其他季节尽量保证充足的光照。③水分。喜干燥环境，怕涝，土壤表面发干之后再浇水，需浇透，但不要有积水。④温度。适宜生长温度在20℃左右，最低不

能低于10℃。

**植株对比：** 迷迭香叶子有光泽，较硬，正面绿，反面灰白；薰衣草叶子没光泽，比迷迭香略软，正反面为同一色。薰衣草花色为蓝紫色，花序为穗状花序；迷迭香花色为淡蓝色。迷迭香可做香薰，有增强记忆力、提神醒脑、促进血液循环等功能；薰衣草则可入药，有健胃、发汗、止痛等功效，也可做成香包，放进衣柜以防虫蛀，或是放在枕边净化空气。

蓝紫色小花，有短梗　　卵状管形或近管形的花萼

薰衣草精油有安神、美容养颜的功效

**资源分布：** 地中海沿岸、大洋洲、我国新疆地区 | **常见花色：** 蓝紫色 | **盛花期：** 6~7月
**植物文化：** 花语为等待爱情

# 六出花 *Alstroemeria hybrida*

又称水仙百合、智利百合、秘鲁百合 /
多年生草本植物 / 六出花科、六出花属

六出花喜温暖湿润和阳光充足的生长
环境，原产于南美智利、秘鲁，故有
"智利百合""秘鲁百合"之称。
六出花还因花朵形似水仙花，茎和
叶子像百合花，又被称作"水仙百
合"。但是比起水仙，它的花瓣宽
而舒展，色泽亮丽丰富，花瓣上有
美丽的斑纹，花朵姿态高挑优美，既适合作盆
栽观赏，又是很好的切花花卉。

伞状花序

草绿色的叶子，
叶脉十分清晰

茎直立，光滑无毛

**特征识别：** 多年生草本植
物，植株高60~120厘米。叶呈
披针形，有短柄或无柄，全缘。
伞形花序，有花10~30朵，花被
片橙黄色、水红色等，内轮有紫
色或红色条纹及斑点。

**生长环境：** 喜温暖、湿润和
阳光充足的环境。忌炎热，耐半
阴，稍耐寒，最低可耐-10℃左
右的低温。

**植物养护：** ①土壤。选择
疏松、肥沃且排水性良好的微酸
性土壤，可将腐叶土或泥炭土和
园土、粗沙混合使用。②光照。
生长期需要充足的光照，夏季阳
光过于强烈时可进行遮阴。③温
度。适宜生长温度在15~25℃，

最低温度不低于10℃。④水分。
喜湿润，生长期需要有充足的水
分，冬季休眠期要控制水分，湿
度不能过高。⑤施肥。定植时施
足基肥，生长期追施氮肥，花期
则需要追施钾肥。

**鲜切花养护：** 六出花的插
花要定期换水，春、秋、冬季可
3~4天换水1次；夏季温度高，
要1~2天换水1次。每次换水时
都要清洗容器，修剪花枝底部，
以免腐烂。平时要放在有散光的
地方，避免强光直射，否则会令
花期缩短。适宜的温度为20℃左
右，最高不要超过30℃，最低不
要低于5℃。

**植株对比：** 六出花的叶子呈

披针形，有短柄或无柄，全缘、
草绿色；而百合的叶子为狭线
形，颜色比前者更深，摸起来更
厚实，叶形也更大。百合花的
花形比较大，颜色以白色、粉色
为主，只有花蕊是黄色的；而六
出花的花形较小，花被片为橙黄
色、水红色等，内轮有紫色或红
色条纹及斑点。

花被内轮有斑纹

10~30 朵簇生于枝顶

不同颜色的六出花

**资源分布：** 智利、秘鲁、巴西、阿根廷，我国南方地区 | **常见花色：** 黄色、橙色、橙红色
**盛花期：** 6~7月 | **植物文化：** 花语为喜悦、期待相逢

# 睡莲 *Nymphaea tetragona*

又称子午莲、粉色睡莲、野生睡莲 / 多年生水生草本植物 /
睡莲科、睡莲属

　　睡莲喜阳光充足、通风良好的生长环境，有晨开暮合的特性。睡莲于每年3~4月萌发长叶，5~8月陆续开花，每朵花开2~5天，10~11月茎叶枯萎，翌年春季又重新萌发。睡莲圆圆的叶片浮在水面，花色秀丽，形态优雅，一花一叶都极富意境之美，是一种南北皆宜的观赏型水生花卉。睡莲的根状茎可食用或酿酒，还能入药，可辅助调理小儿慢惊风。此外，睡莲对重金属有很强的吸附性，有净化水质的作用。

花朵浮于或挺出水面

浮水叶呈圆形、椭圆形或卵形，基部深裂成马蹄形或心形

叶子通常有一缺口

**特征识别：** 多年生浮叶型水生草本植物，根状茎肥厚，直立或匍匐生长。浮水叶为圆形、椭圆形或卵形，先端钝圆，基部深裂成马蹄形或心形，叶缘波状，全缘或有齿；沉水叶为薄膜质，较柔弱。花单生，浮于或挺出水面；花萼4片；雄蕊多。果实倒卵形，长约3厘米。

**生长环境：** 喜阳光充足、通风良好的环境。对土壤要求不高，喜富含有机质的土壤，pH值为6~8均可正常生长，适宜水深为25~30厘米。

**繁殖方式：** 分株与播种繁殖均可。分株繁殖的时间要根据睡莲的品种进行调整，耐寒的品种可在早春发芽前进行，不耐寒的品种对气温和水温的要求高，要到5月中旬前后才能进行。播种的时间为每年的3~4月。

**鲜切花养护：** ①时间与容器。睡莲插花的最佳时节是春季，最好选择深口型花瓶。②切花处理。先将花梗从底部剪断，再向里面加入清水，用棉花等物品堵住，最后去掉花朵外层的绿皮。③水位高度。将注水高度控制在花瓶的三分之二处，睡莲插入后，根部不要触碰花瓶底部。④日常养护。要勤换水，可每隔3~4天换1次；睡莲的生长需要有足够的阳光，这样有益于睡莲吸收养分，使它生长得更好。

**盆栽养护：** ①土壤。盆土选择富含腐殖质的河泥或稻田泥。②水位。最初水面只能略高出土面，待叶柄伸长后再增加水的深度；适宜水深为25~30厘米，不要超过1米。③施肥。在入盆前用饼肥或鱼肥作底肥，之后每隔30~40天追肥1次。

**植株对比：** 荷花茎的支撑点在叶片的中间，叶片为圆形，有浮水叶和立叶；而睡莲叶片一侧有缺口，茎的支撑点位于缺口一侧，有浮水叶和沉水叶。荷花的花瓣近乎圆形，叶片集中，小巧而灵动；睡莲花瓣长而窄，花朵也稍微大一点。

有长而窄的花瓣

花色多样

**资源分布：** 中国、俄罗斯、朝鲜、日本、印度、越南、美国 | **常见花色：** 红色、粉红色、蓝色、紫色、白色
**盛花期：** 6~8月 | **植物文化：** 花语为洁净、纯真

## 鉴别

### 白睡莲

又名欧洲白睡莲；原产自埃及尼罗河，花朵直径20~25厘米，大花型，挺水开放；花色白，花瓣20~25瓣，长卵形，端部圆钝；花期为6~8月，果期为8~10月。

### 黄睡莲

花朵直径10~14厘米，中花型，花开浮水或稍出水面；花色鲜黄，花瓣24~30瓣，卵状椭圆形；雄蕊鲜黄色，60~90枚；是极具观赏价值的种类。

### 红睡莲

原产自印度、孟加拉国一带，花朵直径20厘米左右，大花型，挺水开放；花色桃红，花瓣20~25瓣，长卵形；较耐寒，喜通风良好、有树荫的池塘。入药有清热解毒、收敛止泻之效，常用于辅助调理肺结核、腹泻、肝胆病、痔疮等病症。

### 紫色睡莲

又称星形睡莲或延药睡莲，原产自印度及东南亚，花朵直径15~18厘米，大花型，挺水开放，花开呈星状，有香气。花瓣15~18瓣，顶端尖锐，深蓝色，中下部淡蓝色，萼片背面有墨紫色斑点。叶面绿色有紫斑，叶背有深紫色斑点，叶缘全缘。

### 星花睡莲

又称印度蓝睡莲。用块茎繁殖，叶大，圆形或椭圆形，边缘具不规则齿裂，叶背粉红或蓝堇色，叶脉绿色明显；花美丽，有微香，花瓣淡蓝色，星状放射，有时开白花，开花时离开水面；花瓣先端尖，中部蓝色逐渐向基部变淡，雄蕊金黄色，花萼上有黑色小斑点。

# 绣球 *Hydrangea macrophylla*

又称八仙花、粉团花、草绣球 /
灌木植物 / 绣球花科、绣球属

伞房状聚伞花
序，近球形

叶片呈倒卵形
或阔椭圆形

绣球喜欢温暖、湿润的半阴环境，花形丰满，大而美丽，其花色有红有蓝，悦目怡神，是原产于日本和我国四川的观赏花木，在明清时代建造的江南园林中大都栽有绣球。如今，绣球切花更是切花界的新宠，深得爱花之人的垂青。绣球花用水煎洗或磨汁涂，可辅助调理肾囊风。虽有一定的药效，但绣球是不可食用的，误食后会令人腹痛，导致呕吐甚至昏迷。

纸质或近革质的叶片，
叶脉十分清晰

茎为紫灰色至
淡灰色，无毛

**特征识别：** 高1~4米；茎从基部开始呈放射状分枝，形成一个圆形灌丛；枝圆柱形，紫灰色至淡灰色，无毛，有少数长形皮孔。纸质或近革质的叶片，呈倒卵形或阔椭圆形，先端骤尖。伞房状聚伞花序，近球形，有短的总花梗，花密集，花瓣长圆形，花色丰富。

**生长环境：** 喜温暖、湿润和半阴的环境。

**鲜切花养护：** 要剪掉浸入保鲜管的部分，避开叶芽处，选在两节中间进行修剪，花茎不要留太长，根部按45度角斜剪后再开十字，并适当挖出一部分茎内的白色海绵体。尽可能多地去除叶片，并选择高水位插花，这样可以使花瓣得到充足的水分，延长花朵的观赏期。如果遇到绣球花脱水的情况，可将其整枝浸泡于水中，做应急补水处理；日常养护时还可以向花朵表面喷水，也能达到补水的效果。

**盆栽养护：** ①水分。盆栽绣球保持土壤湿润，但浇水不宜过多，土壤表面微干时浇水即可，浇水之后要注意排水。冬季室内盆栽绣球以稍干燥为好。②光照。绣球为短日照植物，平时要避开烈日照射，以60%~70%遮阴最为理想。③温度。生长适温为18~28℃，冬季温度不低于5℃。④土壤。以疏松、肥沃和排水性良好的沙质壤土为好。

**植株对比：** 绣球是灌木植物，枝茎呈放射状分枝并形成一个圆形灌丛，株形比美女樱要高；美女樱是草本植物，植株多呈匍匐状生长，株形较矮。绣球的叶片呈倒卵形或阔椭圆形，全缘，无裂；而美女樱的叶片上面有裂痕，它的叶子有羽毛的感觉。绣球为伞房状聚伞花序，近球形；美女樱的花朵则为穗状花序。

花密集成球状，
花色丰富

**资源分布：** 原产自日本和中国四川，荷兰、德国和法国有栽培 | **常见花色：** 白色、淡蓝色、粉色
**盛花期：** 6~8月 | **植物文化：** 花语为希望、忠贞、永恒、美满、团聚

## 鉴别

### 大八仙花

是八仙花的变种之一，叶大，长达4~7厘米，全为不孕花，花初为白色，后变为淡蓝色或粉红色；叶片较为肥大，枝叶繁茂，需水量较多。

### 红帽

叶小、深绿色，花淡玫瑰红至洋红色。枝叶密展，根为肉质，生长适应性强，既能地栽在院落、天井一角，也可盆植，为阳台和窗口增添色彩。

### 圆锥绣球

圆锥绣球的植株高大，高1~5米，有时达9米左右；圆锥状聚伞花序呈尖塔形，花序硕大，可长达26厘米。适合栽培于林缘、池畔、路旁或墙垣边作观赏之用。

### 雪球

叶小、锯齿状，正常花为玫瑰红色，用硫酸铝处理花朵可变成天蓝色和米色花心；喜温暖、湿润的气候，不耐干旱，亦忌水涝。

### 阿尔彭格卢欣

花为深红色或玫瑰红色；花形丰满，大而美丽，可植于稀疏的树荫下及林荫道旁；因对阳光要求不高，故最适宜栽植于光照较差的小面积庭院中。

### 山绣球

高1~4米；它与原种绣球的主要区别在于，它的花序只有少数不育花，多数为孕性花，且花序顶端是平的，不是近球形或头形。分布在我国浙江、广东等地，生于山谷溪边。

# 冬葵
*Malva verticillata var. crispa*

又称冬苋菜、冬寒菜、葵菜 / 一年生或二年生草本植物 /
锦葵科，锦葵属

叶柄瘦弱，叶子的
边缘有细锯齿

冬葵原产自我国湖南等地，喜冷凉、湿润的气候环境，在我国各省广有分布。冬葵近圆形的叶片间簇生着数朵白色小花，花形小巧可爱，整体给人秀丽多姿、淡雅宜人的感觉，是园林观赏之佳品。冬葵幼苗和嫩茎叶可供食用，营养丰富，同时有很高的药用价值，其性味甘寒，具有清热、滑肠的功效；全株可入药，有利尿、催乳、润肠、通便的功效。

**特征识别：** 茎不分枝，上有密柔毛。叶圆形，有5~7裂或角裂，基部心形，裂片为三角状圆形，边缘有细锯齿；叶柄瘦弱，上有稀疏的柔毛。白色小花单生或几朵簇生在叶腋，花近无梗；花萼呈浅杯状；花瓣5瓣。

**生长环境：** 喜冷凉、湿润的气候，耐低温，耐轻霜，忌高温。南方春、秋两季均可栽培，北方只宜春季栽培。对土壤要求不高，在保水保肥力强的土壤中更易丰产。

**繁殖方式：** 冬葵主要通过播种进行繁殖，适宜春播和秋播。

**植株对比：** 冬葵高度为1米左右，茎部有细小而柔软的毛，不分枝；秋葵比冬葵要高大许多，最高可以长到2.5米左右，茎部无毛但有分枝。冬葵花形较小，颜色为白色，单生或簇生于叶腋；秋葵花形较大，花朵颜色比冬葵要多。

白色花瓣有5瓣

小花直径仅有6毫米左右，
单生或几朵簇生

叶片近圆形，有5~7
裂或角裂

**资源分布：** 我国湖南、四川、贵州、云南、江西、甘肃等省多见 | **常见花色：** 白色 | **盛花期：** 6~9月

# 向日葵 *Helianthus annuus*

又称朝阳花、转日莲、向阳花、望日莲、太阳花 /
一年生草本植物 / 菊科、向日葵属

花朵直径为 10~30 厘
米，顶生在茎顶或枝端

向日葵可分为观赏型与食用型两大类
型，其中观赏型品种还可分为高株和矮株、
早花与晚花等。一般观赏型向日葵的植株不
会太高，而食用型品种则植株高大，最高可
达2米以上，可通过植株的高矮来辨别其用途。
向日葵除了观赏与食用，还有修复土壤的功能，
当其扎根土壤，利用其根系吸收养分时，也是对
有害污染物进行提取、降解、过
滤、固定或者挥发的过程。

叶片边缘有粗锯齿，
两面均有粗糙的毛

棕色或紫色
的管状花

茎直立，粗壮有
棱和白色粗硬毛

互生叶片呈广卵形

**特征识别：** 高1~3.5米。茎直立，圆形有棱，密生白色粗硬毛。叶为互生，呈广卵形，先端锐突或渐尖，基出3脉从叶柄延伸至叶面，边缘有粗锯齿，两面均有粗糙的毛。头状花序极大，直径10~30厘米，单生于茎顶或枝端；总苞片多层，叶质，覆瓦状排列，有长硬毛，花序边缘生中性的黄色舌状花，花序中部为两性管状花，棕色或紫色。矩卵形瘦果，果皮木质化，灰色或黑色，称葵花籽。

**生长环境：** 阳生植物，喜好阳光充足，对土壤要求不高，耐贫瘠，耐盐碱。在疏松肥沃、排水性良好的土壤中生长旺盛。

**繁殖方式：** 播种繁殖，时间为春季3~4月。

**植物养护：** ①土壤。喜排水性能好、含有腐殖质的土壤。②光照。最好选择向阳处，保证拥有足够的光照时间。③温度。不耐寒，适宜生长温度在21~27℃。④水分。喜水分充足

的环境，生长期可以1~2天补1次水，温度高时可多浇水。

**植株对比：** 混合型向日葵是观赏兼食用型品种，花色艳丽，花盘大，开花期在5~10月，花期很长，是极好的观赏型品种。其籽含油量在40%以上，既可榨油又可以食用。彩葵属于纯观赏型的向日葵品种，株形大小适中，花色鲜艳，花朵明媚灿烂，可地栽也可盆栽，还可作切花使用。

矩卵形瘦果，果皮木质
化，表皮为灰色或黑色

有叶质总苞片多层，呈覆瓦状排列

**资源分布：** 我国各地均有栽培 | **常见花色：** 黄色 | **盛花期：** 7~9月 | **植物文化：** 花语为沉默的爱和勇敢追求

# 肥皂草 *Saponaria officinalis*

又称石碱花 / 多年生草本植物 /
石竹科、肥皂草属

肥皂草因内含皂苷，被古人用于洗涤器物，因此得名。其株形优美，花色清雅秀丽，极富观赏价值。夏、秋两季开花，三五朵小花簇拥在一起，花朵由白色转成粉红色，颜色优美，香味浓郁，花期长，绿期长，可粗放管理，很适合用来装饰花坛和花境。肥皂草根可入药，有祛痰、镇咳、利尿的作用。

茎不分枝
或仅上部
有分枝

椭圆形或椭
圆状披针形
的叶片

**特征识别：** 肥皂草茎直立，不分枝或上部有分枝，全株无毛。椭圆形或椭圆状披针形的叶片，基部渐狭成短柄状，微合生，半抱茎，顶端急尖，边缘比较粗糙。聚伞圆锥花序，有3~7朵花簇生或单生于枝端或叶腋；披针形的苞片，长渐尖。楔状倒卵形花瓣为白色或淡红色，顶端有微凹缺。长圆状卵形蒴果，内有黑褐色的圆肾形种子。

**生长环境：** 肥皂草喜光，耐半阴，耐寒，耐修剪，可粗放管理，在干燥地及湿地上均可正常生长，对土壤要求也不高。

**繁殖方式：** 多采用分株的方式繁殖，最适宜繁殖的季节是秋季。

**植物养护：** ①温度。喜温暖又有很好的耐寒性，适宜生长温度在15~28℃。②光照。喜光，也可耐半阴，生长期及花期应保证阳光充足。③浇水。喜水，也较耐旱，干燥季节可多补水，雨季需减少浇水量。

**植株对比：** 石竹梅的叶是对生，呈长披针形；而肥皂草是椭圆形或椭圆状披针形的叶片，两者形状不同。石竹梅为顶生聚伞花序；而肥皂草为聚伞圆锥花序，且石竹梅的花有单瓣，也有重瓣，颜色十分丰富。相比之下，肥皂草的花为单瓣，颜色也较为单一。两者虽同为石竹科植物，但是属性不同，形态特征也是大相径庭。

黑褐色的圆肾形种子

花初为白色
或淡红色

披针形的苞片，
长而渐尖

**资源分布：** 中国、地中海沿岸 | **常见花色：** 白色、淡红色 | **盛花期：** 6~9月 | **植物文化：** 花语是净化

# 益母草 *Leomurus japonicus*

又称益母蒿、益母艾、红花艾 / 一年生或二年生草本植物 /
唇形科，益母草属

益母草在夏季开花，淡紫红色的花瓣簇
生，十分美丽，除了原株益母草外，还有白花
变种的益母草。

益母草的地上部分干燥后为常用中药。通
常在夏季生长茂盛，花未全开时采摘，益母草制
剂有利尿消肿、收缩子宫等作用。

**特征识别**：茎为钝四棱形，直立生长，多分
枝，在节和棱上有密集的倒向糙伏毛。叶轮廓变
化很大，茎下部叶轮廓为基部宽楔形的卵
形，掌状3裂，裂片呈长圆状菱形至卵圆
形，在裂片上再分裂，叶柄纤细；茎中部
叶轮廓为较小的菱形，有3片或多个长圆状
线形的裂片。轮伞花序腋生，有花8~15朵，无花
梗；管状钟形的花萼外面有微柔毛；花冠为粉红色
至淡紫红色。

茎中部叶为
较小的菱形

茎下部叶为基部
宽楔形的卵形

钝四棱形的茎，
分枝较多

**生长环境**：可生于野荒地、路旁、田埂、山坡
草地、河边，通常以向阳处为多。喜光，喜温暖、
湿润气候，对土壤要求不高，对水分需求量大，但
怕积水，不耐涝。

**繁殖方式**：以播种的方式繁殖。

**植物养护**：①水分。需要充足的水分，每次
浇水后要注意排水，益母草怕涝。②土壤。选用
混入火灰或细土杂肥的土壤，并保证疏松与良好
的透气性。③温度。喜温暖、湿润环境，平均温度
保持在26℃最有益于其生长。

**植株对比**：
夏至草叶子的轮
廓为圆形，长1.5~
2厘米，叶子的先端呈圆形，基部是心形；益母草
的叶子轮廓为卵形，基部为宽楔形。夏至草轮伞
状花序，直径大约1厘米，花冠白色，依稀呈粉红
色；益母草的花一般由8~15朵花组成轮伞花序，
颜色是淡紫色。

花冠为粉红色至淡紫红色

轮伞花序腋生，有花 8~15 朵

**资源分布**：中国、俄罗斯、朝鲜、日本 | **常见花色**：淡紫色 | **盛花期**：6~9月 | **植物文化**：花语为母爱

# 荷花 *Nelumbo nucifera*

又称莲花、水芙蓉 / 多年生水生草本植物 /
莲科、莲属

花单生于花梗顶端，
高托水面之上，花朵
直径10~20厘米

荷花对生长环境有着极强的适应能力，不仅
能在大小湖泊、池塘中吐红摇翠，甚至在很小的
盆碗中亦风姿绰约。作为我国十大名花之一，早
在周朝就有其栽培记载。荷花全身皆宝，藕和莲子
能食用，且全株都可入药。"接天莲叶无穷碧，映
日荷花别样红"便是对荷花之美的真实写照。荷花
"中通外直，不蔓不枝，出淤泥而不染，濯清涟
而不妖"的高尚品格恒为世人称颂，为古往今
来诗人墨客歌咏绘画的题材之一。

叶为圆形盾状，
直径25~90厘米

表面深绿色，
有蜡质白粉，
全缘稍有波状

花梗和叶柄
等长或稍长

叶柄粗壮，
长1~2米

**特征识别：** 多年生水生草本；根状茎横生且肥厚。叶为圆形盾状，直径25~90厘米，表面深绿色，有蜡质白粉，背面灰绿色，全缘稍有波状；叶柄粗壮，圆柱形，长1~2米，中空，外面散生小刺。花梗和叶柄等长或稍长，稀疏生有小刺；花单生于花梗顶端，高托水面之上，花朵直径10~20厘米，有单瓣、复瓣、重瓣及重台等花型；花药条形，花丝细长，着生在花托之下；花柱极短，柱头顶生；花托直径5~10厘米。坚果椭圆形或卵形，果皮革质，坚硬，成熟时黑褐色；种子卵形或椭圆形。

**生长环境：** 荷花是水生植物，适生于平静浅水、湖沼、泽地、池塘中。荷花喜光，极不耐阴，在半阴处生长会表现出强烈的趋光性。

**繁殖方式：** 主要通过播种和分藕的方式繁殖。播种需将种子浸泡至发芽后再移栽；分藕繁殖前先将种藕用清水洗净，按20度斜插入泥，注意避免尾部进水，入水部分控制在5~10厘米。

**盆栽养护：** ①水位。生长前期，水深要控制在3厘米左右，水太深不利于提高土面；夏天是荷花的生长高峰期，盆内不可缺水；冬季休眠期要保持湿润，以防种藕缺水干枯。②施肥。以磷钾肥为主，辅以氮肥。生长期可用0.5克尿素拌于泥中，搓成10克左右的小球，施在泥土中。③越冬。冬季将盆栽放入室内，并保持盆土湿润。

**鲜切花养护：** 花瓶的高度最好在20厘米以上；花朵距离瓶口有10厘米左右的高度；水位约为花瓶的90%，荷花是水生植物，适合高水位养护。插花前摘掉荷花的外层绿色花瓣，这样利于花朵盛开；准备完毕，将荷花插入瓶中，放在光线明亮处，每隔2~3天换1次清水。

**植株对比：** 睡莲的叶子油亮，是漂浮在水面的，很少会挺出水面，形状为椭圆形，并有一个"V"形缺口；而荷花的叶子多会挺出水面，叶片呈盾形，无缺口。睡莲花朵有白色、粉色、紫色等，会在早晚开花；而荷花的花朵更大一些，颜色为粉红色、白色等，主要在早上开花。

坚果椭圆形或卵形，果皮革质，成熟时黑褐色

**资源分布：** 广布于世界亚热带和温带地区 | **常见花色：** 红色、粉红色、白色、紫色 | **盛花期：** 6~8月
**植物文化：** 花语为纯洁、信仰、忠贞

## 鉴别

### 秣陵秋色

中小株型，立叶高30厘米左右，花柄高50厘米左右。花蕾长桃形，尖端微绿色。花为重瓣型，呈飞舞状，花瓣多达70余瓣，重瓣，黄色。

### 玉蝶

颜色十分粉嫩，花瓣呈现渐变色，从乳白色逐渐加深，直到在花瓣边缘蔓延出轻柔的粉色。玉蝶是一种重瓣型荷花，花瓣有29瓣左右。

### 剑舞

剑舞花型飘逸，外层花瓣宽大，内层比较细碎；叶色翠绿，观赏性极好。

### 紫重阳

属于中小株型重瓣类红莲型荷花。据资料介绍，此品种是由池栽荷花"艳阳天"1000多粒莲蓬中偶得3粒异样莲子，经重新播种培育而成。

### 白雪公主

颜色洁白似雪，因此得名。重瓣型荷花，花蕾多为桃形，颜色有绿、白，花朵直径在12~15厘米，因为很少结果实，所以基本只作观赏用。

### 仙女散花

很漂亮的一种荷花，盛开的时候像佛陀的莲座一样，呈现飞舞状态。仙女散花是重瓣型荷花，粉红色花瓣有27瓣左右。

# 红蓼 *Persicaria orientalis*

又称荭草、红草、大红蓼 / 一年生草本植物 /
蓼科，蓼属

红蓼的花序呈穗状，生长紧密，微微下垂状，淡红色或玫瑰红色的花穗，看起来十分优雅、素丽。红蓼高大茂盛，叶绿，花密且红艳，是一种很好的观赏植物。红蓼可粗放管理。其果实还可以入药，有清肺化痰、活血、止痛和利尿等功效。

宽卵形、宽椭圆形或卵状披针形的叶片

长叶柄上有密集的短柔毛

**特征识别：**茎粗壮直立，高1~2米。叶片宽卵形、宽椭圆形或卵状披针形，顶端渐尖，基部圆形或近心形，两面密生短柔毛；叶柄长，有柔毛；托叶为鞘筒状，膜质。总状花序呈穗状，顶生或腋生，花紧密，微下垂；苞片呈宽漏斗状；花淡红色或白色；花被片椭圆形，花盘明显；瘦果近圆形。

**生长环境：**多生长于山谷、路旁、田埂、河川两岸的草地及河滩湿地，喜水又耐干旱，喜温暖、湿润环境，喜光；适应性强，耐瘠薄，对土壤要求不高，喜肥沃、湿润、疏松的土壤。

**繁殖方式：**通过播种繁殖，适宜播种时间为每年的3月，播种之后需浇透水，并做好保温工作。

**植物养护：**①温度。喜温暖的环境，适宜生长温度在18~28℃。②水分。生长期及夏季需要充足的水量。③光照。喜光，生长期应保证接受足够的光照。④施肥。生长期可以施骨肥和稀释肥。

**植株对比：**红蓼的植株比水蓼要高很多。红蓼的茎直立且粗壮，多分枝，有长柔毛；水蓼的茎下部伏地，有须根，茎无毛。红蓼叶宽卵形、宽椭圆形或卵状披针形，全缘，有毛；水蓼的叶为互生，椭圆状披针形，叶子比红蓼看起来圆一些。两者的花都呈穗状，但是红蓼的花排列得更紧密，看起来更挺实；水蓼的花细弱下垂，颜色略淡。

花顶生，花朵排列密集

淡红色的花穗，微微下垂

**资源分布：**中国、朝鲜、日本、俄罗斯、菲律宾、印度 | **常见花色：**紫红色 | **盛花期：**6~9月
**植物文化：**花语为立志和思念

# 落新妇 *Astilbe chinensis*

又称小升麻、术活、马尾参 / 多年生草本植物 /
虎耳草科、落新妇属

落新妇株形挺拔，花簇密集，颜色秀丽，给人一种梦幻缥
缈的感觉，是一种难得的观赏花卉，既可作盆栽，又能作切花
观赏。

落新妇有很高的药用价值，花含槲皮素，茎、叶含
鞣质。根状茎入药，有散瘀止痛、祛风除湿和清热止咳
的功效。根或全草可辅助治疗跌打损伤、腹泻、腹痛、烧
伤、烫伤和感冒等症。

花朵密集，簇
成圆锥状花序

**特征识别：**全草皱缩；圆柱
形的茎，表面呈棕黄色；基部有
褐色膜质鳞片状毛或长柔。基生
叶二回或三回三出羽状复叶，顶
生小叶片为菱状椭圆形，侧生小
叶片为卵形至椭圆形，先端短渐
尖至急尖，边缘有重锯齿，基部
楔形、浅心形至圆形；茎生叶较
小。花朵密集组成圆锥花序，长
8~37厘米；卵形苞片，近无花
梗；卵形萼片5片；线形花瓣5
瓣，淡紫色至紫红色。

**生长环境：**生长于海拔390~
3600米的山谷、溪边、林下、
林缘和草甸等处。

**繁殖方式：**落新妇以
播种繁殖为主，也可分株繁
殖。播种在春季进行，分株
可于春天发芽前进行。

**植物养护：**①土
壤。喜肥沃的沙质土
壤。②温度。适宜温
度为15~35℃，最低
温度不宜低于3℃。
③光照。以半阴半阳
的光照环境为佳。④水分。生
长期土壤要尽可能保持湿润，
每次浇水后应注意排水。⑤施
肥。开花前加一些氮肥或复合
肥，有益于开花。

茎生叶很小

**植物变株：**大落新妇的基生
叶为复叶，完整小叶为卵形或长
圆形，先端渐尖或长渐尖，边缘
有锐重锯齿；茎生叶较小；花瓣
的颜色是白色或紫色。

叶片边缘有重锯齿

花为淡紫色至紫红色

**资源分布：**中国、俄罗斯、朝鲜、日本 | **常见花色：**粉红色、淡紫色、紫红色、白色、红色 | **盛花期：**6~9月
**植物文化：**花语为我愿清澈地爱着你

# 柳穿鱼

*Linaria vulgaris subsp. chinensis*

又称小金鱼草 / 多年生草本植物 /
车前科，柳穿鱼属

　　柳穿鱼因其枝柔叶细似柳，而花似鱼而得名，它的花冠呈假面状，花色丰富，有着较高的观赏价值。柳穿鱼全株可药用，有清热解毒、散瘀消肿和利尿等功效，可用于辅助调理黄疸、头痛、头晕、痔疮便秘、皮肤病和烫伤等症。柳穿鱼在夏季开花时采收全草，晒干并进行加工。以全草干燥、色青、带花者为佳。

苞片呈条形至狭披针形

条形叶，互生或轮生

茎直立，无毛，通常在上部分枝

　　**特征识别：** 植株高可达80厘米左右，茎叶无毛。茎直立，条形叶，常单脉，多数为互生，少数为下部轮生，上部互生。总状花序，花期短而花密集，果期长而果疏离；苞片呈条形至狭披针形，超过花梗；花萼裂片为披针形；黄色花冠，上唇比下唇长，裂片为卵形，下唇侧裂片为卵圆形，中裂片舌状。

　　**生长环境：** 生长在阳光充足或半阴半阳处，有较强的耐寒性。在排水性良好、土层深厚松软且通透性强的土壤中长势良好，不耐瘠薄，忌高温。

黄色花冠，上唇比下唇长

　　**繁殖方式：** 用扦插和播种两种方式进行繁殖，其中播种繁殖的成活率要高于扦插繁殖。播种繁殖一般在9月下旬至10月上旬进行，播种前用温热水把种子浸泡12～24小时，这样有助于种子发芽。

　　**植物养护：** ①湿度。喜干燥环境，不耐涝，忌积水。②温度。适宜生长温度在15~25℃，最高温度不要超过30℃。③光照。喜半阴半阳的环境，夏天应做遮光处理，其他季节可接受日常散光照射。④施肥。春天可2~4天施1次肥；夏季连雨天不可浇水，也要彻底停施肥。

　　**植株对比：** 柳穿鱼和金鱼草的区别是，柳穿鱼的叶多数为互生，少数下部为轮生，上部为互生，叶片呈条形；金鱼草的叶下部为对生，上部为互生，叶片呈披针形至矩圆状披针形。柳穿鱼的茎无毛，较直立，通常在上部分枝；金鱼草的茎基部无毛，中上部都有腺毛，基部有时会分枝。柳穿鱼为总状花序，苞片为条形后至狭披针形，花萼裂片为披针形，花冠颜色为黄色；金鱼草的花萼有5深裂，裂片为卵形，花冠的颜色多样，从红色或紫色变至白色。

**资源分布：** 欧亚大陆北部温带地区 | **常见花色：** 黄色、白色、粉红色 | **盛花期：** 6~9月
**植物文化：** 花语为顽强

# 矮牵牛 *Petunia × hybrida*

又称碧冬茄、灵芝牡丹、毽子花 / 一年生草本植物 /
茄科、矮牵牛属

矮牵牛原产于南美阿根廷，喜温暖和阳光充
足的环境。矮牵牛的园艺种类多样，按植株性
状可分有高性种、矮性种、丛生种、匍匐种、
直立种；按花型分有大花型、小花型、单瓣
型、重瓣型。花朵单生，呈漏斗状，花大而
多，开花繁盛，花期长达数月，极富观赏性。

单生在茎顶端，花形像喇叭

花瓣边缘皱褶或
呈不规则锯齿

丛生或匍地
生长，密被
黏质柔毛

疏松肥沃和排水性良
好的沙壤土中长势良好。

**特征识别**：高20~45厘米；
茎丛生或匍地生长，有黏质柔毛；
互生叶，质地柔软，呈椭圆形或
卵圆形，全缘，上部叶对生；花
单生于茎顶端，呈漏斗状，有单
瓣或重瓣，瓣缘皱褶或呈不规
则锯齿；花冠呈喇叭形；花色有
红、白、粉、紫及多种带斑点、网
纹、条纹等。蒴果，种子极小。

**生长环境**：长日照植物，喜
温暖和阳光充足的环境；不耐霜
冻，喜水分充足，但不耐涝；在

**繁殖方式**：可用播种和扦插
两种方法繁殖。播种繁殖一般选
在6~7月和10~11月进行，播种
后20天左右就可出苗。扦插繁殖
在生长期进行，成活率较高。

**植物养护**：①土壤。宜选用
疏松肥沃和排水性良好的沙壤土。
②光照。长日照植物，喜光，但在
夏季要做遮阳保护。③温度。适宜
生长温度在15~25℃。④水分。喜
湿润的生长环境，保持土稍偏湿润
的状态即可。⑤施肥。生长期要每

隔半个月施1次肥。

**植株对比**：百万小铃的花朵
比矮牵牛要小，花冠为漏斗形，
花朵的形状似铃铛；而矮牵牛的
花朵呈喇叭形。百万小铃的叶片
较矮牵牛小，叶片比较光滑，呈
倒披针形或者狭椭圆形，全缘；
而矮牵牛的叶片比较柔软，呈椭
圆形至卵圆形。

**资源分布**：世界各国花园中普遍栽培 | **常见花色**：白色、红色、紫色、粉色 | **盛花期**：6~11月
**植物文化**：花语为安心

147

# 金露梅 *Dasiphora fruticosa*

又称金腊梅、金老梅 / 灌木植物 /
蔷薇科，金露梅属

花单朵或数
朵生于枝顶

　　金露梅的枝叶柔软，小枝为独特的红褐色，所开的黄花鲜艳可爱，适宜作为庭园观赏灌木，或作矮篱也很美观。嫩叶还可替代茶叶泡水饮用。

　　金露梅的花、叶入药时，有健脾、化湿、消暑和调经的功效。入药时，多在夏季花期采摘花序和叶子，阴干备用。蒙药多在夏、秋季采收带花茎枝，阴干，用以辅助调理消化不良、咳嗽和水肿等症。

分枝较多，
小枝红褐色

羽状复叶，呈长
圆形、倒卵长圆
形或卵状披针形

**特征识别：** 高可达2米左右，树皮纵向剥落；多分枝，小枝红褐色。羽状复叶，叶柄上有绢毛或稀疏柔毛；小叶片为长圆形、倒卵长圆形或卵状披针形，顶端急尖或圆钝，基部楔形，全缘；有宽大的薄膜质托叶。单花或数朵生于枝顶，花梗上有密集长柔毛或绢毛；花萼片为卵圆形，顶端急尖至短渐尖，副萼片为披针形至倒卵状披针形，顶端渐尖至急尖；宽倒卵形的黄色花瓣，顶端圆钝，长于萼片；花柱近基生，基部稍细，顶部缢缩，柱头扩大。

**生长环境：** 金露梅生性强健，耐寒，喜湿润，但怕积水，耐干旱；喜光，在遮阴处多生长不良；对土壤要求不高，在沙壤土、素沙土中都能正常生长，喜肥厚而较耐瘠薄。

**繁殖方式：** 多用播种、扦插的方式繁殖。春季扦插要选老一些的枝条，长度以5~15厘米为宜，扦插后要控制好温度，并做遮光保护。

**植物养护：** ①浇水。约20天浇1次，入秋后减少浇水次数。②光照。应给予充足的光照，但要避免强光直射。③土壤。以肥厚且松软的土壤为佳。④施肥。种植前施加底肥，种植后分别在夏、秋两季各追肥1次。

宽倒卵形的黄色
花瓣，顶端圆钝

**植物变株：** 伏毛金露梅与金露梅的区别是前者小叶片上面密被伏生白色柔毛，下面网脉较为明显突出，被疏柔毛或无毛，边缘常向下反卷。花期为7~8月。分布于我国四川、云南、西藏等地；生于海拔2600~4600米山坡草地、灌丛或林中岩石上。

花柱近基生，基部稍细，
顶部缢缩，柱头扩大

**资源分布：** 北半球亚寒带至北温带的高山地区 ｜ **常见花色：** 黄色 ｜ **盛花期：** 6~9月
**植物文化：** 花语为怜惜眼前人

# 藿香 *Agastache rugosa*

又称合香、苍告、山茴香 / 多年生草本植物 /
唇形科，藿香属

藿香有很高的食用价值，其嫩茎叶可凉拌、炒食或炸食，也可用以做粥。藿香还可作为烹饪佐料或材料，是一种既可作食物又可作药物的烹饪原料。作药用时，可在其枝叶茂盛时采割，日晒夜闷，反复至干。入药用，有芳香化浊、和中止呕和发表解暑的功效。

藿香是一种全株有香气的植物，也常作为观赏植物种植，能够美化环境，深得人们的喜爱。

**特征识别：** 茎直立，呈四棱形。心状卵形至长圆状披针形的纸质叶，向上渐小，先端尾状长渐尖，基部心形，边缘有粗齿。轮伞花序，在主茎或侧枝上组成顶生密集的圆筒形穗状花序；花序基部的苞叶为披针状线形，长渐尖，苞片形状与苞叶相似；浅紫色或紫红色的花萼为管状倒圆锥形；淡紫蓝色花冠上有微柔毛；花丝细，扁平无毛；花柱丝状，先端相等的 2 裂；花盘为厚环状。

**生长环境：** 喜高温、阳光充足的环境；不耐阴；喜生长在湿润、多雨的环境，忌干旱，幼苗期喜水，生长期喜湿度大的环境；对土壤要求不高，一般土壤均可生长，但以土层深厚肥沃而疏松的沙质壤土为佳。

纸质叶，呈心状卵形至长圆状披针形

茎直立，呈四棱形

花在主茎或侧枝上组成顶生的密集圆筒形穗状花序

叶片向上，逐渐变小

**繁殖方式：** 多使用播种法繁殖。种子一般是在 8~9 月成熟，种子成熟后，可直接播种。

**植物养护：** ①温度。适宜生长的温度在 16~25℃，有一定的耐寒性，0℃不会被冻坏。②浇水。气温高时隔天浇 1 次水，气温低时 1 周浇水 1~2 次，每次浇水需浇透，并不能存有积水。③施肥。生长期每个月添加 1 次有机肥。④光照。喜阳光充足、光线明亮的环境，夏季高温时需要遮阴，其他时间均可正常光照。

**植株对比：** 香薷的叶片为椭圆状披针形或者卵形；而藿香的叶片为心状卵形后至长圆状披针形，前者更宽大些。香薷为穗状花序，花萼为钟形，花冠淡紫色；而藿香为轮伞花序，花萼为管状倒圆锥形，花冠淡蓝紫色。

淡紫蓝色的花冠

浅紫色或紫红色的花萼呈管状倒圆锥形

**资源分布：** 中国、俄罗斯、朝鲜、日本及北美洲 | **常见花色：** 淡紫色 | **盛花期：** 6~9 月

# 苦荞麦 *Fagopyrum tataricum*

又称菠麦、乌麦、花荞 / 一年生草本植物 /
蓼科、荞麦属

　　苦荞麦多生长在田边、路旁、山坡、河谷等
潮湿地带，总状花序腋生或顶生，白色或淡粉红色的
花朵小巧可爱。苦荞麦味苦，性寒，
有益气力、续精神、利耳目、宽肠
健胃的作用。

　　**特征识别**：一年生草本
植物，高30~70厘米。茎直
立，有分枝，绿色或微有紫
色，有细纵棱。叶片宽三
角状戟形，上部叶较小，
有短柄，下部叶有长柄，托叶鞘
膜质，黄褐色，长约5毫米。总
状花序腋生或顶生，苞片卵形，
花被片椭圆形，花被白色或淡粉
红色。瘦果长卵形，黑褐色，表
面有3棱及3条纵沟，上部棱角锐
利，下部圆钝，有时有波状齿。

　　**生长环境**：多生长于海拔
500~3900米的田边、路旁、山
坡、河谷等地，喜凉爽、湿润，
不耐高温，怕霜冻，当气温降
至-1℃时花即死亡，到-2℃时
甚至全株受冻死亡。

叶片为宽三
角状戟形

茎绿色或微有紫
色，有细纵棱

　　**繁殖方式**：分春
播和秋播两季播种。春
季种植时间宜在3月，而秋
季在处暑后开始播种。播种前
用40℃左右温水浸种10分钟，
以提高种子的发芽率。

　　**植物养护**：①土壤。宜选用
肥沃、通透性好、储水性强的
土壤。②光照。需保证充足的
光照。③浇水。苦荞麦为耐旱
植物，只是在开花之后，需要
经常浇水。

　　**植株对比**：苦荞麦的种子是
长卵形，颜色为黑褐色；而荞麦
的种子是卵形的，颜色是暗褐色
的。苦荞麦的叶子是宽三角状戟

形，茎直立，绿色或偏紫色；而
荞麦的叶子是三角形或者卵状三
角形，茎秆相对更高一些，颜色
是绿色或者红色。

总状花序腋
生或顶生

花被片为椭圆
形，花被是白
色或淡粉红色

瘦果长卵形，黑褐色

**资源分布**：我国河北、山西、陕西、甘肃、青海、四川、云南等地 | **常见花色**：白色、淡粉红色
**盛花期**：6~9月 | **植物文化**：花语为孕育希望、复活、新生；老挝国花，广东省肇庆市市花

# 勿忘我 *Myosotis alpestris*

又称勿忘草、星辰花、匙叶草 / 多年生草本植物 /
紫草科、勿忘草属

勿忘我有淡蓝色的小巧花朵，花朵中央有黄色的花蕊，看起来十分清爽、明快；嫩绿色的倒卵形小叶片，清新淡雅，绿叶、蓝花看起来十分和谐、优雅。勿忘我的生长适应性强，在阳光充足的条件下开花且色泽鲜艳，但忌夏季高温，在30℃以上呈半休眠状态。

轮生聚伞花序，
每轮有花 5~8 朵

花瓣淡蓝色，
多为 5 瓣

倒卵状匙形的叶
片，前端略圆

全株光滑无毛

茎生叶为对
生，无柄匙
形，半抱茎

**特征识别：**全株光滑无毛，茎不分枝。叶大部分基生，平铺于地面，呈倒卵状匙形，先端为圆形，基部渐狭成短柄，边缘有微波状齿；茎生叶对生，无柄匙形，先端钝，基部圆，半抱茎，边缘有波状齿。轮生聚伞花序，每轮有花5~8朵，每朵花下有2片线状披针形的小苞片；萼筒短，花萼 4 深裂至基部，裂片为线状披针形；花冠钟形，半裂，蓝色；淡蓝色花瓣，多为5瓣。

**生长环境：**生于海拔200~4200米的山地林缘、山坡、林下及山谷草地；生长适应力强，喜干燥、凉爽的气候，忌湿热，喜光，耐旱；喜肥沃、排水良好的沙壤土。

**繁殖方式：**多采用播种的方式来繁殖。播种要注意温度不要超过25℃，萌芽出土后需注意通风，小苗有4~6片叶子时即可移栽。

**植物养护：**①土壤。喜干燥、肥沃、透气性好、微碱性的沙质壤土。②光照。喜充足的阳光，但忌高温，夏天要做好遮阴保护。③温度。适宜生长温度在22~28℃，最高温度不要超过30℃，最低温度不要低于5℃。④水分。喜微潮土壤，但怕积涝，平时保持土壤处于微潮偏干的状态即可。⑤施肥。种植前施足基肥，出苗期追施1次0.1%的尿素溶液；花期前，追施0.1%的磷酸二氢钾溶液2~3次。

**植株对比：**常见的被做成干花的"勿忘我"实际上是一种叫补血草的白花丹科、补血草属的植物，与勿忘我有着很大的不同。"干花勿忘我"的高度为15~60厘米，除了萼片，整个植株都没有毛；而勿忘我的高度为20~45厘米，茎秆直立生长，有分枝，分支上有稀疏的毛或卷毛。"干花勿忘我"的叶子为倒卵状长圆形，呈莲座状排列；而勿忘我的叶片呈倒卵状匙形。"干花勿忘我"的花序为伞状或圆锥状，花冠为黄色，花瓣为蓝紫色；而勿忘我的花序为轮生聚伞花序，每轮有花5~8朵，花冠为蓝色。

花萼 4 深裂至基部，
裂片为线状披针形

**资源分布：**伊朗、俄罗斯、巴基斯坦、印度、中国 | **常见花色：**淡蓝色 | **盛花期：**6~8月
**植物文化：**花语为永恒的爱、浓情厚谊、永远的回忆

# 曼陀罗 *Datura stramonium*

又称曼茶罗、满达、曼扎、曼达 / 草本或亚灌木状植物 /
茄科，曼陀罗属

花单生在叶
腋或枝杈间

曼陀罗花香浓郁，花朵颜色艳丽而妖娆，能给人带来高贵华丽的既视感。曼陀罗有一定的毒性，往往使人望而生畏，这也增加了它的神秘感。曼陀罗不适合用来做室内装饰，但是种植在室外的庭院中，却能呈现出异域情调之美。

曼陀罗有很高的药用价值，不仅可用于麻醉，它的花还能祛风除湿、止喘定痛，对治惊痫和哮喘，镇痛作用尤佳；叶和籽可用于镇咳、镇痛。

蒴果卵状，表面生有坚硬的针刺，成熟后为淡黄色

茎为圆柱形，淡紫色或淡绿色

**特征识别：** 高50~150厘米，全株无毛或在幼嫩部分有短柔毛；茎粗壮，呈圆柱形，淡紫色或淡绿色，下部木质化；叶片呈宽卵形或卵形，互生，上部叶对生；叶腋或枝杈间单生花，花梗较短，直立，花冠呈漏斗状，上部的颜色为淡紫色或白色，下部的颜色带绿色，花萼筒状；蒴果直立，卵状，表面生有坚硬的针刺或无刺近平滑，成熟后为淡黄色；黑色种子为卵圆形，稍扁。

**生长环境：** 生长于荒地、旱地、宅旁、向阳山坡、林缘、草地，喜温暖、向阳的环境和排水性良好的沙壤土。

**繁殖方式：** 播种繁殖一般是在4月上旬进行，可以直播，也可以育苗移栽。扦插繁殖在春季或秋季进行。

**室内栽培：** ①土壤。以富含腐殖质和石灰质的土壤为宜。②水分。保持土壤湿润即可，冬季要减少浇水次数，保持不干即可。③光照。夏季需要做遮阴处理，其他时间要给予充足的光照，④温度。冬季温度不要低于5℃，否则会引起黄叶或落叶。

**植株对比：** 曼陀罗果实成熟后与蓖麻相似，要区分两者，可打开果实观察籽——高粱粒大小、形状不规则的小粒是曼陀罗；一整颗果仁的即为蓖麻。

花梗较短，花冠为漏斗状

宽卵形或卵形的叶片

**资源分布：** 我国各地均有分布 | **常见花色：** 白色、紫色、红色、粉色、黄色 | **盛花期：** 6~10月
**植物文化：** 花语为不可预知的黑暗、生生不息的希望

# 旱金莲 *Tropaeolum majus*

又称旱荷、寒荷、旱莲花 / 蔓生一年生草本植物 /
旱金莲科、旱金莲属

　　旱金莲的叶片呈圆盾形，下部有长柄，形态和碗莲很相似。花朵腋生、呈喇叭状，茎蔓柔软，娉婷多姿，叶、花都具有极高的观赏价值，可用于盆栽装饰，也宜于作切花。旱金莲的一朵花可持续开放8~9天，全株可同时开出几十朵花，花朵繁茂，花期很长，如果养护得当，几乎可以全年开花。

圆形叶片，叶脉明显，边缘为波浪形的浅缺刻

花瓣有5瓣，圆形，边缘有缺刻，其中上部2片为全缘

种子肾形，无光泽，表面有沟壑

半蔓生的茎，无毛或有稀疏毛

**特征识别：** 茎叶稍肉质，半蔓生，无毛或有稀疏毛。叶互生，有长叶柄，向上扭曲，着生于叶片的近中心处；圆形叶片，有9条明显的主脉从叶柄着生处向四面放射，边缘为波浪形的浅缺刻。单花腋生在茎间；花黄色、紫色、橘红色或杂色；花托杯状；长椭圆状披针形的萼片5片，基部合生，边缘膜质；花瓣5瓣，圆形，边缘有缺刻，上部2片为全缘。扁球形果在成熟时分裂成3个含有1粒种子的瘦果。

**生长环境：** 喜温和气候，不耐寒，不耐热，忌暴晒；喜疏松、肥沃、通透性强的土壤，喜湿润，怕渍涝。

**繁殖方式：** 扦插繁殖时挑选健壮的嫩茎，只保留顶部两三片叶子，在底部涂抹生根粉后插入疏松、肥沃的土壤中即可。播种繁殖时把种子在温水中浸泡3~6小时后再进行播种。

**植物养护：** ①土壤。宜用富含有机质的沙壤土，pH值为5~6为宜。②水分。喜湿怕涝，生长期应少水勤浇，春、秋季节2~3天浇水1次，夏天可每天浇水。③施肥。通常每个月施1次浓度为20%的腐熟豆饼水，开花期施0.5%的过磷酸钙，花后追肥1次30%的腐熟豆饼水。④光照。春、秋、冬季保证每天接受充足的阳光，夏季进行遮阴保护。

单花腋生在茎间

叶互生，有长叶柄

**资源分布：** 原产于秘鲁、巴西等地，现我国常见 | **常见花色：** 红色、黄色 | **盛花期：** 6~10月
**植物文化：** 花语为爱情无处不在、开心就好、随遇而安和爱国心

# 旋覆花 *Inula japonica*

又称金佛花、金佛草、六月菊 / 多年生草本植物 /
菊科，旋覆花属

旋覆花的花朵形态和菊花很
像，因此得名"六月菊"。旋覆
花因地域不同，品相及形态也
有很多不同之处。例如，线叶
旋覆花全株无毛，叶子呈线状披
针形或线形，有分枝且花多，多数分布
在我国东北、华北、华东等地。而大花旋覆
花则全株密被细毛及白色绵毛，叶子是长
椭圆形或卵状披针形，花朵较少，主要
分布在我国新疆、青海等地。

旋覆花有一定的药用价值，它的根及叶可
治刀伤、疔毒，煎服可平喘镇咳；花是健胃祛痰
药，也治胸中痞闷、嗳气、咳嗽、呃逆等。

花为舌状线形，黄色

茎直立向上
生长，单生
或少数簇生

**特征识别：** 茎直立，单生或
2~3枝簇生，高30~70厘米。基
部叶常较小，在花期枯萎；中部
叶为长圆形、长圆状披针形或披
针形，基部略狭窄，顶端稍尖或
渐尖，边缘有小尖头状疏齿或全
缘，无柄；上部叶渐狭小，为线
状披针形。头状花序，直径3~4厘
米，多数或少数排列成疏散的伞
形花序；花序梗细长；总苞半球
形，总苞片为线状披针形，近等
长，约有6层；舌状线形花黄色；
管状花花冠有三角披针形裂片。

**生长环境：** 生于海拔150~
2400米的山坡路旁、湿润草地、
河岸和田埂上；喜阳光，根系发
达，抗病虫，耐寒，耐干旱，耐土
壤贫瘠。

**繁殖方式：** 有播种和分株两
种繁殖方式。播种有条播和直播
两种方法。分株繁殖需在4月中
旬至5月上旬进行。

**植物养护：** ①温度。喜温暖、
湿润的环境。②土壤。以肥沃的沙
质壤土或腐殖质土壤为宜。③水
分。天气干旱要及时浇水；大雨后
要及时松土，以利于水分蒸发。

**植株对比：** 旋覆花与野菊
花很相似，可以通过观察花朵颜
色的深浅来区分两者。旋覆花的
花苞呈半球形，花瓣和花蕊都是
黄色，茎比较细长，上面密被柔
毛；而野菊花的花朵虽然也是黄
色，但是颜色略深，花头要比旋
覆花稍微大一些。

叶长圆形、
长圆状披针
形或披针形

头状花序，直径 3~4 厘米，多
数或少数排列成疏散的伞形花序

**资源分布：** 中国、蒙古、朝鲜、日本 | **常见花色：** 黄色 | **盛花期：** 6~10月 | **植物文化：** 花语为纯洁

# 夹竹桃 *Nerium oleander*

又称柳叶桃、绮丽、半年红、甲子桃 /
常绿直立大灌木植物 / 夹竹桃科，夹竹桃属

夹竹桃因叶片像竹，花朵似桃，故得其名。原产于伊朗，喜温暖、湿润的气候，可一年三季常青不败，从春到夏到秋，花开花落，此起彼伏，花瓣相互重叠，有着特殊的香气，极富观赏性。夹竹桃的叶、皮、根、花均有毒，不可食用。但它对粉尘、烟尘有较强的吸附力，因而被誉为"绿色吸尘器"。

**特征识别：** 叶3~4枚轮生，下部叶为窄披针形，对生，顶端极尖，基部楔形，叶缘反卷。聚伞花序顶生，有花数朵；披针形苞片；披针形红色的花萼5深裂；花冠深红色或粉红色，单瓣花冠5裂，呈漏斗状，圆筒形花冠筒上部扩大呈钟形；重瓣花冠，有15~18瓣，具3轮裂片，内轮为漏斗状，外面2轮为辐状，分裂至基部或每2~3片基部连合。

**生长环境：** 喜湿润、温暖的生长环境，但忌积水，耐寒性差；喜排水性好且呈微酸性的壤土。

**繁殖方式：** 播种繁殖可在果实成熟后边采边播。水插法是剪一段30厘米左右的枝条，将底部切开4~6厘米，插进装水的容器中，大约半个月时间就会长出新的根须。

**植物养护：** ①光照。喜阳光充足。②水分。怕涝，一般在春、秋两季，浇水见干见湿即可，夏季可每天早晚各浇1次水。③施肥。每隔20天施1次稀薄液肥。秋后生长迅速，可每隔15天施1次肥水。④温度。最低温度不可低于0℃。

**植株对比：** 黄花夹竹桃的叶片为单叶互生，狭披针形或线形；而夹竹桃的叶片为3叶或4叶轮生，窄椭圆状披针形。黄花夹竹桃的果实是核果；而夹竹桃的果实为蓇葖果。黄花夹竹桃的花冠为鳞片状；而夹竹桃为花瓣状。

重瓣花冠

叶脉扁平、纤细、密生而平行，直达叶缘

叶片为窄椭圆圆状披针形

单瓣花冠

聚伞花序顶生，有花数朵

重瓣花瓣，有 15~18 瓣

**资源分布：** 中国、伊朗、印度、尼泊尔 | **常见花色：** 桃红色，白色、黄色 | **盛花期：** 6~10月
**植物文化：** 花语为蛇蝎美人、真挚友情、虚幻美丽

# 大丽花 *Dahlia pinnata*

又称大理花、天竺牡丹 / 多年生草本植物 /
菊科、大丽花属

有较大的头状花序

舌状花瓣

叶 1~3 回羽状全
裂，裂片为卵形
或长圆状卵形

大丽花的种植难度低，生长速度快，且花期比较长，从6月中旬一直到霜降时期可不间断开花。大丽花花色多样，有红、紫、白、黄、橙、墨、复色七大色系；花朵有球形、菊花形、牡丹形、碟形、盘形、绣球形和芍药形等，色彩瑰丽。大丽花还有活血散瘀的功效，有一定的药用价值。

**特征识别：**多年生草本植物，有巨大的棒状块根。茎直立，分枝较多。叶1~3回羽状全裂，裂片为卵形或长圆状卵形，上部叶有时不分裂，叶面无毛。有较大的头状花序，长花序梗常下垂；总苞片外层约5层，为内层膜质的卵状椭圆形、椭圆状披针形；舌状花1层，为白色、红色或紫色的卵形，顶端有不明显的3齿，或全缘。

**生长环境：**喜凉爽、半阴的环境，不耐干旱，不耐涝；适合在土壤疏松、排水性良好的肥沃沙质土壤中进行栽培。

**繁殖方式：**大丽花的繁殖方法通常是采用播种、扦插和切割种球的方法。

**植物养护：**①水分。浇水宜做到见干见湿。②施肥。以施加薄肥为主，肥薄而勤施。③光照。喜光，需要充足的光照。④温度。喜凉爽的气候环境，适宜生长温度在10~25℃。

**植株对比：**小丽花比较矮小，高度只有20~60厘米，一个总梗上面可以开出许多朵花，花朵直径5~7厘米，它的花色有深红色、紫红色、黄色、白色等，花朵形状也比较多变。小丽花开花时间是每年7~10月，如果环境条件好，可四季开花。大丽花的植株比小丽花高，通常能长到1.5~2米，还比较粗壮，花梗较长，通常是下垂状，花形更多，比小丽花更加丰富，盛花期6~12月。

有巨大的棒状块根

紫红色的卵形花瓣

**资源分布：**原产于墨西哥热带高原地区；现世界各地广泛栽培 | **常见花色：**红色、黄色、紫红色、白色
**盛花期：**6~12月 | **植物文化：**花语为大吉大利、背叛

## 鉴别

### 光辉

巨大花型品种的典型代表：花冠呈深橘黄色，花瓣有细腻的光泽；开花晚，始花期为9月中旬，10月下旬达到盛花期，11月下旬谢花。

### 朱莉

典型的睡莲型大丽花，粉红色的花瓣层层抱合排列；7月上旬进入始花期，一直到10月下旬谢花。

### 玫红白尖

花蕾呈黄绿色，花瓣里面呈红色、尖端呈白色；始花期为7月下旬，9月上旬进入盛花期；抗寒能力较好，适合在我国东北、华北等地区种植。

### 白璧无瑕

从加拿大引进的小花型品种，适应性强；花瓣洁白，花冠中心为淡黄色。花期较长，从盛夏到深秋，单朵花寿命为30天左右。

# 仙人掌 *Opuntia dillenii*

又称仙巴掌、霸王树、火焰、火 / 丛生肉质灌木植物 /
仙人掌科，仙人掌属

仙人掌全株可入药，有行气活血和清热解毒的功效，外用时多将外皮捣烂敷用。仙人掌可食用，吃起来有一点酸涩的味道。但并不是所有仙人掌都能食用，只有墨西哥品种"米邦塔"可以食用。米邦塔仙人掌不仅营养丰富，而且具有较高的药用价值，可加工成多种保健品。

分枝为宽倒卵形、倒卵状椭圆形或近圆形

有小窠和倒刺

**特征识别：**丛生肉质灌木，上部分枝呈宽倒卵形、倒卵状椭圆形或近圆形，绿色至蓝绿色，无毛；刺黄色，有淡褐色横纹，坚硬；倒刺直立，叶钻形，绿色，早落。花辐状；花托倒卵形，基部渐狭，绿色；萼状花被黄色，有绿色中肋；花丝淡黄色；花药黄色；花柱淡黄色；柱头黄白色。浆果倒卵球形，顶端凹陷，表面平滑无毛，紫红色，有倒刺刚毛和钻形刺。种子多数扁圆形，边缘稍不规则，无毛，淡黄褐色。

**生长环境：**喜温暖、光照充足的环境，耐旱性强；适生温度在20~30℃，最好不超过30℃，否则植株会进入休眠；喜中性土壤，在酸性土壤中不能生存。

**繁殖方式：**扦插法繁殖仙人掌是最为常见且简便的方法，将成熟的茎节掰下，栽种到沙土中即可，成活率很高。

**植物养护：**①土壤。要求有良好的排水性和透气性。②浇水。夏季可早晚浇水，其他时间则是以干透浇透为原则。③温度。喜温

花辐状，花瓣为倒卵形或匙状倒卵形

暖，以20~30℃为佳，不耐寒，冬季温度不要低于5℃。④光照。属强阳性植物，需要非常强的光照，但是一些体积小的球形品种可放在半阴的地方。

**植株对比：**仙人掌是丛生肉质灌木，而仙人球是多年生肉质多浆草本植物。形态上，仙人掌呈柱状手掌形，植株高大且壮观；而仙人球呈短圆球形或椭圆形，高度为10~100厘米。仙人掌花单生，花瓣较大且颜色艳丽；而

浆果为倒卵球形，紫红色，表面无毛，顶端凹陷

仙人球花侧生，花瓣呈长漏斗状，花瓣颜色为分两类，晚上开放的呈现淡粉色或几乎白色，白天开花的有些花瓣颜色呈黄色或者深红色。仙人掌初生果实为白色卵状，长椭圆形状；而仙人球果实形状多样，有梨形、圆形、棍形等，表层覆盖着倒钩。

**资源分布：**美国、澳大利亚、中国等 | **常见花色：**白色、黄色、粉红色 | **盛花期：**6~12月
**植物文化：**花语为坚强、温暖、坚毅的爱情

# 龙胆 *Gentiana scabra*

又称苦地胆、地胆头、磨地胆、鹿耳草 /
多年生草本植物 / 龙胆科、龙胆属

龙胆的品种很多，在云南就有60种左右，主要分布在滇西北、高山和亚山地带，是一种矮小且贴地丛生的植物。花朵生于枝上顶端，呈古钟形或漏斗形，多为青绿色、蓝色或淡青色，花果期为每年的5~11月。龙胆的根茎可以入药，在《本草纲目》中有如下记载："性味苦，涩，大寒，无毒。主治骨间寒热、惊病邪气，继绝伤，定五脏，杀虫毒。"因此，龙胆对风湿性关节炎有一定的调理效果。

花朵簇生于枝顶或叶腋

茎下部叶为膜质，呈筒状抱茎

每朵花下有2片呈披针形或线状披针形的苞片

中上部叶无柄，呈卵形或卵状披针形至线状披针形

茎有条棱，近圆形，没有分枝

**特征识别：** 黄绿色或紫红色的茎直立、不分枝，有条棱，近圆形。茎下部叶膜质，淡紫红色，鳞片形，先端分离，中部以下连合成筒状抱茎；中上部叶近革质，无柄，卵形或卵状披针形至线状披针形，上部叶较小，先端急尖，边缘微外卷。花数朵簇生于枝顶或叶腋；无花梗；每朵花下有2片苞片，苞片呈披针形或线状披针形；花萼筒倒锥状筒形或宽筒形；花冠蓝紫色，有时喉部有多数黄绿色斑点，筒状钟形，裂片卵形或卵圆形，先端有尾尖，全缘，褶偏斜。种子呈线形或纺锤形，褐色，有光泽。

**生长环境：** 生长在海拔400~1700米的山坡草地、路边、河滩、灌丛中、林缘及林下、草甸，也有些种类生长在海拔2000~4800米的高山温带地区和高山寒带地区。

**繁殖方式：** 通常采用扦插、播种、分株三种方式进行繁殖。

**植物养护：** ①土壤。宜选用疏松肥沃、透气性强并富含腐殖质的土壤。②光照。喜光，但忌强光直射，夏季需要做遮光保护。③浇水。喜湿，但不耐涝，只需保持土壤湿润即可。④施肥。对肥料的需求不是很高，栽培前施底肥，开花前追施一些有机肥即可。

筒状钟形的蓝紫色花冠

**资源分布：** 中国、俄罗斯、朝鲜、日本 | **常见花色：** 紫色、粉色、白色 | **盛花期：** 5~8月
**植物文化：** 花语为爱上悲伤的你

159

# 紫菀 *Aster tataricus*

又称驴耳朵菜 / 多年生草本植物 /
菊科，紫菀属

紫菀在我国主要分布于黑龙江、吉林、辽宁及内蒙古东部地区，有很强的耐寒性，因其生长在河边及沼泽地附近，所以也有很好的耐涝性。紫菀的花很小，呈淡淡的蓝紫色，但是数量极多，花期很长，在夏、秋两季花开不断，美不胜收。

紫菀的药用价值很高。中医认为，紫菀具有温肺、下气、消痰和止咳的作用，还对大肠杆菌、痢疾杆菌和变形菌等肠内致病菌有抑制作用。

总苞半球形，有线形或线状披针形的总苞片

厚纸质叶，长圆状或椭圆状匙形

**特征识别：** 茎直立，较粗壮，基部有不定根和疏生的叶子，茎上有稀疏的粗毛。厚纸质叶有短糙毛，基部叶长圆状或椭圆状匙形，叶顶端尖或渐尖，边缘有小尖头的圆齿或浅齿，下半部渐狭成长柄，在花期枯落。头状花序多数，总苞半球形，有线形或线状披针形的总苞片3层，苞片顶端尖或圆形；舌状花20余朵。瘦果为紫褐色的倒卵状长圆形，上部有稀疏粗毛。

**生长环境：** 生长于海拔400~2000米的低山阴坡湿地、山顶和低山草地及沼泽地；喜温暖、湿润的气候，耐涝、耐寒性强，怕干旱；对土壤的要求不高，除盐碱地外均可种植，尤以土层深厚、疏松肥沃、富含腐殖质和排水性良好的沙质土壤为宜。

**繁殖方式：** 播种可3月春播，播种后12~15天发芽。在春季剪取顶端嫩茎扦插，扦插后15~20天生根。

**植物养护：** ①土壤。对土壤适应能力强，但以质地肥沃、排水性好的沙质土壤为佳。②浇水。紫菀为浅根作物，怕干旱，耐涝，需定时浇水，天气炎热干旱时可增加浇水次数。③温度。耐寒性较强，最高温度不超过25℃。④光照。阳光温和时可全天接受光照。

**植株对比：** 荷兰菊和紫菀的株高存在一定区别，荷兰菊是比较矮小的植株，通常只能长到50～80厘米；而紫菀株形高大，最高可达2米左右。荷兰菊茎丛生，叶片呈现披针形或长圆形，而紫菀的基部叶片呈长圆状或椭圆状匙形。

茎上有稀疏的粗毛

舌状花

**资源分布：** 中国、朝鲜、日本及俄罗斯的西伯利亚东部 | **常见花色：** 蓝紫色 **盛花期：** 7~9月
**植物文化：** 花语为回忆、真挚的爱

# 千屈菜 *Lythrum salicaria*

又称水枝柳、水柳、对叶莲 / 多年生草本植物 /
千屈菜科、千屈菜属

密集的花簇成一个
大型的穗状花序

千屈菜生长在浅水岸边或池中，株丛耸立而清秀，穗状花序，花朵繁茂，花期长，适合在浅水边种植造景，也可以用作盆栽观赏，是一种难得的水陆两生型观赏植物。千屈菜性味苦寒，全草都可以入药，有清热、凉血的功效，可用于治疗痢疾、溃疡和血崩等症。此外，千屈菜还有良好的抗菌功用。

**特征识别：** 茎直立，呈方柱形，多分枝，青绿色略被粗毛或密被茸毛。叶对生或三叶轮生，呈披针形或阔披针形，顶端钝或短尖，基部圆形或心形，有时略抱茎，灰绿色，全缘，没有叶柄。小聚伞花序，簇生，因花梗和总梗极短，所以花枝全形组成一个大型的穗状花序；苞片为阔披针形至三角状卵形、三角形；直立的附属体为针状；筒状花萼为灰绿色；花瓣为红紫色或淡紫色，基部楔形，呈倒披针状长椭圆形，着生在萼筒上部，稍皱缩。扁圆形的蒴果全包在宿存花萼内。

**生长环境：** 喜温暖、光照充足、通风好的环境；比较耐寒，喜水湿，多生长在沼泽地、水旁湿地和河边、沟边；对土壤要求不高，在土质肥沃的塘泥基质中长势良好。

**繁殖方式：** 千屈菜的繁殖以分株和扦插为主，也可以播种繁殖，都比较容易成活。

**植物养护：** ①土壤。喜腐殖质壤土，要求排水性和透气效果好。②光照。需保证阳光充足。③水分。勤浇水，但怕涝，浇水后应做好排水。④施肥。喜肥，生长期可每个月施加1次稀薄的养料。

**植株对比：** 千屈菜的高度在30~100厘米，比薰衣草略高；它的茎是方柱形的，分枝比较多，叶片对称生长或三叶轮生；

茎直立，有
较多分枝

叶对生或三叶轮生

花是紫红色的，长穗状，花比较小、长得比较密集。而薰衣草是丛生，虽然也有分枝，但一般情况下都是直立生长；叶片是椭圆形的，带有叶尖，叶的边缘反卷；薰衣草的花序呈穗状，花朵没有千屈菜密集，但是花色要比千屈菜丰富，有粉色、深紫色、白色等。

小聚伞花序，簇生，花梗极短

花瓣为红紫色或淡紫色

**资源分布：** 亚洲、欧洲、非洲、北美洲和澳大利亚东南部 | **常见花色：** 红紫色、淡紫色 | **盛花期：** 7~9月
**植物文化：** 花语为孤独

# 鸡冠花 *Celosia cristata*

又称芦花鸡冠、笔鸡冠 / 一年生直立草本植物 /
苋科、青葙属

鸡冠花有许多小花聚集而成的穗状花序，花色有紫色、红色、黄色、橙色等；株型有高、中、矮三种；形状有矛状、羽状、球状等；叶色有深红色、翠绿等，色彩纷呈，极其好看，是夏、秋两季常用的花坛用花。

鸡冠花可入药，味甘，性凉，有凉血和止血的功效，可辅助治疗吐血、咳血、血淋和女性崩漏等症。此外，鸡冠花对有害气体，如二氧化硫、氯化氢有较强的耐受性，从而可起到绿化、美化和净化环境的作用，是一种可抗环境污染的观赏型花卉。

花多数而极密生

茎少有分枝，有棱纹凸起

球状鸡冠花，花冠部分特别紧密而呈球状

互生叶，先端渐尖或长尖，全缘，有叶柄

**特征识别：** 高30~80厘米，植株粗壮无毛。茎少分枝，有棱纹凸起，近上部扁平，为绿色或带红色。单叶互生，先端渐尖或长尖，基部渐窄成柄，全缘，有叶柄。花多数，极密生，呈扁平肉质鸡冠状、矛状、卷冠状或羽状的穗状花序，一个大花序下面有数个较小的分枝；花被片为红色、紫色、黄色、橙色或红黄色相间；苞片、小苞片和花被片都为干膜质。卵形胞果，长约3毫米，成熟时盖裂，包在宿存花被内。肾形种子，黑色而有光泽。

**生长环境：** 喜温暖、干燥的气候，喜炎热，怕干旱，不耐涝，对土壤要求不高，以排水性良好的夹沙土栽培为宜。

**繁殖方式：** 用种子繁殖。播种前施足基肥，播种后盖严种子，踏实并浇透水。

**植物养护：** ①土壤。推荐排水性良好的夹沙土。②浇水。生长期和开花期的浇水量都不宜过多，阴雨天要及时排水。③施肥。鸡冠花形成后，每隔10天施1次稀薄的复合液肥。④光照。喜光，不耐阴，要保证充足的光照时间。⑤温度。适宜的生长温度为18~28℃。

羽状鸡冠花，花形呈羽毛状，花冠似火焰般，色彩鲜明

矛状鸡冠花，花冠类似杉树形的圆锥状，花穗短而紧缩

**资源分布：** 原产于亚洲热带，我国南北各省区均有分布 | **常见花色：** 紫色、红色、黄色、橙色
**盛花期：** 7~9月 | **植物文化：** 花语为热烈、真爱永恒

# 桔梗
*Platycodon grandiflorus*

又称包袱花、铃铛花、僧帽花 / 多年生草本植物 /
桔梗科，桔梗属

桔梗根须发达，呈圆柱形或略呈纺锤形。根部入药，有宣肺、利咽、祛痰、排脓等功效，用于咳嗽痰多、胸闷不畅、咽痛、喑哑、肺痈吐脓等症。根还可食用，在我国东北地区常被腌制为咸菜；在朝鲜半岛被用来制作泡菜，当地民谣《桔梗谣》描写的就是这种植物。

卵形、卵状椭圆
形至披针形叶片

大花冠为蓝色、
紫色或白色

茎直立，有
较少分枝

叶边顶端缘
有细锯齿

**特征识别：** 茎高20~120厘米，不分枝或极少上部分枝。叶全部轮生或部分轮生至全部互生，无柄或有极短的柄，卵形、卵状椭圆形至披针形叶片，基部宽楔形至圆钝，急尖，叶边顶端缘有细锯齿。花单朵顶生，或数朵集成假总状花序，或有花序分枝而集成圆锥花序；花萼钟状，顶端有5裂片，裂片为三角形或狭三角形，有时呈齿状；大花冠为蓝色、紫色或白色。

**生长环境：** 多栽培在海拔1100米以下、半阴半阳的丘陵地带；喜阳光和凉爽的气候，较耐寒；在富含磷钾肥的中性夹沙土壤中生长较好。

**繁殖方式：** 用播种法繁殖。于4月左右播种，15~20天后可出芽。

**植物养护：** ①土壤。喜沙质、排水性好、具有较多腐殖质、pH值为5.0~6.5的土壤。②温度。适宜生长温度在18~25℃，有一定的耐寒性。③浇水。夏天需要每天浇水，其他时间每3~4天浇1次水；气温过低时，不需要浇水。④施肥。生长期要每个月施1~2花肥，开花期施1~2次过磷酸钙。

圆柱形或略呈纺锤形的根

**资源分布：** 中国、朝鲜半岛、日本和西伯利亚东部 | **常见花色：** 淡紫色 | **盛花期：** 7~9月
**植物文化：** 花语为永恒的爱和无望的爱

# 唐菖蒲 *Gladiolus gandavensis*

又称菖兰、剑兰、扁竹莲、十样锦 /
多年生草本植物 / 鸢尾科、唐菖蒲属

唐菖蒲植株高挑，花茎远高出叶面，有膨大成漏斗状的花冠筒，花色多样，与月季、康乃馨和非洲菊一起被誉为"世界四大切花"。唐菖蒲园艺品种极为丰富，可按习性、花季及花色进行分类。其中春花类株矮，茎叶细，花朵小，色彩单调，但耐寒性强；夏花类植株高大，花朵多，花色、花形、花茎及花期等富于变化，但耐寒力弱，夏、秋两季开花。

**特征识别：**球茎呈扁圆球形，有棕色或黄棕色的膜质包被。剑形叶基生或在花茎基部互生，基部鞘状，顶端渐尖。花葶自叶丛中抽出，穗状花序顶生，每穗花有8~24朵，通常排成两列，自下而上依次开花；花冠呈膨大漏斗状，花色有红、粉、白、橙黄、紫、蓝、复色等色系。蒴果椭圆形或倒卵形，成熟时室背开裂；种子扁而有翅。

**生长环境：**喜温暖的气候，怕涝，不耐高温，不耐寒，喜阳光充足、通风良好的环境；喜肥，在肥沃的沙质土壤中长势良好。

**繁殖方式：**采用播种和分球的方式繁殖。其中比较常用的是分球法，一般在春季进行。

**植物养护：**①温度。不耐高温，不耐寒，白天适宜温度在20~25℃，晚上10~15℃。②土壤。喜肥沃深厚的沙质壤土，要求有良好的排水性，土壤的pH值以5.6~6.5为宜。③光照。每天可保持16小时的光照时长，夏季要做适当的遮阴保护。④浇水。始终保持盆土湿润。花茎抽出后，可以每天向叶面喷水1~2次。⑤施肥。出苗期可施1次稀肥，生长中期重施1次钾肥，开花前后再追施1~2次腐熟稀薄的有机肥。

**鲜切花养护：**花枝的预留长度约为花瓶2倍的高度，底部斜剪后，将底部的叶子全部去掉；养护时需每天换一次水，换水时及时清洗花枝底部，或做适当地修剪；唐菖蒲的适宜生长温度是20~25℃，水养时温度以20℃为宜。

叶为剑形，叶基生或在花茎基部互生

茎直立向上生长，没有分枝

花穗排成两列，自下而上依次开花

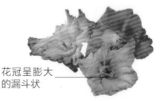

花冠呈膨大的漏斗状

颜色丰富，有单色，也有复色

**资源分布：**中国、美国、荷兰、以色列、日本 | **常见花色：**红色、粉色、橙色、黄色 | **盛花期：**7~9月
**植物文化：**花语为用心、福禄、爱恋、长寿、康宁、怀念

## 鉴别

### 报春花

它的球茎较大，球状，植株矮小，着花3~5朵，侧向一方开放，花茎紫色，略带红晕；栽培土壤以肥沃的沙质土壤最为适宜，土壤pH值不宜超过7。

### 绯红

又名红色唐菖蒲，球茎大，球状，株高90~120厘米，着花6~7朵，小花为钟形，绯红色，有大形白色斑点；生长适温为20~25℃。

### 多花

球茎中等，球状，株高45~60厘米，着花20余朵，花大，白色，是典型的长日照植物，但花芽分化以后，短日照有利于花蕾的形成和提早开花。

### 鹦鹉

球茎大形，扁球状，紫色，株高1米左右，着花10~12朵，侧向一方开放，大型花，黄色，上有深紫色斑点或紫晕。

# 木槿 *Hibiscus syriacus*

又称木棉、荆条、朝开暮落花 /
落叶灌木植物 / 锦葵科、木槿属

花单生于叶腋间

木槿花朵繁密，花色丰富，娇艳夺目，有一定的耐寒性与耐阴性，植株管理简便，是一种十分难得的园艺植物。木槿的花蕾可以作为蔬菜食用，吃起来口感清脆，并且营养价值极高，含有丰富的蛋白质、粗纤维、维生素C等营养物质。木槿花通常是在清晨开放，翌日枯萎，因此又被称为"朝开暮落花"。作蔬菜食用的花朵最好在每天早晨采摘。

**特征识别**：落叶灌木植物，高3~4米，小枝上有密集的黄色星状茸毛。叶为菱形至三角状卵形，先端钝，基部楔形，有深浅不同的3裂或不裂，边缘有不整齐的齿缺。花单生于叶腋间，钟形花萼上有较密的星状短茸毛，5裂，裂片为三角形。

**生长环境**：木槿稍耐阴，喜温暖、湿润气候，耐热又耐寒；对土壤的要求不高，在重黏土中也能生长；耐干燥，耐贫瘠，对环境的适应性很强。

**繁殖方式**：木槿多采用扦插法进行繁殖。扦插时选择健壮的枝条，截成15~20厘米的小段，将枝条按一定的行距插入，深度一般10~15厘米为宜，之后将土壤按实，浇透水即可。

菱形至三角状卵形的叶片，叶片边缘有不整齐的齿缺

**植物养护**：①土壤。肥沃、疏松的土壤更有利于木槿的生长发育。②光照。喜光，生长期要接受充足的光照，但忌强光直射，夏季要适当为其遮阴。③浇水。每次浇水应浇透，同时要注意排水。④施肥。应在生长期和开花前各追施1次磷肥和钾肥。

**资源分布**：我国各地均有栽培 | **常见花色**：白色、粉色、紫色、红色 | **盛花期**：7~11月
**植物文化**：花语为坚韧、永恒的美丽

## 鉴别

#### 雅致木槿

叶为菱形至三角状卵形，长3~10厘米、宽2~4厘米，有深浅不同的3裂或不裂，先端钝，基部楔形，边缘有不整齐的齿缺；花粉红色，重瓣，直径6~7厘米。

#### 牡丹木槿

粉红色或淡紫色的钟形花瓣，为重瓣；花瓣为倒卵形，直径7~9厘米；花期为7~10月；产于我国浙江、江西、陕西和贵州等地区。

#### 白花重瓣木槿

花白色，重瓣，直径6~10厘米；产于我国福建、广东、广西、四川、贵州、云南、湖南、湖北、江西、安徽、浙江等地区。花可作蔬食，别有风味。

#### 长苞木槿

木槿的一种变种：小苞片与萼片近等长，为线形；花淡紫色，单瓣花朵直径5~6厘米，花瓣为倒卵形，长3.5~4.5厘米；我国台湾、四川、贵州和云南等地区常见。

#### 大花木槿

落叶灌木植物，高3~4米，小枝上有密集的黄色星状茸毛；花桃红色，单瓣；花期为7~10月；产于我国广西、福建、江西和江苏等地区。

#### 紫花重瓣木槿

花青紫色，重瓣；产于我国四川、贵州、云南和西藏等地区，均系栽培。

# 晚香玉 *Polianthes tuberosa*

又称月下香 / 多年生草本植物 /
石蒜科、晚香玉属

　　晚香玉原产于墨西哥，它的花语是危险
的快乐，主要有两个原因：第一，晚香玉在
晚上开放，且在月光下香味更浓，故又名"月下
香"；第二，花香浓郁，久闻后可使人呼吸困难，一般
不放在室内。不过，也正是因为晚香玉的花香浓郁，
它还是提取香精的优质原料。

每穗有花 12~32 朵

茎直立，不分枝

茎上叶散生，
越往上越小，
逐渐呈苞片状

　　**特征识别**：多年生草本植
物。高可达1米左右，有块状的根
状茎。茎直立，不分枝。有基生
叶6~9片簇生，线形，顶端尖，
深绿色；花茎上的叶散生，向上
渐小呈苞片状。穗状花序顶生，
每穗有花12~32朵，白色花呈漏
斗状，每苞片内常有2朵花，苞片
绿色；花被基部稍弯曲；花裂片
为长圆状披针形，钝头；花柱细
长，柱头3裂。蒴果卵球形，顶端
有宿存花被；种子多数，稍扁。

　　**生长环境**：喜温暖、湿
润、阳光充足的环境，不耐霜
冻；对土壤的湿度反应敏感，
在肥沃的黏质土壤中生长良
好，在沙土中则不宜生长；
忌积水，也不耐干旱。

　　**繁殖方式**：常用分
球的方式来繁殖。于每
年11月末采集种球，
第二年栽种。

　　**植物养护**：①温度。生长适
宜温度为20~30℃，冬季的最低
温度不能低于4℃。②光照。喜
光且耐阴，生长期尽量提供良好
光照，夏季温度高的时候则需遮
阴。③浇水。生长期需要2~3天
浇1次水。④施肥。栽种1个月
之后再施肥，开花之前施加1次
肥，之后每2个月施1次，肥料以
复合肥为宜。

　　**植株对比**：晚香玉与夜来香
是不是同一种植物？众说纷纭，
其实可以通过三点来区分它们。
一是科属与形态。晚香玉是石蒜
科多年生草本植物，茎直立，不
分枝；而夜来香是萝藦科植物，
藤状灌木，枝柔软。二是产地。
晚香玉原产于墨西哥，而夜来香
原产于我国华南地区。三是生
长习性。晚香玉性喜欢温暖、潮
湿、阳光充足的环境；而夜来香
主要生长在亚热带和温带地区的
丛林、林地和灌木丛中，性喜通
风良好、气候干燥的环境。

白色花呈漏斗状，每
苞片内常有 2 朵花

花柱细长，柱头 3 裂

**资源分布**：墨西哥、南美、中国均有栽培 | **常见花色**：白色 | **盛花期**：7~9月 | **植物文化**：花语为危险的快乐

# 凤仙花 *Impatiens balsamina*

又称指甲花、急性子、女儿花 / 一年生草本植物 /
凤仙花科、凤仙花属

凤仙花花形美丽，花色有粉红色、大红色、紫色、白黄色、洒金等；品种多变，有时同一株上能开出数种不同颜色的花瓣。凤仙花因其花色、品种极为丰富，是美化花坛、花境的常用材料。

凤仙花的茎及种子可入药，茎称"凤仙透骨草"，有祛风湿、活血、止痛之效，用于改善风湿性关节痛、屈伸不利；种子称"急性子"，有软坚、消积之效，适用于噎膈、骨鲠咽喉、腹部肿块、闭经等。民间还用凤仙花的花及叶子来染指甲。

花单生或 2~3
朵簇生于叶腋

唇瓣深舟状

肉质茎，分枝
较少或不分枝

旗瓣为圆形的兜
状，先端微凹

重瓣凤仙花

**特征识别：** 一年生草本植物。直立、粗壮的肉质茎，分枝较少，无毛或幼时上有稀疏柔毛，有多数纤维状根。叶互生，最下部的叶有时对生；叶片为先端尖、边缘有锐锯齿的披针形、狭椭圆形或倒披针形。花单生或2~3朵簇生于叶腋，花分为单瓣或重瓣，花色多样；唇瓣深舟状；旗瓣为圆形的兜状，先端微凹；花丝线形；花药为顶端钝的卵球形。宽纺锤形的蒴果，两端尖，上密被柔毛，内有圆球形种子多数。

**生长环境：** 喜阳光，怕湿，耐热，不耐寒；喜向阳的地势和疏松、肥沃的土壤，在较贫瘠的土壤中也可生长。

**繁殖方式：** 主要用种子繁殖。一般在3~9月进行播种，以4月播种为宜。

**植物养护：** ①土壤。喜肥沃、湿润、疏松的土壤，可添加一些混合沙土的偏酸性土壤。②浇水。生长期要保证土壤湿润，夏天需水量大，但若降水过多要及时进行排水。③光照。每天需要接受4小时的散光照射，夏季阳光强烈时要遮阴。④温度。适宜的生长温度在16~26℃，最低温度不要低于10℃。

宽纺锤形的蒴果，生有密集的
柔毛，内有圆球形种子多数

叶为披针形、狭椭
圆形或倒披针形，
边缘有锐锯齿

**资源分布：** 原产于中国、印度，现我国各地均有栽培 | **常见花色：** 粉红色、红色、紫色、白色
**盛花期：** 7~10月 | **植物文化：** 花语为别碰我和怀念过去

# 凤眼莲 *Eichhornia crassipes*

又称水葫芦、凤眼蓝、水葫芦苗 /
浮水草本植物 / 雨久花科，凤眼莲属

　　凤眼莲的根须极其发达，繁殖速度快，很容易在水面上浮游扩散。在自然水域中，凤眼莲通过这样的方式与其他水生植物竞争矿物质、阳光等资源，从而达到抑制其他水生生物生长的目的。

　　凤眼莲的花和嫩叶吃起来清香爽口，是一道味道鲜美且有润肠通便功效的蔬菜。

9~12朵花排列成穗状花序

花冠两侧略对称，中间有1个黄色圆斑

茎极短

圆形、宽卵形或宽菱形的叶

忌高温。

**特征识别：** 棕黑色的须根发达。茎极短，有淡绿色或带紫色的匍匐枝。叶为圆形、宽卵形或宽菱形，顶端钝圆或微尖，基部宽楔形或在幼时为浅心形，全缘，有弧形脉，表面深绿色，两边微向上卷，顶部略向下翻卷。花葶有多棱，从叶柄基部的鞘状苞片腋内伸出；9~12朵花排列成穗状花序；花被裂片6片，蓝紫色的花瓣呈卵形、长圆形或倒卵形，花冠两侧略对称，四周为淡紫红色，中间蓝色，在蓝色的中央有1个黄色圆斑。蒴果卵形。

**生长环境：** 喜欢温暖、湿润、阳光充足的环境，适应性很强，具有一定耐寒性，忌高温；喜欢生于浅水中，在流速不大的水体中也能够生长，随水漂流，繁殖迅速。

**繁殖方式：** 多采用播种及分株的方法来进行繁殖，分株繁殖的成活率要高于播种繁殖。

**植物养护：** ①土壤。适应性强，对土壤要求不高，选择疏松、肥沃的土壤即可。②光照。喜阳光充足的生长环境。③温度。在25~32℃环境中长势良好，

**植株对比：** 雨久花的叶单生于茎上；而凤眼莲是单叶丛生于短缩茎的基部。雨久花的叶片呈广心形或卵形心形，叶柄基部扩大成鞘，抱茎；凤眼莲的叶呈圆形、宽卵形或宽菱形，叶柄中下部有膨胀如葫芦状的气囊。雨久花的花由总状花序再聚成圆锥花序，花序比叶长，花浅蓝至蓝色；而凤眼莲的花是由6~12朵花

组成的穗状花序，花是蓝紫色。

**植物变株：** 凤眼蓝。茎极短，花为浅蓝色，呈多棱喇叭状，上方的花瓣较大；花瓣中心生有一明显的黄色斑点，形如凤眼，也像孔雀羽翎尾端的花点，非常养眼、靓丽，是园林水景中的常用造景材料。植于小池一隅，以竹框之，野趣幽然。

叶柄中下部有膨胀如葫芦状的气囊

叶表面深绿色，两边微向上卷，顶部略向下翻卷

**资源分布：** 原产于巴西，现我国长江流域、黄河流域各省广布 | **常见花色：** 蓝紫色 | **盛花期：** 7~10月
**植物文化：** 花语为此情不渝、至死方休

第三章

 浓墨重彩的秋季花草

秋季的光照、温度及湿度都十分适合植物的生长。秋季常见的开花植物有喜温暖、潮湿环境的乌头、蒜香藤，有喜阳光充足环境的红花羊蹄甲、非洲菊，也有耐高温且较耐寒的桂花、羽叶薰衣草，还有喜冷又耐阴的番红花等。

# 秋海棠 *Begonia grandis*

又称相思草、八月喜、断肠草 /
多年生草本植物 / 秋海棠科，秋海棠属

秋海棠根状茎近球形，株形不高，茎身直立并有分枝，花朵繁多，花色鲜艳，对光照反应比较敏感，适合在晨光和散射光下生长。

秋海棠被古人赋予相思、苦恋之意，在陆游与唐琬、宝玉与黛玉的相恋过程中，秋海棠都成为相思、苦恋的见证，因此秋海棠又名"相思草""断肠草"。法国人则将秋海棠视为真挚的友谊；在其他欧美国家，秋海棠被认为是亲切、诚恳的意思。

**特征识别：**茎直立，有纵棱，无毛；叶互生，有长柄，叶片两侧不相等，轮廓宽卵形至卵形，先端渐尖至长渐尖，基部心形，偏斜；叶片边缘有不等大的三角形浅齿，齿尖带短芒，并常呈波状或宽三角形的极浅齿；花以粉色居多，回二歧聚伞状。

叶互生，有长柄，叶柄无毛、有棱，叶片两侧不相等

**生长环境：**生长适温为19~24℃，冬季温度不低于10℃，在温暖的环境下生长迅速，茎叶茂盛，花色鲜艳。

**繁殖方式：**成活率高的繁殖方式有茎插、叶插和根茎插三种。茎插在4~5月生根快，成活率高；叶插繁殖以夏、秋季节效果最好；根茎插适用于根茎密集的秋海棠，可在春、秋两季进行。

**植物养护：**秋海棠开败后，要将开败的花朵全部剪掉，再疏剪植株密集的枝叶，并适当地去除植株上端的嫩芽，保留2~3个嫩芽即可，以促进植物的光合作用并减少对土壤养分的消耗，以利于秋海棠的再次开花。

粉色花最常见

叶片边缘有不等大的三角形浅齿

密集而交织的细长纤维状根，根状茎近球形

---

**资源分布：**我国华中、华南、华东等省区及日本、马来西亚等国 | **常见花色：**红色、粉色、黄色、白色
**盛花期：**8月 | **植物文化：**我国赋予其相思之意，欧美花语为亲切、诚恳

## 鉴别

**蟆叶秋海棠**

叶片形态多变，有象耳形、心形和枫叶形，颜色包括红、粉、紫等。喜欢温暖湿润、半阴的气候环境，最适宜的生长温度为22~25℃。

**四季秋海棠**

作为秋海棠家族中典型的常青种，全年皆可繁茂盛开，有单瓣、重瓣两种。

**丽格秋海棠**

又名玫瑰海棠，是须根系秋海棠，株形圆润饱满，单叶互生；花型多以重瓣为主，花期长。

**银星秋海棠**

因绿色的叶片上密生有许多银白色的小斑点，好似天空中闪烁的繁星而得名。花小，粉红色或白色。

**竹节秋海棠**

观叶、赏花两不误的花型，叶子为长椭圆形，花小，花期较长，多为正红或粉红色。

# 蒜香藤 *Mansoa alliacea*

又称紫铃藤、张氏紫葳 / 常绿藤本植物 /
紫葳科、蒜香藤属

聚伞花序

花色由紫红逐渐变
成白色，花、叶揉
搓后有蒜香味

植株为攀缘
性，有卷须

蒜香藤喜温暖、湿润气候和阳光充足的
环境，枝叶疏密有致，花多色艳，十分适合
作为篱笆、围墙美化或凉亭、棚架装饰之用，还可作阳台
的攀缘花卉或垂吊花卉。它的根、茎、叶均可入药，可辅
助调理感冒、发热、咽喉肿痛等呼吸道疾病。由于蒜香
藤具有浓郁的蒜香，还可以作为蒜的替代物用于烹饪。

**特征识别：** 常绿藤本植物，
二出复叶对生，椭圆形；聚伞花
序腋生，花冠筒状，花瓣前段5
裂。盛花期为8~12月。

**生长环境：** 喜温暖、湿润
气候和阳光充足的环境，不耐
寒，对土质要求不高，全日照
的环境最佳。

**繁殖方式：** 蒜香藤可用播
种、扦插或压条进行繁殖。多以
扦插为主，春、夏、秋三季均可

进行，3~7月生根率最高。

**植物养护：** 夏季需每天浇
1次水，冬季则可以3~4天浇1
次水。

**植株对比：** 蒜香藤与飘香藤
叶片同为椭圆形，但是蒜香藤的
叶片较小，揉搓会有蒜香味，而
飘香藤的叶片较大，叶面较皱；
蒜香藤的花为聚伞花序，而飘香
藤的花为腋生漏斗形，并且花色
较多。

二出复叶，深绿色有光泽

蒴果呈扁平长线形

**资源分布：** 我国华南地区 | **常见花色：** 粉紫色、粉红色 | **盛花期：** 9~10月 | **植物文化：** 花语为相互思念

# 牵牛花 *Ipomoea purpurea*

又称二丑、喇叭花 / 一年生草本植物 /
旋花科，虎掌藤属

　　牵牛花酷似喇叭状，花色有单色和混色，颜色十分丰富，花瓣边缘变化较多，是常见的观赏植物。牵牛花的适应性较强，喜阳光充足，亦可耐半遮阴，喜暖和、凉快，亦可耐暑热、高温，但不耐寒，怕霜冻。除栽培供观赏外，牵牛花的种子可以入药，有泻水利尿、逐痰、杀虫的功效。

叶呈宽卵形或近圆形

花单生或2朵生于花序梗顶

花冠为漏斗状，花冠管色淡

茎有密集的微硬柔毛

　　**特征识别：**全株茎、叶有微硬柔毛。叶宽卵形或近圆形，有深或浅的3裂，基部圆，心形，中裂片长圆形或卵圆形，渐尖或骤尖，侧裂片较短，三角形，裂口锐或圆。花腋生，单生或2朵着生于花序梗顶，花序梗长短不一；苞片线形或叶状，有微硬毛；萼片披针状线形；花冠为漏斗状，蓝紫色或紫红色，花冠管色淡。蒴果近球形，3瓣裂；种

子卵状三棱形，黑褐色或米黄色，有褐色短茸毛。

　　**生长环境：**生于山坡灌丛、干燥河谷路边、山地路边。喜光植物，不耐寒，较耐旱，直根。

　　**繁殖方式：**播种繁殖，宜3~5月播种。有很强的自繁能力。

　　**鲜切花养护：**①土壤。用培养土加素面沙土，比例1：1。②光照。喜光照充足、通风良好。③水分。土壤见干后再浇水。④施肥。可用氮磷钾复合肥，氮肥不要过多，以免茎叶过于茂盛，半个月施肥1次为宜。

　　**植株对比：**牵牛花的茎上有柔毛，叶片为卵形或者近圆形，叶面也有柔毛；而打碗花全株无毛，基部的叶片为长圆形，上部叶片分3裂，中裂片为长圆形，侧裂片形状为三角形。

　　牵牛花的花梗长短不一，苞片为线形或叶状，萼片为披针状线形，花冠为漏斗状；而打碗花的花梗比叶柄长，苞片为宽卵形，萼片为长圆形，花冠形状为钟状。

蒴果近球形，3瓣裂，种子卵状三棱形

**资源分布：**我国各地有分布 | **常见花色：**粉色、紫色、蓝色、白色 | **盛花期：**8~10月
**植物文化：**花语为名誉、爱情永固

# 宽叶韭 *Allium hookeri*

又称山韭、起阳草 / 多年生草本植物 /
石蒜科，葱属

花为白色的披针形
至长三角状条形

宽叶韭多在坡地生长，也生长于林缘、田间地头或混迹于草丛。喜温暖、潮湿和稍阴的环境。它的根系分布浅，地上部分长势旺盛，因此栽培时宜选择疏松、肥沃、保水力强的土壤。

宽叶韭含有大量天然挥发油、植物纤维和一些粗纤维，能疏肝和胃、增加食欲、加快胃肠蠕动，能缓解便秘，对消化不良有很好的调理作用。宽叶韭还是一种可以活血止痛的特色野菜，把新鲜的宽叶韭捣烂外敷于跌打损伤处，就能让肿痛缓解；另外，宽叶韭还能扩张血管、调节血压，对高血压、冠心病等心脑血管疾病有很好的食疗作用。

夏、秋两季
抽出花薹

叶为条形至宽条形，有明显的中脉在叶背突起

**特征识别**：叶基生，条形至宽条形，绿色，有明显的中脉，在叶背突起。伞形花序顶生，近球形，有多数小花密集而生；小花梗纤细，近等长，基部无小苞片；花白色，花披针形至长三角状条形，内外轮等长，先端渐尖或不等的浅裂。果实为蒴果，倒卵形。

**生长环境**：生长于山林、坡地。喜温暖、潮湿和稍阴环境。

**繁殖方式**：宽叶韭用种子或分株繁殖，以分株繁殖为主。当植株具3分蘖以上时，可分株繁殖，一般可在春季进行。其他

季节分株要注意遮阴保湿，可用遮阳网覆盖，并及时淋水。分株定植的株行距为20（30）厘米×30厘米。

**植物养护**：①土壤。宜选择肥沃、疏松、保水力强的土壤。②施肥。可于种植前施入充足土杂肥或腐熟粪肥。③水分。常淋水以保持土壤湿润。

**植株对比**：宽叶韭的叶子比较宽，比较厚，但个头矮小，鳞式外皮黄褐色，网状纤维质；而韭菜的叶子多为细长，比较窄，有强烈气味，根茎横卧，鳞茎狭圆锥形，整株比宽叶韭高。

倒卵形蒴果，成熟的种子是黑色

花密集，伞形花序顶生，近球形

**资源分布**：我国各地广布 | **常见花色**：白色 | **盛花期**：8~10月 | **植物文化**：花语为奉献

# 石蒜 *Lycoris radiata*

又称龙爪花、蟑螂花 / 多年生草本植物 /
石蒜科、石蒜属

花被裂片为狭倒披针形，强烈皱缩和反卷

伞形花序，有花4~7朵

石蒜有很高的园艺观赏价值，秋赏其花，冬赏其叶，在萧瑟的秋冬季节依然能给人带来无限的惊喜。石蒜在我国有较长的栽培历史，品种较为多样化，不同颜色的石蒜还有着不同的名称，如白色石蒜称曼陀罗华，红色石蒜称曼珠沙华，而黄色石蒜又叫忽地笑。不同的颜色及名称增添了石蒜的神秘色彩。除观赏价值外，它的鳞茎还有祛痰、利尿的功效，但需注意其鳞茎有小毒，慎用。

**特征识别：** 石蒜为多年生草本植物，近球形的鳞茎直径1~3厘米。在秋季长出狭带状的叶子，顶端钝，深绿色，中间有粉绿色带。花茎高约30厘米；有2片披针形的总苞片；伞形花序有花4~7朵；花被裂片为狭倒披针形，并有强烈皱缩和反卷，花被筒为绿色。

**生长环境：** 野生在缓坡林缘、溪边等比较湿润及排水性良好的地方。喜阴，喜湿润，耐寒，耐干旱。对土壤要求不高，以富有腐殖质的土壤和阴湿、排水性良好的环境为好。

**繁殖方式：** 可采用分球、播种、鳞块基底切割和组织培养等方法繁殖。其中分球法繁殖最为简便，成活率也高。

**植物养护：** ①温度。喜温暖的气候，室温不要低于10℃。②日照。喜阴湿环境，夏季要注意适当遮阴。③土壤。对土壤要求不高，以含有腐殖质和排水良好，pH值在6~7的土壤为佳。④水分。有一定的耐旱性，土壤见干时再浇水即可，休眠期要减少浇水。

**植株对比：** 彼岸花其实也是石蒜花的一种，石蒜的种类很多，有红色、黄色、白色等，其中红色的称为彼岸花，也叫曼珠沙华，属于石蒜的一个变种，因此，彼岸花可以叫石蒜花，但石蒜花包括了彼岸花。

不同颜色的石蒜花

**资源分布：** 中国、日本 | **常见花色：** 红色、橙色、白色、黄色 | **盛花期：** 8~10月
**植物文化：** 花语为优美纯洁

# 菊芋
*Helianthus tuberosus*

又称五星草、洋羌、番羌 / 多年生草本植物 /
菊科，向日葵属

黄色的舌状花和管状花冠

菊芋原产于北美洲，根系十分
发达，是固沙、治沙、改善沙漠生
态的优良植物。菊芋的地下块茎富
含淀粉、菊糖等果糖多聚物，可以食
用，如直接煮食或熬粥，腌制咸菜，晒制菊
芋干，或用作提取淀粉和酒精的原料。

块状地下茎
和纤维状根

叶常为对生，
有叶柄

**特征识别：** 有块状的地下
茎及纤维状的根；茎直立，有分
枝，全株有毛。叶多为对生，有
叶柄，上部叶互生，为长椭圆形
至阔披针形，基部渐狭，下延成
短翅状，顶端渐尖，短尾状；下
部叶为卵圆形或卵状椭圆形，有
长柄，基部为宽楔形或圆形，有
时微心形，顶端渐细尖，边缘有
粗锯齿。头状花序较大，少数或
多数，单生于枝端，有1~2片直
立的线状披针形的苞叶；舌状
花通常12~20朵，舌片为长椭圆
形，管状花花冠黄色。

**生长环境：** 菊芋是比较耐
寒、耐旱的植物。对土壤要求
不高，但不适合生长在酸性土
壤和沼泽、盐碱地中。

**繁殖方式：** 可用块茎和种子
进行繁殖。块茎繁殖可在秋、冬

季进行，也可在翌年春季土壤
解冻之后进行。种子繁殖则只能
在春季进行。

**植物养护：** ①培土。春季出
苗后或雨后要进行培土。②浇
水。菊芋耐旱，但充足的水分有
助于提高产量。其中苗期、拔
节期、现蕾期和块茎膨大期需
要浇足水。③摘蕾。在块茎膨大
期要摘花摘蕾，这样可以促使块
茎膨大。

**植株对比：** 单瓣小向日葵的

叶为互生，心状卵形或卵圆形，
叶片较大，有长柄；而菊芋的叶
多为对生，上部叶互生，为长椭
圆形至阔披针形，叶片不大。

上部叶互生，呈长
椭圆形至阔披针形

下部叶为卵圆
形或卵状椭圆
形，有长柄

**资源分布：** 原产北美洲，经欧洲传入我国 | **常见花色：** 黄色 | **盛花期：** 8~9月
**植物文化：** 花语为热情奔放、坚强勇敢

# 千里光 *Senecio scandens*

又称九里明、百花草 / 多年生攀缘草本植物 /
菊科，千里光属

千里光适应性强，资源分布广泛，既能耐旱、耐寒，又能耐潮湿。千里光最突出的特点是它的药用价值，其味苦，性凉，全草可入药，有清热解毒、凉血消肿和清肝明目的功效，但植株有小毒，需遵医嘱使用。

单生花，单朵或数朵排列成伞状

叶为卵状披针形至长三角形，有细裂或羽状浅裂

有 8~10 瓣的黄色舌状花和多数管状花

茎长 2~5 米，有分枝，略有柔毛或无毛

**特征识别**：有较粗的木质根状茎，多分枝，被柔毛或无毛。叶片卵状披针形至长三角形，顶端渐尖，基部宽楔形、截形、戟形或稀心形，有明显的羽状叶脉；顶生头状花序；有圆柱状钟形的苞片，小苞片呈线状钻形；舌状花，舌片黄色，长圆形，管状花多数；花冠黄色，裂片卵状长圆形，花药颈部伸长。

**生长环境**：生于山坡、疏林下、林边、路旁。耐干旱，耐潮湿，对土壤要求不高，在沙质壤土及黏质土中生长较好。

**繁殖方式**：有种子繁殖、扦插繁殖及压条繁殖等，以种子繁殖为主。

**植物变株**：缺裂千里光。叶片羽状浅裂，具大顶生裂片，基部常有1~6小侧裂片。花期在8月至翌年2月。生长于灌丛、岩石上或溪边。

山楂叶千里光。叶片小，通常长2~3.5厘米、宽约1.5厘米，厚质，三角形，有宽三角形齿裂。花期为10~12月。生长在山坡或攀缘于灌木上。

**植株对比**：千里光不是野

菊花，两者很相似，但也有明显的不同。千里光的花香比野菊花要淡，花瓣更细长，花蕊是深黄色，叶片也更繁密。而且千里光是多年生攀缘草本植物，有较粗的木质茎；而野菊花为多年生草本植物，茎是直立或铺散的状态。

**资源分布**：我国河南、陕西、江苏、浙江、广西、四川 | **常见花色**：黄色 | **盛花期**：8月至翌年4月

# 狼把草 *Bidens tripartita*

又称鬼叉、鬼针、鬼刺 / 一年生草本植物 /
菊科、鬼针草属

　　狼把草植株的适应性强，生长旺盛。狼把草在开花前，枝叶柔嫩多汁，但闻起来稍有异味，因此，畜禽多避而不食。狼把草全草可入药，可以用来辅助治疗气管炎、肺结核、咽喉炎、扁桃体炎、痢疾、丹毒和癣疾等病症。给动物注射全草浸剂，有镇静、降压和轻度增加心率的作用；内服有利尿和发汗的功效。

叶片呈羽状分裂或深裂，
边缘疏生不整齐的大锯齿

**特征识别：** 茎直立，高30~80厘米，有时可达90厘米；有分枝，无毛。叶对生，茎顶部的叶片较小，有时不分裂，茎中和下部的叶片呈羽状分裂或深裂，边缘疏生不整齐的大锯齿。头状花序顶生，呈球形或扁球形；总苞片2层，内列为干膜质的披针形，与头状花序等长或稍短，外列为披针形或倒披针形，比头状花序长；花皆为管状，黄色。瘦果为扁平的倒卵状楔形，边缘有倒刺毛，顶端有短刺2个，少有3~4个，两侧有倒刺毛。

**生长环境：** 狼把草属湿生性广布植物。在我国多生长于东北松嫩平原草甸、盐碱化较高的湖边。

**繁殖方式：** 因其种子产量高，多采用播种的方式进行繁殖。

**植物养护：** ①温度。对温度要求不高，耐寒又耐热。②浇水。干旱天气浇透水即可。③施肥。耐贫瘠，为了促进生长，可以每个月施1次薄肥。④光照。耐强光，耐半阴，生长期不需要特殊的光照处理。

**植株对比：** 狼把草的茎近圆形，而鬼针草的茎略带四棱形。狼把草的叶为羽状复叶对生，有呈披针形的小叶3~5片；而鬼针草的叶为对生或互生，3裂或不裂。狼把草为无舌状花，花序下有发达的叶状苞片，而鬼针草有白色或黄色的舌状花。狼把草瘦果扁平，顶端有2个短刺；鬼针草瘦果细棒状，顶端有3~4个短刺。

2层苞片，
内短外长

黄色管状花

**资源分布：** 亚洲、欧洲、非洲北部、大洋洲 | **常见花色：** 白色、紫色、紫红色 | **盛花期：** 8~9月
**植物文化：** 花语为坚韧、暗恋

# 蓝刺头 *Echinops sphaerocephalus*

又称蓝星球 / 多年生草本植物 /
菊科、蓝刺头属

蓝刺头的株形优美，花梗分枝较多，花形奇特。花色不只有蓝色，还有蓝紫色、白色等，单株种植在草坪绿地、道路拐角等处极富美感。作为丛生植物，它具有很强的适应力与再生力，种植几年后，不需要精心打理，就会呈现出大面积的丛植景象，看上去十分美丽。蓝刺头还有优良的药用价值，有通乳的作用，与通草、王不留行等配伍，对乳汁不下有良好的疗效。此外，蓝刺头还是优良蜜源植物。

复头状花序单
生于茎枝顶端

三角形或披针形的侧
裂片，边缘有刺齿

**特征识别：** 多年生草本植物，全株高可达150厘米，茎单生，有分支，全茎有毛。叶片为纸质，略薄，叶片上面绿色，下面灰白色；基部叶与下部叶为宽披针形，羽状半裂，有三角形或披针形的侧裂片3~5对，边缘有刺齿，顶端针刺状渐尖；上叶渐小。复头状花序单生于茎枝顶端；总苞片为白色，扁毛状；

外层苞片为褐色，长倒披针形，上部椭圆形扩大；内层苞片为披针形，中间芒裂较长；淡蓝色或白色小花，花冠5深裂，裂片为线形。倒圆锥状的瘦果上有稠密顺向贴伏的长直毛。

**生长环境：** 蓝刺头有很强的适应力，耐干旱，耐瘠薄，耐寒，喜凉爽气候和排水性良好的沙质土，忌炎热、湿涝。

**繁殖方式：** 采用种子繁殖、根段扦插和组织培养等繁殖方式。种子繁殖简单，但是幼苗品质不高；根段以扦插方式繁殖出的幼苗稳定性更好；组织培养法

主要运用于工厂化生产，可实现蓝刺头优良品种的快速繁殖。

**鲜切花养护：** ①温度。耐寒不耐热，适宜温度在15~20℃。②光照。喜光，不耐强光，夏季要做遮光保护。③浇水。耐旱、不耐涝，宁干勿湿。

**植株对比：** 蓝刺头与蓝刺芹的形态相似，但是蓝刺芹的叶片是基生，披针形革质叶片，表面深绿，头状花序生于茎的分叉和枝条上。这些特点与蓝刺头有着明显的区别。

**资源分布：** 中国、俄罗斯、欧洲中部和南部 | **常见花色：** 蓝色、白色、淡蓝色 | **盛花期：** 8~9月
**植物文化：** 花语为上天保佑

# 鸭舌草 *Monochoria vaginalis*

又称鸭儿嘴、鸭仔菜、香头草 / 水生草本植物 /
雨久花科、雨久花属

　　鸭舌草多生长在潮湿地区或水稻田中，也能在陆地上生长，适应能力强，繁殖快，开花季节会在水面上长出大片蓝色花朵，蔚为壮观。鸭舌草的嫩叶可以作蔬菜食用；全草能够入药，具清热解毒、消痛止血之功效，可以用来调理肠炎、痢疾等症；还可作猪饲料。

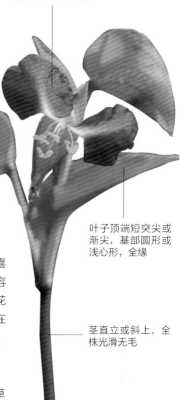

有蓝色小花 1~3 朵

叶子顶端短突尖或渐尖，基部圆形或浅心形，全缘

茎直立或斜上，全株光滑无毛

　　**特征识别**：有很短的根状茎和柔软须根；茎直立或斜上，全株光滑无毛。叶基生和茎生；叶片形状和大小变化较大，由心状宽卵形、长卵形至披针形，全缘。总状花序从叶柄中部抽出，该处叶柄扩大呈鞘状；花序梗短，基部有一披针形苞片，花序在花期直立，在果期下弯；有蓝色小花1~3朵；花被片为卵状披针形或长圆形；花丝丝状。

　　**生长环境**：生长于平原至海拔1500米的稻田、沟旁、浅水池塘等水湿处。喜日光充足之处及温暖环境。

　　**繁殖方式**：采用播种法进行繁殖，于每年春季进行。

　　**鲜切花养护**：①光照。喜光照充足的环境，光照不足容易徒长，出现花少甚至不开花的情况。②温度。适宜温度在18~32℃，但不要低于10℃。③水分。生长在浅水的环境中，应保持一个相对稳定的水位。

　　**植株对比**：鸭跖草与鸭舌草相似，但是前者的茎有分枝，匍匐生根，上部有短毛；而鸭舌草的茎为直立或斜上生长，光滑无毛。第二个不同点是叶子，鸭跖草的叶子为对生，折叠状，展开后为心形，顶端短急尖，基部心形；而鸭舌草的叶子变化较大，可由心状宽卵形、长卵形至披针形。

花丝呈丝状，向上微卷

**资源分布**：我国大部分地区 | **常见花色**：蓝色 | **盛花期**：8~9月 | **植物文化**：花语为热情

# 鬼针草 *Bidens pilosa*

又称鬼钗草、粘人草、粘连子、豆渣草 / 一年生草本植物 /
菊科，鬼针草属

鬼针草的药用价值较高，可全草入药。采收的最好
时节在夏、秋两季的开花盛期，收割其地上部
分，鲜用或干用均可。入药有清
热解毒、活血散瘀的功效，对上呼
吸道感染、咽喉肿痛等症有良好的调
理功效。但因其性微寒，孕妇忌用。

无舌状花

筒状花盘

椭圆形或卵状椭圆
形小叶，有短柄，
边缘有锯齿

茎直立，呈
钝四棱形

**特征识别：** 茎直立，呈钝四棱形。茎下部的叶片较小，3 裂或不分裂，在花前枯萎；两侧小叶为椭圆形或卵状椭圆形，有较短的叶柄，边缘有锯齿。头状花序；总苞基部被短柔毛，呈条状匙形，上部稍宽。无舌状花，花盘筒状，花冠边缘有5齿裂。瘦果黑色，条形，略扁，有棱，上部具稀疏瘤状突起，顶端芒刺3~4个，有倒刺毛。

**生长环境：** 鬼针草多生长在气候温暖、湿润的地区，以疏松、肥沃、富含腐殖质的沙壤土及黏质土最为适宜。

**繁殖方式：** 鬼针草可以通过种子进行自繁殖。结果后，种子可以借助风力、水流、肥粪来传播繁殖，等到翌年春季萌发生长。

**鲜切花养护：** ①土壤。可用松散、肥沃的黏质土跟沙壤土混合制成的培养土。②水分。只需干旱时节进行浇水灌溉。③肥料。喜有机肥，每30~40天施肥1次。④温度。适宜生长温度在18~25℃。

**植物变株：** 白花鬼针草是原株鬼针草的变株，它有白色的蛇状花瓣；原株鬼针草没有舌状花瓣。

全草可入药

**资源分布：** 亚洲、美洲的热带和亚热带地区 | **常见花色：** 黄色 **盛花期：** 8~10月
**植物文化：** 花语为惜别、离别之痛

# 木芙蓉 *Hibiscus mutabilis*

又称芙蓉花、拒霜花、木莲 / 落叶灌木或小乔木植物 /
锦葵科，木槿属

木芙蓉花有单瓣和重瓣之分，花色
或白或粉或赤皎，若芙蓉出水，艳似
菡萏展瓣，故有"芙蓉花"之称；又
因其生于陆地，为木本植物，故又名
"木芙蓉"。木芙蓉是典型的南方植
物，喜温暖、湿润的环境，不耐寒，对
土壤要求不高，瘠薄土地亦可
生长。木芙蓉的花、叶均可入
药，有清热解毒、消肿排脓、
凉血止血之效。

花初开时为白色或淡
红色，后变深红色

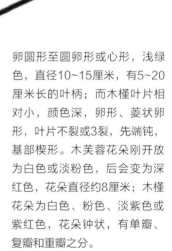

叶子为宽卵形至
圆卵形或心形

**特征识别：**高2~5米。其小
枝、叶柄、花梗和花萼上均有密
集星状毛和直毛相混的细绵毛。
叶子为宽卵形至圆卵形或心形，
常5~7裂，裂片为三角形，先端
渐尖，有钝圆锯齿；有披针形的
托叶，常早落。花单生在枝端
叶腋间，花梗长5~8厘米，近端
有节；线形小苞片8片，基部合
生；钟形花萼，卵形裂片5片，
渐尖头；花瓣近圆形。扁球形蒴
果内有肾形种子。

**生长环境：**多生长在我国长
江流域地区。喜光，稍耐阴，喜
温暖湿润气候，不耐寒。

**繁殖方式：**
家庭种植可以选择
扦插的方式进行繁
殖，适宜时间为每
年的秋季末。

**鲜切花养护：**①温度。成长
期温度宜在20~30℃。越冬的
温度不能低于10℃。②光照。
喜光，但夏季需要遮光。③浇
水。喜潮湿，生长期应给足水
分，冬季则需减少水分。④施
肥。在开花前后施肥。⑤修剪。
开花之前对枝叶进行适当修理，
可促进分枝并增加花量。

**植株对比：**木芙蓉叶片为宽

卵圆形至圆卵形或心形，浅绿
色，直径10~15厘米，有5~20
厘米长的叶柄；而木槿叶片相
对小，颜色深，卵形、菱状卵
形，叶片不裂或3裂，先端钝，
基部楔形。木芙蓉花朵刚开放
为白色或淡粉色，后会变为深
红色，花朵直径约8厘米；木槿
花朵为白色、粉色、淡紫色或
紫红色，花朵钟状，有单瓣、
复瓣和重瓣之分。

花单生在枝端叶腋间，有花梗

钟形花萼，花瓣近圆形

**资源分布：**原产于我国，日本和东南亚各国有栽培 | **常见花色：**白色、红色、粉红色 | **盛花期：**8~10月
**植物文化：**花语为纯洁

# 蚕茧草 *Persicaria japonica*

又称紫蓼 / 多年生草本植物 /
蓼科、蓼属

花为淡红色或白色 ⎯⎯

蚕茧草野生于水沟或路
旁草丛中，其株高可达1米，茎
为棕褐色，有单枝或分枝，穗状
花序上长着淡红色或白色的花被片。
我国主要分布在江苏、安徽、浙江、福
建、四川、湖北、广东、台湾等地。蚕茧
草可散寒活血、止痢，用于腰膝寒痛、麻
疹、细菌性痢疾；还可解毒消肿，治疮痈及
无名肿毒。

**特征识别：** 棕褐色的茎单一
或有分枝，有膨大的节部和先端
渐尖的披针形叶，叶两面有伏毛
和细小的腺点，有时无毛，叶脉
和叶缘有紧贴的刺毛；鞘筒状的
托叶外面有紧贴刺毛，边缘有较
长的睫毛。穗状花序；苞片有缘
毛，内有花4~6朵，花梗伸出苞
片外；花被片5裂，白色或淡红
色；花柱有3个。卵圆形瘦果，
两面凸出，黑色而光滑，全体包
于宿存的花被内。

叶为先端渐
尖的披针形

**植株对比：**

蚕茧草又称紫蓼，
与红蓼既有相似之
处，又有不同之处。
先说红蓼，它的叶子
为宽卵形、宽椭圆形或
卵状披针形，全缘，密生柔毛。
而蚕茧草的茎上有膨大的节，叶
子为先端渐尖的披针形，叶片比
红蓼窄且长。同为穗状花序，红

蓼的花梗紧密，且通常会再组成
一个圆锥状花序。而蚕茧草的花
会显得稀疏一些。

穗状花序

**生长环境：** 生长在水沟或路
旁草丛中。

叶两面有伏毛
和细小的腺点

瘦果为卵圆形，
黑色、光滑

**资源分布：** 我国江苏、安徽、浙江、福建、四川、湖北、广东、台湾等地 | **常见花色：** 白色、淡红色
**盛花期：** 8~10月 | **植物文化：** 花语为思念、依恋

185

# 菊花 *Chrysanthemum × morifolium*

又称鞠、黄花、菊华 / 多年生草本植物 /
菊科，菊属

头状花序，单生或数
个集生于茎枝顶端

菊花为我国十大名花之一，"花中四君子"之一，也是"世界四大切花"之一。因菊花有清寒傲雪的品格，才有了陶渊明"采菊东篱下，悠然见南山"的名句。菊花在我国有着非常悠久的栽培历史，民间还有重阳节赏菊和饮菊花酒的习俗。在古神话传说中，菊花还被赋予了吉祥、长寿的含义。

菊花的种类繁多，可根据花期、花径大小、花朵颜色、花瓣形态、叶子形态及栽培方式等进行分类。除了具有极高的观赏价值外，菊花还是著名的药食同源性植物。

互生叶，
有短叶柄

茎身直立，有
分枝或不分枝，
有细小的柔毛

舌状花，花瓣有
平瓣、匙瓣、管
瓣等多种类型

**生长环境：** 喜温暖气候和阳光充足的环境，能耐寒，但不耐旱。秋菊通常为春季发芽，夏季生长，秋季开花，冬季地下越冬。

**繁殖方式：** 菊花主要通过扦插进行繁殖，在母株上选择一枝健康粗壮的枝条作为种条，扦插繁殖宜在4~5月进行。

**植物养护：** ①温度。秋菊喜凉爽，较为耐寒，适宜的生长温度为18~21℃。②水分。不耐旱，对水分需求较多，尤其在气候干燥时应适当增加浇水次数。③光照。为短日照植物，应避免全天日照。④肥料。花前施肥，开花即停。⑤土壤。对土壤的要求不高，但以疏松肥沃、排水性良好、有些烂树叶的腐殖质土壤为佳。

**特征识别：** 多年生草本植物，高60~150厘米。茎直立，分枝或不分枝，被柔毛。叶互生，有短柄，叶片卵形至披针形，羽状浅裂或半裂，基部楔形，下面被白色短茸毛，边缘有粗大锯齿或深裂，基部楔形，有柄。头状花序单生或数个集生于茎枝顶端，直径2.5~20厘米，大小不一，因品种不同，差别很大；总苞片多层，外层绿色，条形，边缘膜质，外面被柔毛；舌状花，花色极多，头状花序多变化，有平瓣、匙瓣、管瓣等多种类型，当中为管状花，常全部特化成各式舌状花。

干菊花可入药，具有疏散
风热、平抑肝阳、清肝明
目、清热解毒的功效

**资源分布：** 我国大部分地区均有栽培 | **常见花色：** 粉色、紫色、黄色、白色 | **盛花期：** 9~11月
**植物文化：** 花语为清净、高洁、长寿

## 鉴别

### 帅旗

叶子肥大，浓绿有光泽，底叶不脱落。花瓣正面紫红色，背面金黄色，中心筒状花黄绿色；整个花体色泽明快，花姿雄劲，色泽艳丽。

### 玉翎管

花色纯白，舌状花管瓣多轮，外轮瓣稍长，中管稍直，为整齐的散射状，内轮瓣较短。花朵完全开放时不露心。

### 雪青仙人

颜色为粉雪青色，花期为10月下旬，花型为卷散型。喜充足阳光，但也稍耐阴。

### 瑶台玉凤

花色为白色，花期为10月下旬，花型为匙莲型。

### 墨菊

花色深紫色，枝干黑紫，粗细不一，初花期为荷花型，盛花期为反卷型；花瓣质薄，颜色黑里透红，带光泽，并有绒光，花中心有筒状花。

### 仙灵芝

花朵大小中等，花瓣尾部为橙黄色，中部花心是黄色，花瓣细长稍微弯曲，具有很高的观赏价值。

### 紫菊

花瓣为卵形，通体为紫红色。花朵完全开放时，内侧花朵微微向内卷曲，外侧花朵向外分散伸展。

# 桂花 *Osmanthus fragrans*

又称岩桂、木犀、九里香、金粟 / 常绿乔木或灌木植物 /
木犀科，木犀属

桂花属于终年常绿型植物，我国传统十大名花之一，是集绿化、美化、香化于一体的观赏与实用兼备的优良园林树种。桂花清可绝尘，浓能远溢，堪称一绝。尤其是仲秋时节，丛桂怒放，夜静轮圆之际，把酒赏桂，花香扑鼻，令人神清气爽。其园艺品种丰富，最具代表性的有金桂、银桂、丹桂、月桂等。以桂花为原料制作的桂花茶是我国特产茶，它香气柔和、味道可口，为大众所喜爱。

叶为革质，有很明显的叶脉

花为黄白色至黄色或橘红色

小枝为黄褐色，无毛

**特征识别：** 高3~5米，最高可达18米。树皮灰褐色，小枝为黄褐色，无毛。革质叶片呈椭圆形、长椭圆形或椭圆状披针形，先端渐尖，基部渐狭呈楔形或宽楔形，全缘或上半部有细锯齿，两面无毛。聚伞花序簇生于叶腋，或近于帚状，每腋内有花数朵；厚质苞片为宽卵形，有小尖头；花梗细弱；花萼裂片稍不整齐；花冠为黄白色、淡黄色、黄色或橘红色；花丝极短。椭圆形的果歪斜，呈紫黑色。

**生长环境：** 喜温暖，耐受性强，既耐高温，也较耐寒。在我国秦岭、淮河以南的地区均可露地越冬。桂花较喜阳光，亦能耐阴。在全光照下，其枝叶生长茂盛，开花繁密；在阴处生长，枝叶稀疏、花稀少。

**繁殖方式：** 通常采用扦插、嫁接及压条的方式进行繁殖。扦插一般在春节发芽前在母株上选健康的枝条作为种条；嫁接繁殖是选取一段健康的枝条，在桂花树的枝干上切开一个口，然后将枝条和切口包扎好；压条繁殖需在春季或初夏的时候进行。

**植物养护：** ①土壤。肥沃、排水性好的微酸性土壤为宜，可以用腐殖土或泥炭、园土、沙土或河沙混合调制。②水分。只要保持土壤处于微微湿润的状态即可。③施肥。生长期要少量多次施肥，发芽后间隔半个月施1次稀薄饼肥水，成熟期间隔10天施1次磷钾肥。④光照。

桂花是长日照植物，需要接受足够的阳光照射。⑤温度。以15~28℃为宜。

**品种对比：** 金桂的树冠圆球形，枝条挺拔，十分紧密。树皮灰色，皮孔圆或椭圆形，春梢比较粗壮，长度平均15.9厘米；革质叶呈椭圆形，叶缘微波曲，反卷明显，比普通桂花的叶片颜色深，呈深绿色，并有光泽；全缘，偶先端有锯齿；花色金黄，味道比普通桂花的香气更浓郁。

聚伞花序簇生，近于帚状，每腋内有花数朵

长椭圆形叶片，全缘或上半部有细锯齿，两面无毛

**资源分布：** 中国、印度、尼泊尔、柬埔寨 | **常见花色：** 黄色 | **盛花期：** 9~10月 | **植物文化：** 花语为丰收

### 硬叶丹桂

叶为椭圆形或椭圆状披针形，先端钝尖或短尖，基部为宽楔形，全缘或1/3至2/3有锯齿，边缘呈波状；花散发出淡淡的香气，花冠为橙黄色。

### 佛顶珠

叶为波斜形或椭圆状波形，叶面明显呈"V"形，内折深墨绿色，叶缘基部以上或1/3以上有粗齿；花为黄白色，有微香，花瓣为倒卵形。

### 白洁

叶为长椭圆形或椭圆形，全缘；叶面较平整，先端钝尖或短渐尖；花为乳白色或浅黄白色，花香极浓郁，花冠斜展，花瓣呈倒卵形或倒卵状椭圆形。

### 晚银桂

叶缘微波曲、反卷，基本全缘，偶见先端有粗尖锯齿；叶面微凹，叶先端短尖，基部宽楔形；花瓣为圆形，几乎全裂，花冠近白色，平展。

# 乌头 *Aconitum carmichaelii*

又称草乌、附子花、金鸦 / 多年生草本植物 /
毛莨科、乌头属

顶生总状花序，
花瓣无毛

乌头通过块根繁殖，其母根被称作乌头，是一种传统中
药，有散寒止痛之功效，适用于风湿、类风湿性关节炎等症。
乌头叶呈五角形，花为蓝紫色，疏密有致地排列在花梗上，
微微有稀疏的短柔毛，形态秀丽，就像是晶莹的蓝宝石，
玲珑剔透，可爱非凡。

蓝紫色萼片，
外有短柔毛，
花丝有 2 个
小齿或全缘

茎有分枝，中
部之上有稀疏
的反曲短柔毛

**特征识别：** 乌头的块根为
倒圆锥形。茎中部之上有稀疏的
反曲短柔毛，有分枝。茎下部叶
在开花时枯萎；茎中部叶有长
柄；薄革质或纸质的叶片呈五角
形，基部浅心形3裂，至基部或
近基部，中央全裂片为宽菱形或
倒卵状菱形，急尖或短渐尖，近
羽状分裂，二回裂片约2对，斜
三角形，全缘，侧全裂片不等2
深裂，表面有稀疏短柔毛，背面
只沿叶脉有稀疏短柔毛；叶柄上
有稀疏短柔毛。顶生总状花序；
花序轴和花梗密被反曲而紧贴的
短柔毛；小苞片生于花梗中部或
下部；蓝紫色萼片外有短柔毛；
花瓣无毛；花丝有2个小齿或全
缘；心皮3~5个，子房上有短柔
毛，稀无毛。三棱形种子只在两
面密生横膜翅。

**生长环境：** 喜温暖、湿润的
气候，土壤以地表疏松、排水性
良好、中等肥力者最好。

**繁殖方式：** 繁殖多半是无性
繁殖，常剥下块根周围的侧根分
栽繁殖。雨季注意排水。

**植物养护：** ①土壤。适合
栽培于土层深厚、中等肥力、土
质疏松、排水性能较好的沙壤土
中。②温度。喜温植物，温度保
持在23~30℃最适宜它的生长。
③光照。喜光，一年四季都需要
保证充足的光照。④施肥。在苗
高6厘米和第一次修根时要及时
追肥。⑤水分。日常可以2~3天
浇1次水，在气温升高时，可在
早晨和傍晚各浇水1次，雨季时
做排水处理。

**植物变株：** 北乌头生长在内
蒙古北部、吉林及黑龙江等地，

海拔200~450米的山坡或草甸
上。喜凉爽、湿润环境，耐寒，
冬季地下根可耐−30℃左右的严
寒。块根圆锥形或胡萝卜形，等
距离生叶，有分枝。叶片纸质
或近革质，顶生总状花序，与腋
生花序组成圆锥花序；萼片紫蓝
色，上萼片盔形或高盔形，花丝
全缘或有2个小齿；种子扁椭圆
球形，7~9月开花。

块根为倒圆锥形，可入药

**资源分布：** 我国南部及西南部地区，越南北部 | **常见花色：** 淡紫色 | **盛花期：** 9~10月
**植物文化：** 花语为危险谨慎

# 红花羊蹄甲

*Bauhinia × blakeana*

常绿乔木植物 / 豆科, 羊蹄甲属

花生于主枝条上,颜色饱满红润

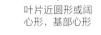

红花羊蹄甲是我国香港特别行政区的区花,终年常绿繁茂,花大如掌,5瓣花瓣均匀地轮生排列,颜色紫红,艳丽无比,盛开时繁英满树,花期全年,适于作行道树。红花羊蹄甲的花朵略带香气,味道近似兰花,故又被称为"兰花树"。红花羊蹄甲的树皮含单宁,可用作鞣料和染料,树根和花朵还可以入药。

叶片先端2裂,上面无毛,下面有稀疏的短柔毛

叶片近圆形或阔心形,基部心形

**特征识别**:分枝较多,小枝细长,略被毛。革质叶,近圆形或阔心形,基部心形,有时近截平,先端2裂为叶全长的1/4~1/3,裂片顶钝或狭圆,上面无毛,下面疏被短柔毛。总状花序顶生或腋生,有时复合成圆锥花序;苞片和小苞片三角形;花大,花瓣5瓣,其中4瓣分列两侧,两两相对,而另一瓣则翘首于上方,形如兰花;花蕾呈纺锤形;花萼佛焰状,有淡红色和绿色线条。

**生长环境**:喜温暖、湿润、多雨的气候、阳光充足的环境,喜土层深厚、肥沃、排水性良好的偏酸性沙质壤土。它适应性强,有一定耐寒能力,我国北回归线以南的广大地区均可以越冬。

**繁殖方式**:主要以扦插繁殖为主,嫁接繁殖为次。扦插在3~4月;嫁接在春季4~5月或秋季8~9月,苗木未抽新芽前进行为好。

**植物养护**:①光照。性喜光照,除了避免夏季烈日暴晒之外,其他季节要保证充足的光照。②土壤。对土壤要求不高,喜肥沃、排水性良好的土壤。③浇水。喜湿润环境,但不耐涝。④施肥。在种植前施

扁平状的荚果为狭披针形

足底肥。

**植株对比**:红花羊蹄甲的叶为革质,形状近圆形或阔心形;而洋紫荆的叶为革质,呈肾形羊蹄状。红花羊蹄甲的花为紫红色或粉红色,簇生于老枝和主干上,越是幼嫩的枝条上花越少;而洋紫荆的花为伞状花序或锥形花序,花瓣五分,花色比紫荆稍淡。

丝状花蕊,子房有长柄,被短柔毛

**资源分布**:原产于亚洲南部,现世界各地广泛栽植 | **常见花色**:紫红色 | **盛花期**:3~4月
**植物文化**:代表着亲情,有合家团圆、兄弟和睦的美好寓意;香港特别行政区区花

# 番红花 *Crocus sativus*

又称西红花 / 多年生草本植物 /
鸢尾科、番红花属

花茎比较短，花
为淡紫、白、黄、
红、蓝色等多色

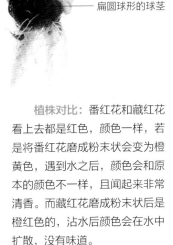

番红花为典型的秋植球根花卉，最为出名的
是它金色的柱头，可用于食品的调味和上色，也用
作染料。番红花主要通过人工授粉获得种子，因为其
本身不易结籽。番红花的花朵娇柔优雅，花色有淡紫、
白、黄、红、蓝色等多色，常用来点缀花坛或水养、盆
栽供室内观赏。番红花也是一种名贵的中药材，其柱头有
镇静、祛痰、解痉的作用，多用于胃病、麻疹、发热、黄
疸、肝脾肿大等病症的治疗。

**特征识别**：球茎为扁圆球
形，直径约3厘米，外面有一层
黄褐色的膜质包被。叶基生，有
9~15片，呈条形、灰绿色、边
缘反卷；叶丛基部包有4~5片膜
质的鞘状叶。短花茎，不伸出地
面；花有1~2朵，花柱橙红色，
柱头略扁，顶端楔形，有浅齿，
子房狭纺锤形。蒴果椭圆形，长
约3厘米。

**生长环境**：喜冷凉、湿润、
半阴的环境，较耐寒，在排水性
良好、腐殖质丰富的沙壤土中种
植最为适宜。

**繁殖方式**：用种球栽种
的方式进行繁殖，入秋后将
种球栽种在花盆中，一盆一
株。栽种后将花盆摆放在阴
凉、通风处，1周后可移到光
线明亮处养护。

**植物养护**：①水分。冬春
季节为其生长期，若气候寒冷干
旱，需要适当浇水，其他时期保
持土壤湿润即可。②施肥。栽
种前施足底肥；生根后每隔10
天追施1次氮磷均衡的稀薄液态
肥；开花后，可再追施1~2次氮
磷钾均衡的速效肥。③种球采
收。4月下旬至5月上旬，采收
种球并对种球进行分类，种球宜
贮藏在少光、阴凉、通风的地
方，保持干燥。

扁圆球形的球茎

**植株对比**：番红花和藏红花
看上去都是红色，颜色一样，若
是将番红花磨成粉末状会变为橙
黄色，遇到水之后，颜色会和原
本的颜色不一样，且闻起来非常
清香。而藏红花磨成粉末状后是
橙红色的，沾水后颜色会在水中
扩散，没有味道。

黄色的花药与
橙红色的花柱

花茎看起来特别短，几乎不伸出地面

灰绿色的条形基生叶，边缘反卷

**资源分布**：我国浙江等地 | **常见花色**：淡紫色、红色、黄色 | **盛花期**：10月 | **植物文化**：花语为快乐、喜悦

# 蟹爪兰 *Schlumbergera truncata*

又称圣诞仙人掌、蟹爪莲、螃蟹兰 / 附生肉质植物 /
仙人掌科，仙人指属

蟹爪兰原产于巴西，是仙人掌科附生肉质植物，节茎长，呈悬垂状，常被制作成吊兰作装饰。蟹爪兰的花期很长，从10月持续至次年2月前后，是秋冬季室内的主要盆花之一。蟹爪兰有很多杂交品种，常见品种有茎淡紫色、花红色的圆齿蟹爪兰，花芽白色、开放时花呈粉红色的美丽蟹爪兰，还有花芽红色的红花蟹爪兰等。

**无刺且多分枝，分枝呈扁平状**

**花单生于枝顶，分层较多**

**特征识别：**附生肉质植物，呈灌木状，无叶。茎无刺且多分枝，老茎呈木质化，幼茎及分枝均为扁平状；鲜绿色，有时稍带紫色，顶端截形，两侧各有2~4个粗锯齿；窝孔内有时有少许短刺毛。花单生于枝顶；花萼一轮，基部短筒状，顶端分离；花冠数轮，下部长筒状，上部分离；雄蕊伸出并向上拱弯；花柱长于雄蕊，柱头7裂。

**生长环境：**喜凉爽、温暖的环境，较耐干旱，忌高温，较耐阴。喜欢疏松、富含有机质、排水性良好的壤土。

**繁殖方式：**用扦插法进行繁殖是最简便的方式，也是最适合家庭养殖的一种繁殖方式。

**鲜切花养护：**①水分。冬季为生长期，4~5天浇1次水；夏季气温高，水分蒸发较快，可1~2天浇水1次；春、秋季2~3天浇水1次即可。②施肥。施肥主要在4~6月和9~10月进行，施肥前不要浇水。③温度。适宜的生长温度为15~25℃，不要低于5℃。④光照。喜阳光充足，夏季要进行遮阴保护。

**植株对比：**蟹爪兰和令箭荷花都是仙人掌科的植物，令箭荷花的叶子比较坚挺，而蟹爪兰则要软一点，垂一些。另外，令箭荷花的花期在4月，花比较大，形状为钟状；蟹爪兰的花一般在10月前后开放，花瓣更圆润一些，而且分为多层。

呈木质化的老茎

两侧各有 2~4 个粗锯齿，窝孔内有时有少许短刺毛

**资源分布：**原产于南美巴西，现我国各地均有栽培 | **常见花色：**红色、紫色、粉色
**盛花期：**10月至次年2月 | **植物文化：**花语为锦上添花、红运当头

# 非洲菊 *Gerbera jamesonii*

又称扶郎花、灯盏花、秋英、波斯花、千日菊 /
多年生草本植物 / 菊科、非洲菊属

非洲菊又名扶郎花，原产于非洲南部，主要类型可分现代切花型和矮生栽培型。性喜温暖、通风、阳光充足的环境。花色丰富，大而色泽艳丽，被广泛应用于切花、盆栽及庭院装饰中。非洲菊对甲醛及苯有较强的耐受性，于室内养殖，可保持室内空气清新。

花冠管短，外层花冠为舌状，长圆形卷曲

呈莲座状的基生叶

长椭圆形至长圆形的叶子，顶端短尖或略钝，叶柄有粗纵棱

**特征识别：** 根状茎短，为残存的叶柄所围裹，须根较粗。叶基生，莲座状，叶片为长椭圆形至长圆形，顶端短尖或略钝，叶柄有粗纵棱。花葶单生，极少数为丛生，无苞叶；有毛，顶部最为密集，头状花序单生于花葶顶端；总苞为钟形，花托扁平；花冠管短，花药有长尖的尾部；瘦果圆柱形，密被白色短柔毛。

**生长环境：** 喜光照充足、通风良好的环境。喜富含腐殖质且排水性良好的疏松、肥沃的沙壤土，忌重黏土；宜微酸性土壤，但在中性和微碱性土壤中也能生长。

**繁殖方式：** 较为实用的繁殖方式为播种和分株法。播种分春、秋两季，种植后用纸覆盖，保温防晒，2周左右发芽；分株繁殖在3~4月进行，种植后保证阳光

充足，生长温度在20~25℃为宜。

**植物养护：** ①土壤。用富含腐殖质，排水性良好的疏松、肥沃的沙壤土栽培。②水分。保持土壤微润即可。③光照。每天保持11~13小时充分光照即可。④温度。生长适温控制在15~25℃即可。

**鲜切花养护：** 非洲菊鲜切花养护要勤换水，一般情况下1~2天就需要换1次水，室温高的情况下需要每天换水。夏季不能摆放在阳光直射的位置。在进行水插之前，要把花枝底部斜剪一下，并且每次换水的时候也应适

当修剪花枝，保持切花新鲜，才能延长花期。

**品种对比：** 非洲菊按花型可分为三个类别，即窄花瓣型、宽花瓣型和重瓣型。常见的马林是黄色重瓣型，黛尔非是白色宽瓣型，海力斯是朱红色宽瓣型，卡门是深玫红色宽瓣型，吉蒂为玫红色瓣型。

花葶单生，极少数为丛生

**资源分布：** 原产地为非洲，现我国华南、华东、华中地区有栽培 | **常见花色：** 橙色、红色、玫红色
**盛花期：** 11月至次年4月 | **植物文化：** 花语为神秘、不畏艰难

# 油茶 *Camellia oleifera*

又称茶子树、茶油树、白花茶 / 灌木或小乔木植物 /
山茶科、山茶属

黄色的花药及花柱

油茶因其种子可榨油故而得名。油茶
喜温暖，不耐寒，主要分布在我国长江
流域及华南等地区。油茶的种子有淡
淡的清香，可供食用和调药，也可
制成蜡烛和肥皂；榨油后的茶饼既
是农药，又是肥料，可提高农田的蓄
水能力，并能防治稻田害虫。油茶的果皮
还是提制栲胶的原料。

**特征识别：**叶为革质的椭圆
形、长圆形或倒卵形，先端尖，
有钝头，深绿色叶表面有光泽，
中脉上有粗毛或柔毛，叶边缘有
细锯齿，偶有钝齿，叶柄上有粗
毛，叶柄长4~8毫米。花顶生，
几乎没有花柄，苞片为由外向内
逐渐增大的阔卵形，约有10片；
花瓣为白色倒卵形，有5~7瓣；
花药为黄色；花柱无毛，长约
1厘米，在顶端有不同程度的开
裂，多为3裂。蒴果球形或卵圆
形；种子为扁圆形，背面圆形隆
起，腹部扁平，表面淡棕色。

**生长环境：**性喜
温暖，在年平均气温
为16~18℃的地区长
势良好。不耐寒冷，如
突然降温会造成落花、
落果。对土壤的要求不
高，一般适合生长在土
层深厚的酸性土壤中。

**繁殖方式：**最常采用的繁殖
方式是扦插法，繁殖时间以夏季
为宜。扦插后60天左右会生根
发芽。

**植物养护：**①土壤。对土质
的要求很低，喜松散、肥沃的酸

深绿色的
革质叶片

性土壤。②水分。生长期需水量
大。③施肥。在生长期施氮肥即
可。④光照。喜全日照，充足的光
照可以使其枝叶繁茂、果实增多。

**植株对比：**油茶与茶花并不
是一种植物。油茶的叶子为单叶
互生，叶片为革质；叶子的形状
是椭圆形或倒卵形或长圆形；而
茶花叶子为革质，呈椭圆形，基
部呈阔楔形，边缘有细锯齿。

花瓣为白色，倒卵
形，有5~7瓣

叶子先端尖，有钝头，
边缘有锯齿

球形或卵圆形的蒴
果，种子为扁圆形

**资源分布：**从我国长江流域到华南各地广泛栽培 | **常见花色：**白色 | **盛花期：**10月至次年2月
**植物文化：**花语为含蓄

# 羽叶薰衣草 *Lavandula pinnata*

又称羽裂薰衣草 / 多年生草本或半灌木植物 /
唇形科、薰衣草属

深紫色的花，没有香味

羽叶薰衣草原产于加那利群岛，是多年生草本或半灌木植物，株高30~100厘米。羽叶薰衣草的植株抽花率极高，成株后开花不断，主要花期集中在11月到翌年6月，夏季为停花休眠期。羽叶薰衣草可以布置在乔木、灌木作地被、草坪过渡地带及路边、花园广场等处的花境、花带、花丛等环境中，有非常好的观赏效果。

深紫色管状小花，有深色纹路，有2瓣唇瓣

全株有密集的白色茸毛

线形或倒披针形的灰绿色叶子

叶为对生，二回羽状深裂

**特征识别：** 全株密被白色茸毛。叶对生，呈二回羽状深裂状，表面覆盖粉状物，叶色灰绿；小叶线形或倒披针形，深裂成羽毛状。花茎长，花穗约10厘米；小花上唇较大，花穗的基部长有1对分枝花穗，呈三叉状。深紫色管状小花有深色纹路，具2瓣唇瓣，上唇比下唇发达。叶香浓郁，但花无香味。

**生长环境：** 生性强健，较为耐热，半耐寒，喜光，喜通风良好、富含有机质的沙壤土。

**繁殖方式：** 羽叶薰衣草可以扦插繁殖，从母株上剪取健壮的枝条当插穗，选择透气、排水性好、疏松的土壤，将插穗插入土壤中，轻轻压紧土壤，等待生根。也可播种繁殖，准备好颗粒饱满、健康的种子，土壤用园土、腐叶土、河沙混合搅拌，将种子均匀播撒下去。

**植物养护：** ①光照。喜光，日照需充足，但夏天要遮阴。②土壤。以微碱性或中性、排水性好的沙壤土为宜。③浇水。不耐涝，忌积水，干透再浇水。④温度。温度在5~30℃均可生长。

**植株对比：** 羽叶薰衣草和多裂薰衣草很相似，两者之间的主要区别在于，羽叶薰衣草的植株直立，可以盆栽，叶片的茸毛较短；而多裂薰衣草植株斜向上偏生，适合作庭院美化栽培，叶片茸毛很长。

花茎较长，长约10厘米的花穗

**资源分布：** 原产于加那利群岛，现全世界各地普遍栽培 | **常见花色：** 深紫色 | **盛花期：** 11月
**植物文化：** 花语为等待爱情

# 第 四 章

神秘浪漫的冬季花草

冬季，是一个寒冷干燥的季节。一部分植物会在冬季进入休眠期，另一部分植物会在温室或室内生长或开花；后者多为中日照型或短日照型花卉，对水分要求也不太高。常见的冬季花草有款冬花、蜡梅、仙客来、水仙、君子兰等。

# 羽衣甘蓝 *Brassica oleracea var. acephala*

又称绿叶甘蓝、牡丹菜、叶牡丹 / 二年生观叶草本植物 /
十字花科、芸薹属

叶片的观赏期为12月至次年3、4月

羽衣甘蓝是甘蓝的园艺变种，具有较强的耐寒性。叶片形态美观多变，心叶色彩绚丽如花，整株酷似一朵盛开的牡丹花，也被称为"叶牡丹"。羽衣甘蓝富含多种微量元素，具有养胃和中、清热除烦、利水、消食通便、防治口干食少等食疗功效。其口感清脆清淡，可炒食、凉拌、腌制、做汤等。

清晰可见的叶脉

**特征识别：**基生叶片紧密互生，呈莲座状，叶片有光叶、皱叶、裂叶、波浪叶之分；外叶较宽大，叶片翠绿、黄绿或蓝绿色；叶柄粗壮而有翼，叶脉和叶柄呈浅紫色，内部叶色丰富，有黄、白、粉红、红、玫瑰红、紫红、青灰、杂色等。

**生长环境：**喜冷凉、温和气候，耐寒性较强，较耐阴，但充足光照下叶片生长快、品质好。对土壤适应性较强，以腐殖质丰富、肥沃的壤土或黏壤土为宜。

**植物养护：**羽衣甘蓝怕积水，要保持土壤稍微干燥，日常浇水时要避免将水淋在叶心，否则易造成植株烂叶。

**植株对比：**羽衣甘蓝是结球甘蓝的变种，外形和紫甘蓝相似。不同的是，羽衣甘蓝的中心部分为扁圆形，而紫甘蓝为球形。

满是褶皱的波浪叶

基生叶片，紧密互生，呈莲座状

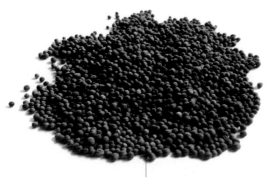

黑褐色、扁球形的种子

**资源分布：**中国大部分地区均有栽培 | **常见花色：**紫色、桃红色、青灰色、淡黄色等
**盛花期：**12月至次年3、4月 | **植物文化：**花语为华美、祝福、吉祥如意

# 款冬花 *Tussilago farfara*

*又称冬花、蜂斗菜 / 多年生草本植物 /*
*菊科，款冬属*

款冬花冬季初开，花名有"冬天款款到来"的意思。叶子宽大而厚实，花为黄色，具有一定的耐寒性。其傲视风雪的特性，引得古代文人竞相歌颂。其中《楚辞》中用"万物丽于土，而款冬独生于冰下；百草荣于春，而款冬独荣于雪中"来赞叹款冬花绽放于积雪中的旺盛生命力。款冬花还是一味止咳良药。

厚实又大型的叶片

茎有茸毛，小叶互生

**特征识别：**基生叶广心形或卵形，边缘呈波状疏锯齿，上叶面平滑，暗绿色，下叶面密生白色毛，带有掌状网脉；花茎有茸毛，有互生的长椭圆形至三角形小叶；顶生头状花序，鲜黄色的舌状小花，花冠先端微凹。

**生长环境：**生长于海拔800~1600米的沟谷旁、稀疏林缘、岩石缝隙及林下。喜温暖湿润的气候环境，夏季喜欢凉爽气候。在疏松肥沃、排水性良好的沙壤土中长势最好。

**繁殖方式：**最合适的繁殖方式是扦插，宜在早春进行。

**植物养护：**款冬花需要充足的水分，土壤必须保持湿润，秋季需每天浇水，冬季则每周浇水1次，气候干燥的情况下要进行叶面喷水。花芽分化前，浇水应适当减少，保持盆土湿润即可。

**植株对比：**款冬花与蒲公英同为菊科，花型及花色相近。两种植物最突出的区别为叶子，款冬花的叶片为广心形或卵形，而蒲公英的叶片呈倒卵状披针形、倒披针形或长圆状披针形。

边缘呈波状疏锯齿

**资源分布：**我国华北、西北、西南等地广布 | **常见花色：**黄色 | **盛花期：**1~2月
**植物文化：**花语为公正

# 大花蕙兰 *Cymbidium hybrid*

又称喜姆比兰、蝉兰 /
多年生常绿草本植物 / 兰科、兰属

大花蕙兰的植株和花朵分为大型和中、小型，有黄、白、绿、红、粉红及复色等多种颜色。艳丽的花朵，修长的剑叶，花型整齐且质地坚挺，经久不凋，是十分受欢迎的观赏植物。大花蕙兰适生于冬季温暖和夏季凉爽的环境，生长适温为10~25℃。大花蕙兰能吸收和分解空气中的有害气体，起到净化空气的作用。

每梗可开花 10 朵左右

下方的花瓣
特化为唇瓣

丛生的带状叶片

总状花序，
内轮为花瓣

**植株对比：**大花蕙兰和拱兰的区别主要体现在花朵上。大花蕙兰的花箭是垂直向上生长的，一直到花朵凋谢都不会向下；而拱兰的花箭先向上生长，然后低垂，会形成一个拱门的形状。

**特征识别：**叶丛生，叶片带状，革质，叶片2列，因光照强弱影响，叶色可由黄绿色至深绿色；花梗由假球茎抽出，每梗着花数十朵，总状花序，内轮为花瓣，下方的花瓣特化为唇瓣。

**生长环境：**喜欢生长在疏松透气并且排水性好的土壤里，尤其喜欢腐叶土，苔藓、蕨根、木炭、树皮块等混合的自制培养土也是非常好的选择。

**繁殖方式：**多以分株法繁殖。春天新芽萌动时是分株的好时机。

**鲜切花的养护：**大花蕙兰切花不需要太多水，只要添水至花瓶的1/3处即可；每天换水，每隔1~2天就把枝条切口重新修剪一下，防止腐烂；适当添加营养液或少许白糖，可以延长花期；大花蕙兰切花不要放在阳光直射的地方，否则会导致花期变短，令切花提前凋谢。

**室内栽培：**春、夏、秋三季，大花蕙兰的植株处于旺盛生长期，需要充足的水分，一般2~3天浇1次水，高温时要经常喷水；冬季及花期要保持适量水分，浇水过多会导致植株新陈代谢加速，缩短花期。

**资源分布：**我国南方各省区多有分布 | **常见花色：**红黄色、白色、红色、粉红色 | **盛花期：**10月至次年2月
**植物文化：**象征单纯美好、高贵雍容、丰盈祥和

# 蜡梅 *Chimonanthus praecox*

又称金梅、蜡花、蜡梅花 / 落叶小乔或灌木状植物 /
蜡梅科、蜡梅属

蜡梅是原产于我国的传统名花，入冬初放，斗寒傲霜，是冬季赏花的理想名贵花木。蜡梅的花是制作高级花茶的香花之一。其根、叶入药，有理气止痛和散寒解毒的功效，可用于辅助治疗跌打损伤、腰痛、风湿麻木、风寒感冒和刀伤出血等症；其花可解暑生津，对心烦口渴和气郁胸闷有良好的食疗功效；提取的花蕾油可治烫伤。

**特征识别：** 幼枝四方形，老枝近圆柱形，灰褐色；叶卵圆形、椭圆形、宽椭圆形至卵状椭圆形，有时长圆状披针形；先花后叶，气味芳香，花被片圆形、长圆形、倒卵形、椭圆形或匙形，内部花被片比外部花被片短。

**生长环境：** 喜阳光，能耐阴，耐寒，在不低于-15℃时能安全越冬。适生于土层深厚、肥沃、疏松、排水性良好的微酸性沙壤土中。怕涝，不宜在低洼地栽培。

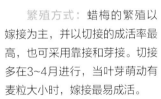

椭圆形的黄色小花，先花后叶，花丝向内弯，香气浓郁

灰褐色、近圆柱形的老枝

**繁殖方式：** 蜡梅的繁殖以嫁接为主，并以切接的成活率最高，也可采用靠接和芽接。切接多在3~4月进行，当叶芽萌动有麦粒大小时，嫁接最易成活。

**鲜切花养护：** 蜡梅可以插在花瓶中加水养护。先剪除多余的枝干，将枝条底部进行45度斜剪，增加触水面积；插水养护后放在通风、有散光照射的位置，避免高温和强光直射的环境。

**植株对比：** 蜡梅的叶多呈长椭圆形，表面比较粗糙，花呈椭圆形或倒卵形；而梅花的叶呈椭圆形，表面光滑。蜡梅的花多为蜡黄色，香气浓郁，而梅花的颜色比较丰富，有白色、粉色、红色等，花香较淡。

先花后叶，香味浓郁

果托坛状

**资源分布：** 中国、日本、朝鲜 | **常见花色：** 蜡黄色 | **盛花期：** 11月至次年3月
**植物文化：** 花语为高风亮节、高尚质朴、慈爱、宽厚、坚强不屈

# 迷迭香 *Rosmarinus officinalis*

又称海洋之露、艾菊 / 灌木植物 /
唇形科、迷迭香属

迷迭香是一种天然的名贵香料植物，在生长季节就能散发出清香，它的茎、叶和花都有怡人的香味，花和嫩枝可提取芳香油。迷迭香还有不错的药用价值，将其捣碎，用开水浸泡后饮用，1天2~3次，有镇静和利尿的作用；也可用于辅助治疗失眠、心悸、头痛和消化不良等多种疾病；还可改善语言、视觉和听力方面的障碍，增强注意力，辅助治疗风湿痛，强化肝脏功能，调节血糖等。

卵状钟形花萼

幼枝呈四棱形，有白色星状细茸毛

革质叶片呈线形，丛生在枝上，几乎没有叶柄

**特征识别：** 茎和老枝呈圆柱形，暗灰色的皮层呈不规则的纵裂和块状剥落；幼枝呈四棱形，密被白色星状细茸毛。叶丛生于枝上，近无柄，革质叶片呈线形，先端钝，基部渐狭，全缘，向背面卷曲，上面稍有光泽，近无毛，下面密被白色的星状茸毛。对生花近无梗，少数聚集在短枝的顶端组成总状花序；卵状钟形花萼外面密被白色星状茸毛和腺体，二唇形，上唇近圆形，全缘或有很短的3齿，下唇2齿，齿为卵圆状三角形；花冠蓝紫色，外有稀疏短柔毛，内面无毛。

**生长环境：** 喜温暖气候，较能耐旱，喜沙质、排水性良好的土壤。迷迭香生长缓慢，再生能力不强。

**繁殖方式：** 可用播种、扦插、压条的方式进行繁殖。播种育苗的繁殖率更高，多于早春时进行，撒播或条播均可。

**植物养护：** ①施肥。耐瘠薄，幼苗期可施少量复合肥，每次收割后再追施1次速效肥。②修剪。育苗成活后3个月可修枝，每次修剪不要超过枝条长度的一半。③采收。以枝叶为主，每年可采收3~4次。

**植株对比：** 迷迭香和百里香

是近亲关系。迷迭香的叶子在枝上丛生，向背面卷曲，花为总状花序，花冠二唇形；百里香的叶子卵圆形，花冠为紫红色、粉红和淡紫色等。迷迭香的高度可达2米，茎和老枝为圆柱形，颜色暗灰色，上面有不规则的纵裂；百里香为半灌木植物，茎匍匐或上升。

二唇形花瓣

叶全缘，向背面卷曲，略有光泽

**资源分布：** 原产于欧洲及地中海沿岸，现我国南方大部分地区有栽培 | **常见花色：** 淡紫色 | **盛花期：** 11月
**植物文化：** 花语为爱情、忠贞、友谊、留住回忆

# 仙客来 *Cyclamen persicum*

又称萝卜海棠、兔耳花、兔子花 / 多年生草本植物 /
报春花科、仙客来属

仙客来叶片由块茎顶部生出。仙客来的株形美观、别致，花朵娇艳夺目，烂漫多姿，有些栽培种有浓郁的香气。仙客来的花期适逢圣诞节、元旦、春节等大型节日，是冬春季节深受人们青睐的花卉。仙客来对二氧化硫等有毒气体有较强的耐受性，能经过叶片的氧化作用，将二氧化硫转化为无毒或低毒的硫酸盐等物质，起到净化空气的作用。

花冠裂片为长圆状披针形，稍尖并有剧烈反折

叶质地稍厚，叶面深绿色，有浅色的斑纹

**特征识别：**扁球形的块茎，有棕褐色木栓质的表皮，顶部稍扁平。叶和花葶同时从块茎顶部抽出；叶片呈心状卵圆形，先端稍尖，边缘有细圆齿，质地稍厚，上叶面深绿色，有浅色的斑纹。花葶高15~20厘米；花萼分裂达基部，裂片为三角形或长圆状三角形，全缘；花冠白色或玫瑰红色，喉部深紫色，筒部近半球形，裂片长圆状披针形，稍尖。

**生长环境：**喜温暖，怕炎热，较耐寒，在凉爽的环境下和富含腐殖质的肥沃沙壤土中生长最好，也可耐0℃的低温。

**繁殖方式：**播种繁殖是仙客来繁殖常用的方法。为促进种子发芽，播前可用冷水浸种，达到催芽的目的。

**室内栽培：**①换盆。休眠的植株于8月底至9月中旬开始萌发新芽，此时应换盆。②土壤。按30%腐叶土、40%细黄沙、20%园土、10%腐熟干粪末的比例来配制培养土。③水分。初栽时盆土不要太湿，待叶片长出后，需保持盆土湿润。④施肥。每周追施1次腐熟氮液肥，开花前停止。⑤温度。花期适宜摆放在温度较低的地方，这样可以延长花期。

叶片呈心状卵圆形，边缘有细圆齿

花葶高 15~20 厘米

**资源分布：**原产于希腊、叙利亚、黎巴嫩等地，现世界各地广为栽培 | **常见花色：**红色、紫色、粉红色
**盛花期：**12月至次年6月 | **植物文化：**花语为内向

# 金盏菊 *Calendula officinalis*

又称金盏花、黄金盏、长生菊 / 一年生草本植物 /
菊科、金盏花属

金盏菊有一定的耐瘠薄能力，对土壤要求不高，在干旱、疏松、肥沃的微酸性土壤中生长良好。原产于南欧，可作药用、染料，叶和花瓣可食用。其性味苦、寒，具有清热解毒、活血调经的功效，可用于调理中耳炎、月经不调等症。

大型头状花序单生茎顶

直立的茎上生有
密集的白色茸毛

单叶呈椭圆形
或椭圆状倒卵
形，全缘

基生叶有柄

金黄色或橘黄色的舌状花

**特征识别：** 全株有白色茸毛。单叶互生，呈椭圆形或椭圆状倒卵形，全缘；基生叶有柄。头状花序单生于茎顶，花较大型，舌状花一轮或多轮平展，金黄或橘黄色。瘦果船形或爪形。

**生长环境：** 喜阳光充足的环境，适应性较强，能受-9℃的低温。不择土壤，以疏松、肥沃、微酸性土壤最好；耐瘠薄、干旱的土壤和阴凉环境，在阳光充足及肥沃地带生长良好。

**繁殖方式：** 有很强的自播能力，生长快。人工播种通常以秋播为主，选在9月中下旬以后进行。

**植物养护：** ①水分。生长期间应保持土壤湿润。②施肥。较喜肥，可每15~30天施10倍水的腐熟尿液1次，施肥至2月底止。

**植株对比：** 金盏菊与百日菊可以通过叶子进行区分。金盏

菊的叶子为椭圆形或椭圆状倒卵形，上部基生叶抱茎；而百日菊的叶子较宽，为圆形或椭圆的形状，叶子表面较为粗糙。

叶片密被白色茸毛

披针形萼片

**资源分布：** 世界各地均有栽培 | **常见花色：** 金黄色、橘黄色 | **盛花期：** 4~9月
**植物文化：** 花语为回忆、坚忍、执着

花瓣多为 6 瓣

# 水仙 *Narcissus tazetta subsp. chinensis*

又称凌波仙子、金盏银台、天蒜、雅蒜、天葱 /
多年生草本植物 / 石蒜科、水仙属

水仙因鳞茎很像洋葱、大蒜，故古人称其为
"雅蒜"，宋代称其为"天葱"，是我国十大名花之
一，在我国已有1000多年栽培历史，为传统观赏花
卉，品种上有单瓣和重瓣之分。其花清香隽永，是
香料调配中不可缺少的原料。

肉质鳞茎，呈圆柱
形或卵圆形

叶子为苍绿色，
扁平带状，有
霜粉，无叶柄

鹅黄色。

**特征识别：** 乳白色、圆柱
形或卵圆形的肉质鳞茎，质脆
弱，易折断。球茎为圆锥形或卵
圆形，球茎外皮有黄褐色纸质薄
膜。叶为扁平带状，苍绿色，叶
面上有霜粉，先端钝，无叶柄。
伞状花序，花序轴从叶丛中抽
出，绿色，圆筒形，中空，外表
有明显的凹凸棱形，表皮有蜡
粉。小花呈扇形着生在花序轴顶
端，外有膜质佛焰苞包裹，筒
状，花瓣多为 6 瓣，花瓣末处呈

**生长环境：** 生命
力顽强，耐半阴，不
耐寒。喜光，喜水，喜肥，喜肥
沃的沙壤土。

**繁殖方式：** 侧球繁殖和侧芽
繁殖较为常用。侧球是利用母球
上生出的子球作为种球。侧芽则
来自包在鳞茎球内部的芽，进行
球根阉割时，将白芽捡出，秋季
撒播在苗床上，次年产生新球。

**水培养护：** ①光照。水仙
喜光，充足的光照能避免徒长
叶片。②水分。刚上盆的水仙
应每天换1次水，之后2~3天一
换；当形成花苞，便可每周一
补水，合理地控制水分，能防
止生出哑花。

**植株对比：** 水仙的球茎为圆
柱形或卵圆形；郁金香的球茎为
扁圆锥形或扁卵圆形。水仙的叶

子为扁平带状；郁金香的叶子为
带状披针形至卵状披针形。水仙
的小花为扇形，颜色单一；郁金
香花朵为直立杯状，颜色丰富。

重瓣水仙花
瓣卷成一簇

单瓣水仙的花冠为
青白色，花味清香

---

**资源分布：** 原产于亚洲东部的海滨地区，现我国各地区均有栽培 | **常见花色：** 白色 | **盛花期：** 1~2月
**植物文化：** 花语为超凡脱俗、敬意、自恋

# 铁线莲 *Clematis florida*

又称铁线牡丹、番莲、金包银、山木通 /
草原藤本植物 / 毛茛科、铁线莲属

　　铁线莲被誉为"藤本花卉皇后"。花朵鲜艳、
清新、芳香，形似莲花，藤蔓攀爬力强，有若干个
种、变种及杂交种，极富观赏性。铁线莲根及全草可
以入药，有利尿、理气通便、活血止痛的功效，外用
可治关节肿痛及蚊虫叮咬。

**特征识别：** 蔓
茎瘦长，极富韧性，
被有稀疏短毛。叶对
生，有柄，叶柄能卷
缘他物；小叶呈卵形
或卵状披针形，全
缘，或2~3缺刻；花
单生或组成圆锥花
序，钟状、坛状或轮
状，由萼片瓣化而
成，花梗生于叶腋，在梗顶开大
型花，花朵直径5~8厘米；有卵
形萼片4~6片，边缘微呈波状。

**生长环境：** 铁线莲原产于我
国，广东、广西、江西、湖南等
地均有分布。多生长在低山区的
丘陵灌丛中。喜肥沃、排水性良
好的碱性壤土，忌积水，也不喜
夏季干旱而不能保水的土壤。耐
寒性强，可耐-20℃低温。

**繁殖方式：** 可用播种、压
条、嫁接、分株、扦插等多种方
式进行繁殖。

**植物变株：** 重瓣铁线莲与铁
线莲的区别是前者雄蕊全部呈花
瓣状，白色或淡绿色，较外轮萼
片短；多为园艺栽培品种，偶有
野生，分布在云南、浙江等地，
生长在山坡西边及灌丛中，喜阴

湿的环境。

**植株对比：** 铁线莲的
花量比较多，花期持续时
间长，花色十分鲜艳丰富；相
比之下，转子莲的花色较少，
只有白色或黄色，并且1根藤上
只开1朵花，花量极少。两者花
的生长位置也有不同，长在叶
腋的是铁线莲的花，而转子莲
的花梗很直且粗壮，花朵就生
长在枝干的顶端。

花单生或组成圆锥花序

蔓茎瘦长，极有韧性

叶对生，有柄，叶柄能卷缘他物

花生于叶腋，边缘微呈波状

小叶呈卵形或卵状披针形，全缘，或2~3缺刻

**资源分布：** 我国广东、广西、江西和湖南等地 | **常见花色：** 粉色、紫色、红色 | **盛花期：** 4~6月
**植物文化：** 花语为高洁、美丽的心、宽恕

# 君子兰

*Clivia miniata*

又称大花君子兰、大叶石蒜 / 多年生草本植物 /
石蒜科、君子兰属

花为橙红色、
黄色或橘黄色

君子兰原产于南非南部，花期长达30~50
天，以冬、春季为主，为半阴性植物，喜凉爽，
忌强光，寿命可达几十年或更长。君子兰株形
端庄俊秀，叶片文雅苍翠，花朵美丽大方，果实
鲜红透亮，叶、花、果并美，有"一季观花、三
季观果、四季观叶"之说。

伞形花序，每个花
序有小花7~30朵

**特征识别：** 基生叶质厚，
叶形似剑，深绿色的带状叶片为
革质，有光泽和脉纹，长30~50
厘米，最长可达85厘米，宽3~5
厘米，下部渐狭，互生排列，全
缘。伞形花序顶生，花葶自叶
腋抽出；有数枚覆瓦状排列的苞
片，每个花序有小花7~30朵，
多的可达40朵以上，小花有柄，
在花顶端呈伞形排列，直立的漏
斗状花为橙红色、黄色或橘黄
色；花被裂片6片，合生；外轮
花被裂片顶端有微凸头，内轮顶
端微凹，比雄蕊略长；花柱长，
稍伸出于花被外。紫红色浆果为
宽卵形。

**生长环境：** 喜欢半阴、湿
润、通风的环境，不耐热，不耐
寒，忌阳光直射；适宜在疏松、肥
沃的微酸性有机质土壤内生长。

**繁殖方式：** 采用分株
和播种的方式繁殖。

**日常养护：** ①温度。
生长适温为15~25℃，不
要低于5℃。②土壤。喜
肥厚、排水性良好的湿润
土壤。③光照。君子兰喜散射
光，忌强光直射。④水分。生长
期不能缺水，开花期需水量更
大，生长湿度不低于60%。

**冬季养护：** ①施肥。君子兰
在冬季的生长速度最快，需要的
营养物质最多，可每隔15~20天
施1次肥。②水分。若冬季气温
低，浇水不宜过多，需结合施肥
浇水，保持盆土湿润即可。③温
度。冬季须保温防冻。花葶抽出
后，维持在18℃左右为宜。④光
照。冬季室内养护应放在光照充
足的地方。

**植株对比：** 君子兰叶子颜色
是深绿色，有网格状的叶脉，朝
上直立生长；而朱顶红叶子颜色
浅，叶上有平行叶脉，自然往周
边垂下。君子兰的花型小，数量
多，成簇分布，大多直立开放；
而朱顶红花朵数量较少，会向旁
边斜斜。

花葶自叶腋抽出

深绿色的带状叶
片，有光泽和脉纹

**资源分布：** 原产于非洲，现我国多有栽培 | **常见花色：** 橙红色、黄色、橘黄色 | **盛花期：** 1~2月
**植物文化：** 花语为高贵、君子之风、谦逊、温文尔雅、坚韧；吉林省长春市市花

# 山茶 *Camellia japonica*

又称洋茶、茶花 | 乔木植物 |
山茶科、山茶属

山茶是我国传统观赏花卉，我国十大名花之一，目前我国山茶花品种已有300种以上。山茶适合种植在半日照处，或者在一天中只有一半的时间有光照的场所。如果一整天都置于阳光直射处，山茶的叶片会失去光泽。山茶有较强的耐寒性，但是排水不佳容易使植株枯死。

山茶枝青叶秀，花色艳丽缤纷，花姿优雅，气味芬芳袭人，整个植株形姿优美，受到国际园艺界的珍视。

花顶生，无柄，多为重瓣

革质叶片，椭圆形，边缘有细锯齿

嫩枝无毛

花丝的颜色是白色或淡黄色

有倒卵圆形花瓣6~7瓣

**特征识别：**嫩枝无毛。叶为革质，椭圆形，先端略尖，或急短尖而有钝尖头，基部阔楔形，上叶面为无毛的深绿色，下叶面为浅绿色，有侧脉7~8对，边缘有细锯齿；叶柄无毛。花顶生，无柄，多为重瓣；苞片及萼片约有10片，组成半圆形至圆形的杯状苞被；有倒卵圆形花瓣6~7瓣，外侧2瓣，近圆形。蒴果呈圆球形，2~3室，每室有种子1~2个。

**生长环境：**喜温暖、湿润的气候，喜半阴，忌烈日，多生长在土壤疏松、排水性良好的阴坡及溪沟处。

**繁殖方式：**常用扦插、嫁接、压条、播种和组培的方式进行繁殖。

**室内栽培：**适宜在11月或次年2～3月上盆，夏季高温忌上盆，可在盆土中添加一些断松针。上盆后水要浇足，平时浇水

圆球形蒴果有2~3室，每室内有1~2个种子

量要随季节变化进行调整。如清明前后植株进入生长萌发期，水量应逐渐增多；5月下旬新梢停止生长后，要适当控制浇水；夏季高温，可在清晨或傍晚对叶面进行喷水；冬季植株进入休眠期，浇水次数宜相应减少。盆株在室内越冬，温度以3~4℃为宜。

**植株对比：**山茶与茶梅既相似，也不同。二者首先是花不同，山茶的花是倒卵圆形，花瓣基部连生，雄蕊呈出筒状，花丝的颜色是白色或淡黄色，雄蕊的子房没有茸毛；而茶梅的花是碟状，花瓣基部为离生，雌蕊比较短，簇拥在一起，雄蕊的子房生有茸毛。其次是嫩枝的不同，山茶嫩枝上没有毛，茶梅嫩枝上长有茸毛。

**资源分布：**中国、日本 | **常见花色：**浅红色、白色、黄色、紫色、粉色 | **盛花期：**12月至次年3月
**植物文化：**花语为有理想的爱、谦让

# 瓜叶菊 *Pericallis hybrida*

又称富贵菊、黄瓜花 / 多年生草本植物 /
菊科、瓜叶菊属

　　瓜叶菊原产于大西洋加那利群岛，目前是我国冬春时节主要的观赏植物之一。叶子层层叠叠，花色美丽鲜艳，花型整齐丰满，给人清新宜人的感觉。瓜叶菊异花授粉，因而园艺品种较多。大致可分为大花型、星型、中间型和多花型四类，不同类型中又有单瓣与重瓣、高生种和矮生种之分。

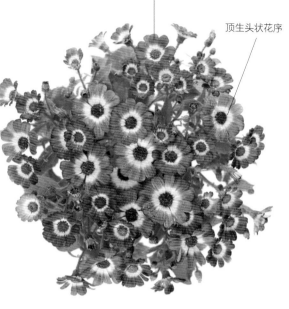

花朵密集覆盖于枝顶

顶生头状花序

舌状花瓣，颜色丰富

**特征识别：** 茎直立，全株被白色柔毛；叶片大，呈肾形至宽心形，上部叶为三角状心形，顶端急尖或渐尖，基部呈心形，边缘有不规则三角状浅裂或具钝锯齿；叶脉为掌状，上面下凹，下面凸起；上部叶较小，近无柄。花顶生，头状花序，花序密集覆盖于枝顶；总苞为钟状，总苞片1层，为披针形，顶端渐尖；小花紫红色、淡蓝色、粉红色或近白色；舌片开展，长椭圆形，顶端具3个小齿。

**生长环境：** 喜温暖、湿润、通风良好的环境，不耐高温，怕霜冻。瓜叶菊为喜光性植物，阳光充足时叶厚色深，花色鲜艳。

**繁殖方式：** 一般采用播种繁殖，可于8月浅播于盆面，从播种到开花需6个月。重瓣品种以扦插方式进行繁殖，取茎部强壮枝条为种条，在粗沙中扦插。

**植物养护：** ①土壤。适生于中性或者微酸的土壤，也可以使用透气及排水性良好的沙壤土。②浇水。土壤见干再浇水，每两三天1次，高温时可增加浇水次数。③温度。生长期需要阳光，温度不要超过20℃，否则

叶片边缘有不规则三角状浅裂或具钝锯齿

会引起植株徒长。④施肥。每7~10天可加1次饼肥，浓度要低，有花苞时可施加磷酸二氢钾，开花再停止。

**植株对比：** 瓜叶菊的叶片大，呈肾形或宽心形，上部叶子呈三角状心形，叶顶端逐渐变尖，基部呈心形；而蓝目菊的叶为长圆形或倒卵形，大部分叶子有羽裂，全缘或具少量锯齿，幼叶上长有白色的茸毛。瓜叶菊的花是头状花序，花朵较小，在茎端排列成宽伞房状；而蓝目菊的花朵是舌状花，先端尖锐，花朵比瓜叶菊大。

钟状总苞片，呈披针形

**资源分布：** 我国南北各地公园或庭院广泛栽培 | **常见花色：** 紫红色、粉红色、蓝色 | **盛花期：** 3~6月
**植物文化：** 花语为喜悦、快乐、繁荣昌盛

# 报春花 *Primula malacoides*

又称年景花、四季报春 / 二年生草本植物 /
报春花科，报春花属

报春花冬末早春之时开花，是"冬天即将结束、春天就要来临"的信使，花色丰富，花期长，是典型的暖温带植物。性喜湿润的环境，一般用作冷温室盆花，具有很高的观赏价值。报春花全草可入药，有利水消肿、止血等功效。

伞形花序，花色丰富

叶片卵形至椭圆形或矩圆形，裂片有不整齐的小齿

叶簇生，有叶柄

**特征识别：** 叶簇生，叶片卵形至椭圆形或矩圆形，裂片具不整齐的小齿，叶柄被柔毛。花葶高可达40厘米，伞形花序，苞片线形或线状披针形，花梗纤细，花萼钟状，花冠粉红色、淡蓝紫色或近白色。蒴果球形，果期为3~6月。

**生长环境：** 生长于海拔1800~3000米的荒野、田边、潮湿旷地、沟边和林缘，是典型的暖温带植物，喜气候温凉、湿润的环境和排水性良好、富含腐殖质的土壤，不耐高温和强烈的直射阳光，多数亦不耐严寒。

**繁殖方式：** 报春花为二年生草本植物，可以进行扦插繁殖。

**植物养护：** ①土壤。喜疏松、肥沃、微酸性的土壤。②光照。喜光，但忌强烈光照，散射光照更有益于植株生长。③温度。适宜生长温度为15℃左右，0℃以上可越冬，夏季温度不能超过30℃。④浇水。不宜浇水过多，夏季一般每天早晚应各浇1次水，秋、冬季节减少浇水。

**植株对比：** 报春花叶片为卵形至椭圆形或矩圆形，先端为圆形，基部为心形或截形，边缘有浅裂；而欧报春叶片为长椭圆形或倒卵状椭圆形，为钝头，基部狭成有翼的叶柄，表面较皱。报春花花葶比欧报春要高，花朵的颜色比欧报春少。而欧报春的花葶矮，单花顶生，花冠上会有多种颜色的花纹和斑点。

---

**资源分布：** 我国云南、贵州和广西常见，缅甸北部亦有分布 | **常见花色：** 白色、黄色、淡紫、红色、粉色
**盛花期：** 2~5月 | **植物文化：** 花语为初恋、希望、不悔

# 梅 *Prunus mume*

又称酸梅、黄仔、合汉梅 / 小乔木、少数为灌木植物 / 蔷薇科、李属

梅与兰花、竹子、菊花一起列为"四君子"，与松、竹并称为"岁寒三友"，原产于我国南方，至今已有3000多年的栽培历史。在我国传统文化中，梅以它高洁、坚强、谦虚的品格，给人以立志奋发的激励。在严寒中，梅开百花之先，独天下而春。梅不仅有很高的观赏价值，药用和食用价值也很高。鲜花可用于提取香精；花、叶、根和种仁均可入药；果实可盐渍或干制后食用，或熏制成乌梅入药，有止咳、止泻、生津和止渴的功效。

小枝光滑无毛 ————

单生花，少数为2
朵同生于一芽内

花瓣呈倒卵形 ————

**特征识别**：树皮浅灰色或带绿色，表面平滑；小枝绿色，光滑无毛。叶片卵形或椭圆形，叶边有小锐锯齿，灰绿色。花单生或有时2朵同生于一芽内，直径2~2.5厘米，香味浓郁，先于叶开放；花萼通常红褐色，部分品种的花萼为绿色或绿紫色；花瓣倒卵形，白色至粉红色。果实近球形，黄色或绿白色，被柔毛，味酸。

红褐色的花萼

**生长环境**：喜温暖、湿润的气候，在光照充足、通风良好条件下能较好地生长；对土壤要求不高，耐瘠薄；耐寒，怕积水。适宜在疏松、肥沃，排水性良好、底土稍黏的湿润土壤上生长。

**繁殖方式**：梅可以通过嫁接、扦插、压条、播种等多种方式进行繁殖。

**室内栽培**：①盆土。盆土宜疏松、肥沃、排水性良好，盆底应施足基肥。②水分。盆栽梅浇水应干浇湿停、见干见湿、不干不浇、浇则浇透。③施肥。盆栽梅宜有底肥，且不喜大肥。为保持花后肥水充足，可4~5周施1次稀薄液肥，夏末秋初再追施1次。④光照。盆栽梅应放在通风、向阳处养护。

**鲜切花养护**：需要将其枝修剪一下，目的是去除多余的枝干，将底部的切口斜切一下，这样可以增加枝条的吸水面；每隔2~3天换1次水，每次换水时应对底部枝条进行清洗或适当修剪，这样可以延长花期。

**资源分布**：中国、朝鲜、日本 | **常见花色**：红色、白色、紫色 | **盛花期**：冬春时节
**植物文化**：花语为快乐、幸运、长寿、顺利

# 芸香 *Ruta graveolens*

又称七里香、香草、芸香草、小香茅草 /
多年生草本植物 / 芸香科、芸香属

花很小，有花瓣 4 瓣

芸香的原产地为地中海沿岸，茎基部呈木质化。鲜艳的黄色花朵可以增添花坛色彩或制成干花，同时是插花的好素材。芸香最大的特点是，它的全株有一种浓烈的特殊香味，有杀虫的效果，可用来驱蝇，是我国古代常用的一种书籍防虫药草。

灰绿或带蓝绿色的叶片为短匙形或狭长圆形

叶为二、三回羽状复叶

茎基部呈木质化

**特征识别：**茎基部呈木质化，根系发达，植株可高达1米，全株有浓烈特殊气味。叶为二、三回羽状复叶，末回小羽裂片为短匙形或狭长圆形，叶片多为灰绿或带蓝绿色。花量很少，金黄色，花柱短，花盘明显，花丝少，子房每室有胚珠多颗。果皮有凸起的油点；种子数多，肾形，褐黑色。

**生长环境：**芸香适合栽种在光照充足的地方。但需要选择排水良好的土壤。

**繁殖方式：**种子繁殖可在春、秋两季播种。扦插育苗，要选2~4年生健壮植株，剪取其半木质化的枝条作插条，雨季扦插于苗床。

**植物养护：**①光照。喜欢充足的光照，每个季节都要给予充足的光照时间。②水分。春季每2~3天浇1次水；夏季每天浇水，并向周围喷洒水，保持空气湿润；冬季隔5~7天浇1次水。每次浇水后应注意排水。③修剪。春季开花前可剪去过密、过长的枝叶及枯枝烂叶，避免养分的消耗。

**资源分布：**原产于地中海沿岸，现我国多有栽培 | **常见花色：**黄色 | **盛花期：**冬末、次年3~6月
**植物文化：**花语为我是你的俘虏；立陶宛的国花

# 第五章

 常开不败的四季之花

有些植物拥有超长的花期，养护得当会保持全年开花。这类植物多喜温暖、潮湿、水分充足的环境，耐半干燥或半阴，对土壤要求不太高，生长适应性也较强。常见的花卉植物有花烛、长春花、花毛茛、洋桔梗、马缨丹等。

# 兜兰 *Paphiopedilum*

又称拖鞋兰、约枸兰 / 多年生草本植物 /
兰科、兜兰属

　　兜兰株形娟秀，花形奇特，花朵雅
致，色彩庄重美丽，花期较长，可持续开
放6周以上，并且容易养护，是深受人们青睐的
观赏类花草。兜兰是一种四季都可开花的植物，温
暖型的斑叶品种大多在夏、秋季节开花，冷凉型的
绿叶品种在冬、春季节开花。如果栽培
得当，一年四季均有花供观赏。

　　兜兰的根可以作药用，有调经
活血和消炎止痛的功效，可用来调理月经不调、痛
经、闭经、膀胱炎和疝气等症。

花葶挺直，略
微带点紫红色

叶片近基生

茎比较短

叶片为绿色或有红
褐色斑纹，带形或
长圆状披针形

**特征识别：**茎比较短。革
质叶片近基生，叶片为带形或长
圆状披针形，绿色或有红褐色斑
纹。花葶从叶丛中抽出，花形十
分奇特，有耸立在2瓣花瓣上呈
拖鞋形的大唇，还有1片背生的
萼片；背萼特别发达，2片侧萼
合生在一起。花瓣较厚，颜色从
黄、绿、褐到紫色都有，并带有
各种艳丽的花纹。

**生长环境：**兜兰性喜温暖、
湿润和半阴的环境，忌强光暴
晒。能耐30℃的高温，越冬温度
在10~15℃为宜。

**繁殖方式：**兜兰常
用播种和分株的方式进
行繁殖。其中分株繁殖法
较为简便，成活率高，分株繁
殖应在花后短暂的休眠期进行。
操作的基本原则为把厚而大的新
芽分成一株，将小的新芽和旧芽
分成一株，将开过花的旧芽单独
种成一株。

**花期管理：**①光照。兜兰较
喜阳，但要避免阳光直接照射，
秋季要遮去70%以上的阳光，冬
季要遮去50%以上的阳光，这样
才能使其开花良好。②湿度。兜
兰喜潮湿的环境，抗旱能力差，
花期若正值秋冬干燥季节，盆土
需保持湿润，可经常向花盆周
围洒水，以保持较高的空气湿
度。③施肥。生长期宜施磷、钾
肥及适量氮肥。花期最好施腐熟
的稀薄饼肥水。

花瓣较厚，并带有多
种颜色艳丽的花纹

有耸立在2瓣花瓣上
呈拖鞋形的大唇和1
片背生的萼片

| 资源分布： | 我国大部分地区及东南亚均有栽培 | 常见花色： | 黄色、粉色、杂色 | 盛花期： | 1~5月 |

**植物文化：**花语为勤俭节约、美人

## 鉴别

### 杏黄兜兰

革质带形的叶基生，数片至多片。花葶自叶丛中长出，其花含苞时呈青绿色，初开时为绿黄色，全开时为杏黄色，后期为金黄色；花瓣较厚。

### 古德兜兰

花冠为淡黄色或罕有近象牙白色，上有紫色细斑点；中萼片为宽卵形，先端钝或急尖，两面均有微柔毛，边缘多有茸毛，以上部为甚；合萼片与中萼片相似。

### 瑰丽兜兰

灰绿色的叶为宽线形，长约20厘米；花多为单生，呈黄绿色，上有褐红色条斑，每年10月至第二年3月开花，在初冬时花开最为集中。

### 硬叶兜兰

花苞片为卵形或宽卵形，绿色，有紫色斑点，中萼片与花瓣通常为白色而有黄晕和淡紫红色粗脉纹，唇瓣白色至淡粉红色，退化雄蕊为黄色并有淡紫红色斑点和短纹。

# 胜红蓟 *Ageratum conyzoides*

又称藿香蓟、咸虾花、白花草、白花香草 /
一年生草本植物 / 菊科，藿香蓟属

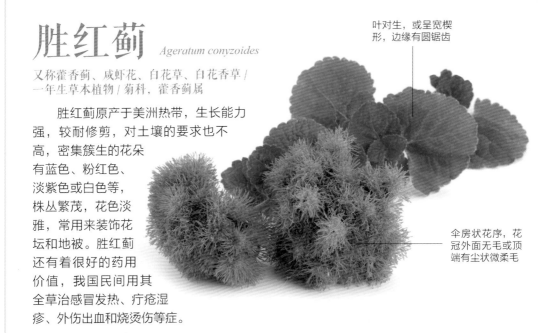

叶对生，或呈宽楔形，边缘有圆锯齿

伞房状花序，花冠外面无毛或顶端有尘状微柔毛

胜红蓟原产于美洲热带，生长能力强，较耐修剪，对土壤的要求也不高，密集簇生的花朵有蓝色、粉红色、淡紫色或白色等，株丛繁茂，花色淡雅，常用来装饰花坛和地被。胜红蓟还有着很好的药用价值，我国民间用其全草治感冒发热、疔疮湿疹、外伤出血和烧烫伤等症。

**特征识别：**植株高低变化较大，多数高为50~100厘米，也有不足10厘米的矮株品种。没有明显的主根，茎粗壮，基部略呈淡红色，上部呈绿色，茎上有白色尘状短柔毛或稠密开展的长茸毛。叶对生，有时上部叶互生，有腋生的不发育的叶芽；叶基部钝，或为宽楔形，顶端急尖，边缘有圆锯齿，叶上有稀疏的白色短柔毛和黄色腺点。头状花序 4~18个，在茎顶排成紧密的伞房状花序，花梗上有尘状短柔

毛；钟状或半球形的总苞，长圆形或披针状长圆形的总苞片共有2层，边缘呈撕裂状；淡紫色或浅蓝色的花冠外面无毛或顶端有尘状微柔毛，檐部5裂。黑褐色瘦果上有白色稀疏的细柔毛。花果期全年。

**生长环境：**生山谷、山坡林下或林缘、河边、山坡草地、田边、荒地上，由低海拔到2800米的地区都有分布。

**繁殖方式：**播种繁殖较为常用，其中温室内播种在2月初进行，露地播种则在4月初。如果想要早成型、早开花，可采用扦插法来繁殖。

**植物养护：**①温度。最低温度不要低于8℃。②湿度。喜欢湿润或半干燥的气候环境。③光照。喜阳光充足的环境。④水分。每隔3~5天浇1次水，半个

月浇1次稀饼肥水即可。

**植株对比：**胜红蓟的叶或为宽楔形，叶形较圆润，锯齿比较圆钝，边缘锯齿不明显；而假臭草的叶为卵形、宽卵形或菱形，叶形较尖，边缘锯齿明显。胜红蓟的总苞呈钟状或半球形，而假臭草的总苞则呈长筒形或钟形。

**资源分布：**我国广东、广西、云南等地多见 | **常见花色：**蓝色、粉红色、淡紫色、白色 | **盛花期：**全年
**植物文化：**花语为敬爱

# 牛角瓜 *Calotropis gigantea*

又称哮喘树、羊浸树 / 直立灌木植物 /
夹竹桃科、牛角瓜属

　　牛角瓜吃起来有淡淡的涩味。其根、茎、叶和果有消炎、抗菌和解毒的功效；分泌的乳汁具有强心、保肝和镇痛消炎的疗效；茎皮纤维可供造纸，还能制造绳索及人造棉，织麻布、麻袋；种毛可作丝绒原料及填充物；全株可作绿肥。

叶脉明显，叶片两面均有灰白色茸毛

蓇葖单生，膨胀，端部外弯，上有短柔毛

聚伞状花序，有灰白色茸毛

　　**特征识别：** 全株有乳汁。黄白色的茎，较粗壮的枝，幼枝上有灰白色茸毛。叶为顶端急尖、基部为心形倒卵状长圆形或椭圆状长圆形，两面均有灰白色茸毛；叶柄极短，有时叶基部抱茎。腋生和顶生的聚伞花序，花序梗和花梗上均有灰白色茸毛；花萼裂片为卵圆形，裂片急尖。

紫蓝色花冠为辐状；副花冠裂片比合蕊柱短，顶端内向，基部有距。蓇葖单生，膨胀，端部外弯，上有短柔毛。

　　**生长环境：** 生长于低海拔的向阳山坡、旷野地及海边。阳生植物，适宜生长温度在20~35℃。

　　**繁殖方式：** 主要为实生苗繁殖，全年开花，果实主要在夏、秋两季成熟。春季播种。

　　**植物养护：** ①光照。阳生植物，喜阳光充足。②温度。适宜温度在20~35℃。③土壤。喜疏松、肥沃的土壤。④施肥。幼苗移栽10天后，每隔15天施1次液态肥，肥料以氮、磷和钾肥为主；后期施磷肥和钾肥，促进开花及果实膨大。

紫蓝色花冠为辐状

花序腋生或顶生

**资源分布：** 我国云南、四川、广西等地，印度、缅甸、越南均有分布 | **常见花色：** 淡紫色 | **盛花期：** 全年

# 花烛 *Anthurium andraeanum*

又称红掌、火鹤花、红鹤芋 / 多年生草本植物 /
天南星科, 花烛属

佛焰苞为
正圆形至
卵圆形

花烛原产于哥斯达黎加、哥伦比亚
等地的热带雨林区。全株姿态优美, 叶片
生于叶柄的斜上方, 从侧面观察, 整个株
形呈茶杯状, 花瓣火红鲜艳, 花叶俱美,
花期长, 是一种优质的切花材
料。花烛能吸收装修工程残留
的多种有害气体, 保持空气湿
润, 有净化空气、避免人体鼻黏膜干燥
的作用。

直立向上生长,
光滑无毛

叶为鲜绿色的心
形, 叶脉凹陷

花序为圆柱状
的肉穗, 直立

**特征识别:** 花烛为多年生常
绿草本花卉。株高50~80厘米。肉
质根, 大部分品种没有茎。叶单
生, 革质, 从根茎抽出, 长圆状
心形或卵心形, 全缘, 鲜绿色,
叶柄细长, 叶脉明显凹陷。圆柱
状的直立肉穗花序, 黄色。花腋
生, 佛焰苞平出, 革质并有蜡质
光泽, 正圆形至卵圆形, 鲜红色、
橙红肉色、白色, 四季开花。

**生长环境:** 喜温暖、潮湿、
半阴的环境, 忌阳光直射, 不
耐旱。

**繁殖方式:** 以分株和扦插的
方式进行繁殖。分株在春、秋
两季天气阴凉时进行。对直立
性、有茎的花烛品种可采用扦
插繁殖。

**植物养护:** ①水分。不耐
干旱, 栽后可每天喷2~3次水。
②光照。喜半阴环境, 必要时
需遮光。③温度。生长适温为

21~32℃, 不能低于16℃。

**植株对比:** 花烛的佛焰苞是
红色的, 比较圆润; 白掌的是瘦
长的白色花苞。当花朵完全开放
的时候, 白掌的花苞比较直立,
花烛的花苞和里面的花心几乎是
垂直的, 比较平。

叶子从根茎抽出, 有细长的叶柄

**资源分布:** 原产于南美洲, 现欧洲、亚洲、非洲有广泛栽培 | **常见花色:** 红色 | **盛花期:** 全年
**植物文化:** 花语为大展宏图、热情、热血

# 长春花 *Catharanthus roseus*

又称金盏草、四时春、日日新、雁头红 /
半灌木植物 / 夹竹桃科、长春花属

长春花原产于地中海沿岸、印度、南美洲。我国栽培长春花的历史不长，主要在长江流域以南地区栽培。长春花全年开花，观赏价值很高。全草入药，可止痛、消炎、助眠、通便及利尿等。

聚伞花序腋生或顶生

高脚碟状花朵，
有花瓣5瓣

叶膜质，呈倒
卵状长圆形

**特征识别：**茎为灰绿色，有条纹，近方形。叶片呈倒卵状长圆形，先端浑圆，有叶柄和短尖头，膜质，叶面有扁平叶脉。聚伞花序顶生或者腋生，花萼5深裂，萼片呈钻状渐尖或者披针形；花冠的颜色为粉红色或白色，呈高脚碟状，花冠裂片呈宽倒卵形。

**生长环境：**喜阳光，耐高温、耐半阴，怕涝，对土壤要求不高，以排水性良好、通风透气的沙壤土或富含腐殖质的土壤为好。

**繁殖方式：**长春花多为播种育苗和扦插育苗，扦插繁殖的苗木生长不如播种实生苗强健。

**植物花养护：**①光照。生长、开花均要求阳光充足。②温度。较耐高温，不耐寒，适宜温度为20~33℃，温度不要低于15℃，否则会受冻害，进而停止生长。由于长春花比较耐高温，所以在长江流域及华南地区经常在夏季和国庆节期间等高温季节及节日应用。③水分。怕涝，需保持良好的排水。

花冠的颜色为粉红色或白色

**植株对比：**长春花的叶子形状为倒卵状长圆形，较小；凤仙花的叶子形状为披针形、狭椭圆形，比长春花要大一些。长春花的花瓣只有单瓣的，花瓣与花瓣之间有间距，花冠的颜色一般为红色，形状为高脚碟状；凤仙花的花瓣不仅有单瓣的，还有重瓣的，花瓣与花瓣的间距较小。

**资源分布：**我国长江以南地区可见栽培 | **常见花色：**蓝色、深红色、深紫色 | **盛花期：**全年
**植物文化：**花语为愉快的回忆、青春常在、坚贞

# 花毛茛 *Ranunculus asiaticus*

又称芹菜牡丹、芹菜花、陆莲花 / 多年生草本植物 /
毛茛科，毛茛属

花毛茛原产于欧洲东南部和亚洲西南部。株姿玲珑秀美，花色丰富艳丽，多为重瓣或半重瓣，因花形似牡丹花，叶似芹菜，故常被称为"芹菜牡丹"或"芹菜花"。陆地种植的赏花期为30~40天，作为切花品种，则可全年开花。花毛茛是新兴花卉，经济效益显著。

花冠丰圆，花瓣平展，错落叠层

茎挺立或少数分枝，略有毛

茎生叶近无柄，羽状细裂，叶缘也有钝锯齿

**特征识别：** 株形低矮，茎单生，挺立或少数分枝，有毛，中空；根生叶具长柄，阔卵形，多为三出叶，有粗钝锯齿；茎生叶近无柄，为二回三出羽状复叶，羽状细裂，裂片5~6片，叶缘也有钝锯齿。花单生或数朵顶生，花冠丰圆，花瓣平展，每轮8瓣，错落叠层，花朵直径3~4厘米或更大；陆地种植花期为4~5月，切花花期为全年。

**生长环境：** 喜冷凉环境，喜光，也耐阴，忌酷热，喜疏松肥沃、排水良好的沙壤土。

**繁殖方式：** 繁殖方式主要包括球根分株繁殖、种子繁殖及组织培养繁殖。

**鲜切花养护：** ①醒花。根部按45度角斜剪后，进行低水位醒花，水位高度宜保持10~15厘米。②养花。准备好清水，6~10厘米的水深为宜，添加保鲜剂，去除多余叶片。③换水。每天换水，并修剪或清洗根茎，避免滋生细菌，影响花期。

**植株对比：** 花毛茛的花朵着生枝顶，花冠丰圆，花瓣平展，每轮8瓣，有重瓣、半重瓣两类，花色比较丰富。毛茛聚伞花序有多数花，花朵分布很疏散，有5瓣花瓣，花瓣为倒卵状圆形，花色单一。

花毛茛花色丰富

**资源分布：** 世界各国均有栽培 | **常见花色：** 橘色、黄色、粉色 | **盛花期：** 全年 | **植物文化：** 花语为受欢迎

# 洋桔梗 *Eustoma grandiflorum*

又称草原龙胆、土耳其桔梗、丽钵花、德州兰铃 /
多年生草本植物 / 龙胆科、洋桔梗属

洋桔梗原产于美国南部至墨西哥之间的石灰岩地带。洋桔梗株形典雅，色调清新淡雅，有单色及复色之分，花瓣也有单瓣与双瓣之分，可作盆栽或作切花，是一种观赏性极高的花卉，也是目前国际上十分流行的切花种类之一。

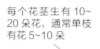

苞片呈狭窄披针形

每个花茎生有10~20朵花，通常单枝有花5~10朵

花瓣呈覆瓦状排列，雌雄蕊明显

叶片光滑，近无柄，叶基略抱茎

**特征识别：**叶对生，灰绿色，阔椭圆形至披针形，近无柄，叶基略抱茎，全缘。花冠呈漏斗状；苞片狭窄披针形；花瓣呈覆瓦状排列，雌雄蕊明显；有单瓣、重瓣之分。花色非常丰富，每个花茎生10~20朵花，通常单枝着花5~10朵。

**生长环境：**喜温暖、湿润和阳光充足的环境。较耐旱，不耐水湿。喜疏松、肥沃和排水性良好的土壤。

**繁殖方式：**常用播种繁殖。种子非常细小，喜光，不必覆土，播后12~15天发芽。

**植物养护：**①温度。生长适温为15~28℃，冬季温度不要低于5℃。②水分。喜湿润，但应注意防涝。③光照。喜阳光充足。④土壤。喜疏松、肥沃和排水性良好的土壤，pH值以6.5~7为宜。

**植株对比：**洋桔梗花心松散，外露；玫瑰花心不会外露；洋桔梗的花有单瓣、重瓣之分，而玫瑰多为重瓣品种；洋桔梗没有食用及药用价值，而玫瑰可入药。

叶对生，灰绿色，呈阔椭圆形至披针形

**资源分布：**世界各地均有栽培 | **常见花色：**粉色、白色、淡绿色、香槟色、紫色 | **盛花期：**全年
**植物文化：**花语为真诚不变的爱、纯洁、无邪、漂亮

# 珊瑚藤 *Antigonon leptopus*

又称紫苞藤、朝日藤、旭日藤、凤冠、凤宝石 /
多年生攀缘落叶藤本植物 / 蓼科、珊瑚藤属

珊瑚藤原产于中美洲地区，为藤本植物，茎蔓攀爬力强，可达10米以上，适合花架、绿荫棚架栽植，是垂直绿化的好材料，有单瓣和重瓣两个园艺品种。花多数，密生成串，花形娇柔，色彩艳丽，有微香，花期很长，几乎全年有花。

叶子呈卵状心形，全缘

花数较多，粉红色或白色

圆锥形花序，花由5片似花瓣的苞片组成

**特征识别：**茎稍木质；纸质叶，互生，呈卵状心形，叶端锐，基部为心形，全缘，略有波浪状起伏。圆锥形花序与叶对生，花由5片似花瓣的苞片组成；花序总状，顶生或生于上部叶腋内，花序轴部延伸变成卷须，花数多，粉红色或白色，长7~10毫米，外面的3片花被片较大。

**生长环境：**喜向阳、湿润的环境，喜肥沃、排水性良好且富含腐殖质的土壤。

**繁殖方式：**可用播种或扦插的方式进行繁殖。其中以播种为主，春季至夏季为合适的繁殖期。

**植物养护：**①土壤。肥沃或腐殖质壤土最佳。②光照。生长期需保持植株接受良好、充足的日照。③施肥。喜有机肥料，每1~2个月少量施肥1次。④温度。喜高温，适宜温度为22~30℃。⑤水分。喜湿润，生长期应充分浇水，经常保持土壤湿润，休眠期要少浇水。

白色珊瑚藤

花顶生或生于上部叶腋内

**资源分布：**热带或亚热带地区，我国多见于台湾、海南等省区 | **常见花色：**粉红色、白色 | **盛花期：**全年
**植物文化：**花语为爱的锁链

# 马缨丹 *Lantana camara*

又称五色梅、臭草/灌木或蔓性灌木植物/
马鞭草科，马缨丹属

初开时为黄色或
橙黄色，不久后
变为红色

叶为单叶对生，呈
卵形至卵状长圆
形，边缘有钝齿

茎枝四方形，
有短柔毛

马缨丹原产于美洲热带地区，喜温暖、阳光充足的环境。马缨丹的花期长，花色丰富，五彩缤纷，花初开黄色或粉红色，继而变成橙黄色或橙红色，最后变为红色，是一种优良的观花型灌木植物。

马缨丹的根、叶、花可作药用，有清热解毒、散结止痛、祛风止痒之效，可治疟疾、肺结核、淋巴结核、腮腺炎、胃痛、风湿骨痛等。

头状花序，直径
1.5~2.5 厘米

**特征识别：** 直立或蔓性灌木，高1~2米，藤状可长达4米；茎枝均呈四方形，有短柔毛，通常有短而倒钩状的刺。单叶对生，叶片呈卵形至卵状长圆形，基部心形或楔形，边缘有钝齿，表面有粗糙的皱纹和短柔毛。头状花序，直径1.5~2.5厘米；花冠为黄色或橙黄色，开花后不久转为红色。果为圆球形，直径约4毫米，成熟时为紫黑色。

**生长环境：** 生长于海拔80~1500米的海边沙滩和空旷地区。喜温暖、湿润、阳光充足的环境；喜光，耐干旱，不耐寒；在疏松、肥沃、排水性良好的沙壤土中生长较好。

**繁殖方式：** 采用播种法繁殖。播种繁殖的时间一般是4~5月。将种子提前浸泡，然后播种，约1周就可以出苗。

**植物养护：** ①土壤。一般的田园土就可以栽种马缨丹，建议选择较为肥沃的土壤。②光照。对光照量需求较大，每天要保证8小时以上的光照时间。③水分。应长时间保持土壤湿润，春、夏季节温度高时需要每天浇水，秋、冬季可以每3天浇1次水。④施肥。对营养的需求较大，需要每2周施1次复合型肥料。⑤温度。适宜生长温度

果为圆球形，直
径约4毫米，成
熟时为紫黑色

20~25℃，冬季越冬温度应不低于5℃。

**植株对比：** 蔓马缨丹属于灌木，高0.7~1米，枝下垂。马缨丹属于直立或蔓性灌木植物，高1~2米，藤状则可达4米左右；茎枝均为四方形，有短而倒钩状的刺。蔓马缨丹叶片为卵形，长2.5厘米左右，基部突然变狭，边缘会有粗齿；而马缨丹叶片为卵形至卵状长圆形，叶片也更宽大，长3~8厘米，宽1.5~5厘米，顶端为渐尖或急尖，基部为心形或楔形，边缘有钝齿。蔓马缨丹为头状花序，直径约2.5厘米，有较长的总花梗，花色为淡紫红色，长约1.2厘米，苞片为阔卵形；而马缨丹花序直径1.5~2.5厘米，花冠颜色为橙黄色或黄色，开花不久后将变为红色，苞片为披针形。

**资源分布：** 原产于美洲热带地区，我国福建、广东等地多见 | **常见花色：** 紫红色、粉红色、橙黄色
**盛花期：** 全年 | **植物文化：** 花语为家庭和睦

# 扶桑 *Hibiscus rosa-sinensis*

又称佛槿、朱槿 / 常绿灌木植物 /
锦葵科，木槿属

花大，下垂或在
花柄上，单生在
上部叶腋间

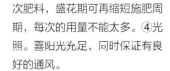

扶桑"外表热情"，却有一个独特的花心——由多数小蕊联结起来包在大蕊外面所形成的结构，相当细致，如同热情外表下的纤细之心。扶桑是我国名花，在华南地区普遍栽培。花期长，几乎全年开花，花大色艳，开花量多；加之管理简便，除亚热带地区园林绿化上广为采用外，在长江流域及其以北地区，扶桑均为重要的温室和室内花卉；同时可供药用。

叶互生，呈阔
卵形至狭卵形

单瓣花，
呈漏斗形

**特征识别：**常绿灌木植物，高1~3米；小枝圆柱形，疏被星状柔毛。叶互生，阔卵形或狭卵形，除背面沿脉上有少许疏毛外，两面均无毛。花单生于上部叶腋间，常下垂；花冠漏斗形，直径6~10厘米，玫瑰红色或淡红、淡黄等色。花瓣倒卵形，先端圆，外面疏被柔毛。蒴果卵形，长约2.5厘米，平滑无毛。

**生长环境：**喜温暖、湿润的气候，不耐寒霜，不耐阴蔽，喜阳光充足、通风良好的环境；对土壤要求不高，以肥沃、疏松、富含有机质的微酸性壤土为宜。

**繁殖方式：**扶桑繁殖主要采用的是扦插繁殖，成活率比较高。

**植物养护：**①土壤。宜选择蓬松、肥沃、富含有机质的微酸性壤土；为增加排水性，可适当添加一些沙子。②水分。适当浇水，保持一个相对湿润的环境。③施肥。生长期可每个月施加1次肥料，盛花期可再缩短施肥周期，每次的用量不能太多。④光照。喜阳光充足，同时保证有良好的通风。

**植株对比：**木槿与扶桑最主要的区别在于叶子，木槿的叶子为菱形，叶子长3~10厘米、宽2~4厘米；而扶桑叶子为卵形，两头呈尖状，叶子边缘有不规则锯齿，叶子长4~10厘米、宽2.5厘米左右。此外，两者的植株高度略有差别，木槿可达4米，而扶桑高1~3米。

重瓣花

叶片边缘呈锯齿状

**资源分布：**我国南部及东南亚地区多见 | **常见花色：**玫瑰红色、淡红色 | **盛花期：**全年
**植物文化：**花语为朦胧的爱、清新脱俗的美